高等学校教材

环境系统
模拟与仿真

李英杰　主编

田森林　铁程　副主编

化学工业出版社

·北京·

内容简介

《环境系统模拟与仿真》理论与工程实践相结合，具有理念创新、实用性强等特色。本书以环境系统及污染控制数学描述的基本理论和技术方法为主线，将人工智能、数据科学与大数据技术、计算机科学的理论和技术方法应用到环境领域，为解决环境建模问题提供了新的途径，旨在形成一幅用环境数学模型解决环境问题的基本技术路线图，为学生今后在这一领域进一步深入学习、研究、应用实践等打下基础。全书内容涵盖数据预处理技术、环境系统数值模型与仿真、神经网络环境数学模型、静态神经网络模型、动态神经网络模型等。本书通过几个不同领域的大型案例数值模型及人工神经网络模型的介绍，建立模拟仿真的技术路线和方法。

《环境系统模拟与仿真》适合高等院校环境科学与工程及相关专业师生使用，也可作为广大科研人员、学者、工程技术人员的参考用书。

图书在版编目（CIP）数据

环境系统模拟与仿真/李英杰主编；田森林，铁程副主编．—北京：化学工业出版社，2023.1

ISBN 978-7-122-42843-1

Ⅰ.①环… Ⅱ.①李…②田…③铁… Ⅲ.①环境数学-计算机模拟-高等学校-教材②环境数学-计算机仿真-高等学校-教材 Ⅳ.①X11

中国国家版本馆CIP数据核字（2023）第009966号

责任编辑：高 震　　文字编辑：段曰超 师明远
责任校对：宋 玮　　装帧设计：韩 飞

出版发行：化学工业出版社（北京市东城区青年湖南街13号 邮政编码100011）
印 装：北京天宇星印刷厂
787mm×1092mm 1/16 印张13¼ 字数325千字 2023年4月北京第1版第1次印刷

购书咨询：010-64518888　　售后服务：010-64518899
网 址：http://www.cip.com.cn
凡购买本书，如有缺损质量问题，本社销售中心负责调换。

定 价：58.00元

《环境系统模拟与仿真》

编写人员名单

主　　编　李英杰（昆明理工大学）

副 主 编　田森林（昆明理工大学）
　　　　　铁　程（云南省生态环境监测中心）

参编人员　王开德（云南省生态环境监测中心）
　　　　　顾济沧（云南省生态环境监测中心）
　　　　　陈春燕（昆明市生态环境局安宁分局生态环境监测站）
　　　　　赵琦琳（云南省生态环境监测中心）

前言

环境系统是环境各要素及其相互关系的总和。环境系统各要素之间彼此联系、相互作用，构成一个不可分割的整体。环境系统的内在本质是各种环境要素之间的相互关系和相互作用过程。揭示这种本质，对于研究和解决当前许多环境问题意义重大。

环境问题的解决需要理解环境系统行为，而环境系统行为的研究离不开各种各样模拟方法的应用。环境数学模型的建立对于描述环境系统中各因素的相互作用，厘清过程耦合变化至关重要。通过数学模型可以探明环境系统中因素冗杂关系的突出矛盾，归纳支配原理。用于描述环境系统的常见数学模型包括线性模型和非线性模型。随着计算机科学的发展，可以通过人工智能、神经网络等先进算法描述复杂的环境系统，为认识环境因子的迁移转化和环境污染管控提供了方法学支撑。

本书与其他环境类的书籍不同，并不是按照大气、水和固体废弃物等环境介质划分章节，而是更强调数学模型构建的基础理论和知识，同时结合典型环境系统污染模拟案例，突出数学模型在解决实际环境问题中的应用。本书这样的逻辑安排，并非标新立异，而是希望能够帮助读者更好地利用数学模型这一工具认识和解决环境突出问题。

本书共分为 6 章。第 1 章为绪论，较为详细地介绍系统论的基本概念以及环境系统数学模型的分类；第 2 章和第 3 章，介绍数学模型构建常用的基础方法，如 Matlab 基础、编程和数据处理等，以及上述方法在简单的环境多介质模型中的应用；第 4～6 章，基于定量化复杂环境系统描述的需求，以人工智能算法——人工神经网络作为基础数学工具和主要解决方案进行介绍，同时在每章设置基于环境污染和治理领域典型的环境系统的案例，详细介绍数学模型在描述污染物的迁移转化和治理中的作用，深化读者对环境数学模型的认识。

本书由李英杰（昆明理工大学）、田森林（昆明理工大学）、铁程（云南省生态环境监测中心）、王开德（云南省生态环境监测中心）、顾济沧（云南省生态环境监测中心）、陈春燕（昆明市生态环境局安宁分局生态环境监测站）、赵琦琳（云南省生态环境监测中心）编写，全书由李英杰、赵琦琳统稿。

环境数学模型涉及面广、内容丰富、发展迅速，由于编者水平有限，疏漏之处在所难免，诚恳希望专家和广大读者批评指正。

主编

2022 年 6 月

目录

第1章

绪 论

人类生产生活中排入环境的各种有害物质，在自身性质和各种人为或环境因素的作用下，在环境介质中发生着迁移转化，导致污染物从污染源向其周边区域，以及向其他环境介质进行转移和扩散，在此过程中其自身性质也可能发生着转变，并伴随着一些其他种类化合物的生成和某些环境因素的改变。因此，从污染源排入环境中的污染物具有一定的时空分布性，即在不同的空间和时间，环境介质中污染物的浓度不同。

污染物在环境中的迁移转换受到各种人工或环境因素的影响。这些影响因素的作用方式、影响的强度各异，不同因素之间也可能具有相互替代、相互补偿、相互加强或相互拮抗的关系。因此，污染物在环境中的迁移转化过程非常复杂。为了尽可能准确地掌握一个区域的污染现状，最直接的办法就是根据污染物的时间、空间分布特点，科学地制定监测计划，然后对监测数据进行统计分析，以得到较全面、客观的评价。

污染物在环境中的迁移转化过程是复杂的，但并非无规律可循。通过应用相关物理、化学、生物学、大气科学、流体动力学等原理进行理论推导，并开展大量的实验室模拟和实际监测验证等研究工作，环境学家已经能够建立起在一定前提下、一定情形下的污染物的迁移模型。通过将必要的参数引入模型进行运算，能够模拟出污染物在空间中迁移的一般规律。

随着现代统计学、数据科学与大数据技术、电子技术及计算机科学的发展，使用数学语言来描述生态环境系统的变化过程已经得到长足发展，归一化、主成分分析、降维分析、滤波降噪、信号增益、数据可视化等大数据和数据预处理的基础方法、微分方程、矩阵方程、人工神经网络等技术手段为环境数学模型的建立、性能评估及模拟仿真提供了坚实的数学基础。本书针对生态环境系统的模拟仿真，深度挖掘生态环境数据，从全新的视角来介绍定量化描述非线性动力学环境系统的数学方法。

本书的研究对象为系统，为了深入阐述环境系统及其动力学变化过程，有必要引入系统论、控制论和环境系统数学模型的知识。

1.1 系统论

1.1.1 概述

系统论（systems theory）是研究系统的结构、特点、行为、动态、原则、规律以及系统间的联系，并对其功能进行数学描述的新兴学科。系统论的主要任务就是以系统为对象，从整体出发来研究系统整体和组成系统整体各要素的相互关系，从本质上说明其结构、功能、行为和动态，以把握系统整体，达到最优的目标。

“系统”在古希腊语中是由部分构成整体的意思。系统的定义很多，如“系统是诸元素及其顺常行为的给定集合”“系统是有组织的和被组织化的全体”“系统是有联系的物质和过程的集合”“系统是许多要素保持有机的秩序，向同一目的行动的东西”等。系统论通常把系统定义为：由若干元素以一定结构形式联结构成的具有某种功能的有机整体。在这个定义中包括了系统、元素、结构、功能四个概念，表明了元素与元素、元素与系统、系统与环境三方面的关系。

系统中的元素既相互独立又相互制约，执行特定的功能或表现出特定的行为，系统中的元素也可视为子系统，子系统还可再继续细分为下级子系统，系统是其内部子系统的功能行为的有机综合表现。

系统具有环境、边界、结构、输入输出、功能、状态等属性。系统以外的部分称为环境；环境和系统之间的分界称为边界；结构指系统内各子系统之间的相互关系的总称；环境对系统的物质、能量、信息的作用称为输入，系统对环境的反馈作用称为输出；功能指系统达到目的性的能力；状态指系统在各时刻的功能行为的总体表现。

1.1.2 因果性

先有输入信号，在输入信号的激励下才产生了输出反馈响应，即先输入后输出，这样的性质称为因果性（causality）。符合因果性的系统，输出反馈信号不会超前于输入信号而产生。如输入信号在 $t<t_0$ 时 $x(t)=0$，那么，输出信号在 $t<t_0$ 时 $y(t)=0$，也就是输出的变化不会早于输入的变化，输出只取决于当前和历史输入。

几乎所有在经典力学中实际运行的系统，都具有仅在输入信号作用下才有输出信号的性质，所以都满足因果性，都是因果系统。

按输出反馈与输入出现的时间先后，系统可以分为因果系统、非因果系统和反因果系统。

输入的反馈响应不可能在此输入到达的时刻之前出现，符合这个规律的系统称为因果系统或非超前系统（nonanticipative system）。也就是说，系统的输出仅与当前和过去的输入有关，而和将来的输入无关。

输出反馈不仅与当前的输入，而且与将来的输入有关的系统称为非因果系统（noncausal system）；输出仅与将来的输入有关的系统称为反因果系统（anticausal system）。这两种系统常见于量子水平或超出三维的高维度空间。

因果性是环境建模中的一个很重要的条件，也是选取输入输出因子的重要依据。

1.1.3 基本思想方法

系统论的基本思想方法，就是把所研究和处理的对象当作一个系统，分析系统的结构和功能，研究系统、要素、环境三者的相互关系和变动的规律性，并优化系统观点看问题。世界上任何事物都可以看成是一个系统，系统是普遍存在的。浩瀚的宇宙、微观的原子、一粒种子、一群蜜蜂、一台机器、一个工厂、一个学会团体等都是系统，整个世界就是系统的集合。

系统是多种多样的，可以根据不同的原则和情况来划分系统的类型。按人类干预的情况可划分成自然系统、人工系统；按学科领域可划分成自然系统、社会系统和思维系统；按范围可划分成宏观系统、微观系统；按与环境的关系可划分成开放系统、封闭系统、孤立系统；按状态可划分成平衡系统、非平衡系统、近平衡系统、远平衡系统等。此外，还有大系统、小系统的相对区别。

1.2 控制论

1.2.1 概述

控制论是运用信息、反馈等概念，通过黑箱系统辨识与功能模拟仿真等方法，研究系统的状态、功能和行为，调节和控制系统稳定、最优地趋达目标。控制论充分体现了现代科学整体化和综合化的发展趋势，具有十分重要的方法论意义。控制论的建立是20世纪的伟大科学成就之一，现代社会的许多新概念和新技术几乎都与控制论有着密切关系。控制论的应用覆盖了工程、生物、经济、社会、人口等领域，成为研究各类系统中共同控制规律的一门科学。

1.2.2 核心任务

控制论的核心任务是从一般意义上研究信息提取、信息传播、信息处理、信息存储和信息利用等问题。控制论与随后形成的信息论有着基本区别。控制论用抽象的方式揭示包括生命系统、工程系统、经济系统和社会系统等在内的一切控制系统的信息传输和信息处理的特性和规律，研究用不同的控制方式达到不同控制目的的可能性和途径，而不涉及具体信号的传输和处理。信息论则偏于研究信息的测度理论和方法，并在此基础上研究与实际系统中信息的有效传输和有效处理的相关方法和技术问题，如编码、译码、滤波、信道容量和传输速率等。

1.2.3 黑白箱理论

人们通常把完全不知、不理解的区域或系统称为“黑箱”，而把全知、完全理解的系统和区域称为“白箱”，介于黑箱和白箱之间的称为“灰箱”。就像电冰箱对于普通使用人就是“黑箱”，因为使用人完全不明白、不理解冰箱的工作原理，只知道开电它就能冷冻冷藏食品，关电就停止制冷；对于修理人员就是“灰箱”，因为修理人员在一定深度上能够理解它的基本工作原理，并能够以模块化备件更换的方式进行维修；对于设计人员它就是“白箱”，因为他们完全理解它的工作原理并可以完全控制它的工作状态。

人类探索自然、认知自然总是由黑箱到灰箱再到白箱。在环境科学领域也是一样，人们认识大气圈、水圈、生物圈、生态系统也是从无到有、由浅入深的。在当今生命科学、生态学、化学、工程技术飞速发展的带动下，环境科学也取得了长足的进步，人们对一个相对完整的系统（如一个湖泊、一个流域水系、一个生态系统）的物质循环、迁移、转化规律逐渐有所认识和理解，所有的认识和理解促使人们聚焦研究环境污染物在系统中的迁移变化规律，可行、有效的技术手段之一就是建立灰箱数学模型去模拟真实的环境系统。

1.2.4 基本方法

控制论是从信息和控制两个方面研究系统。控制论的方法涉及4个方面。

(1) 确定输入输出变量。控制系统为达到一定的目的，需要以某种方式从外界提取必要的信息（称为输入），再按一定法则进行处理，产生新的信息（称为输出）反作用于外界。输入输出变量不仅可以表示行为，也可以表示信息。

(2) 黑箱方法。根据系统的输入输出变量找出它们之间存在的函数关系（即输入输出模型）的方法。黑箱方法可用来研究复杂的大系统和巨系统。

(3) 模型化方法。通过引入仅与系统有关的状态变量而用两组方程来描述系统即建立系统模型。一组称为转移方程，又称为状态方程，用以描述系统的演变规律；另一组称为作用方程，又称为输出方程，用以描述系统与外界的作用。抽象后的系统模型可用于一般性研究并确定系统的类别和特性。控制系统数学模型的形式不是唯一的，自动机理论中还常采用状态转移表或状态转移图的方式。系统的特性是通过系统的结构产生的，同类系统通常具有同类结构。控制论的模型化方法和推理式属性，使控制论适用于一切领域的控制系统，有助于对控制系统一般特性的研究。在研究大系统和巨系统时还需要使用同态和同构以及分解和协调等概念。

(4) 统计方法。控制论方法属于统计方法的范畴，需要引入无偏性、最小方差、输入输出函数的自相关函数和相关分析等概念。采用广义调和分析和遍历定理，可从每个个别样本函数来获取所需的信息。维纳采用这种方法建立了时间序列的预测和滤波理论，称为维纳滤波。非线性随机理论不但是控制论的数学基础，而且是处理一切大规模复杂系统的重要工具。

1.3 环境系统数学模型

1.3.1 概述

数学模型是使用数学语言对某一系统的运行规律和特征进行简化概括或近似表达的一套数学公式或算法。数学模型是实际物理过程的简化，是模拟实际问题的有效手段，不仅在工程技术中得到广泛应用，在社会科学、经济金融，甚至心理学领域中也有了广泛应用。

环境数学模型是指在环境科学与工程领域中，以环境系统内各子系统的功能与结构为研究对象，模拟环境系统的运行规律的数学公式或算法。

1.3.2 环境系统数学模型的分类

环境系统数学模型可以有很多分类方法，如根据环境要素，可分为地表水水质环境数学模型、地下水环境数学模型、湖库水环境数学模型、大气环境数学模型、生态系统数学模型等；根据系统运行稳定性分为稳态和动态模型；根据空间分布特征分为一维、二维、三维模型；根据系统的机理研究推理方法分为数学模型和统计模型等。

(1) 数学模型（数值模型）。针对白箱和部分灰箱，即对于相对简单，现有科学理论和技术手段易于解释、推导、描述运作机理的特定系统。建立数学模型时，首先是要对系统进行观察、认识，然后从正面分析研究其运行机理，找出各输入因子与输出因子之间的数学对应关系，经过充分的验证，最后在一定误差允许范围内得出一套公式或算法如：某污水排放口向河流中稳定排放污染物，河流上游来水流量为 Q_r，上游来水某污染物浓度为 C_r，污水排放口该污染物浓度为 C_e，污水排放流量为 Q_e，假设污水排入河流后短距离内可混合均匀，建立数学模型求混合后该污染物浓度。这样的环境问题相对简单，易于解释推导其混合前到混合后的变化机理，利用质量守恒原理即可推导出河流水质模型中最简单的完全混合模型。混合后污染物的浓度 C_m 为

$$C_m=\frac{Q_rC_r+Q_eC_e}{Q_r+Q_e} \tag{1-1}$$

(2) 统计模型。针对结构复杂的灰箱或黑箱系统，研究人员不能或不完全能理解其运作机理，现有科学理论和技术手段难以从正面推导输入输出因子之间的对应关系的系统，通过长期大量观察，获取大量输入输出数据，使用这些数据而忽略系统机理，运用统计学的算法手段建立的数学模型称为统计模型。而建立统计模型的常用、有效手段之一就是使用人工神经网络。

例如：很多动物都能够从长期生活实践经历中学习到通过听到某个声音来判断声音的来源、距离和方位，这样的判断并不需要学习声波传播速度、声波信号衰减原理等理论来进行数学计算，而是通过在长期生活实践中反复对应、反复训练学习，从而建立起了接收到的声音信号效果与声源距离方位的对应关系，这样的对应关系对于动物的神经系统而言就是一个灰箱统计模型。这个模型的建立、训练、部署实施，是由动物的神经系统完成的。

一个池塘，在夏季经常暴发水华，蓝藻大肆生长，但每年的水华程度有一定差异。通过长期环境监测，收集到了每年夏季特定时间的蓝藻密度、叶绿素a含量，上年秋季至本年夏季的太阳辐射、云量、气温、降水量等气象数据，汇入沟渠的水量及其TP、TN、COD等污染物浓度，pH，水文等数据，建立数学模型预测蓝藻密度。这样的环境问题比较复杂，影响蓝藻生长的因素包括气象因子，N、P、C源等营养物质因子，pH等，但因理论知识的水平、监测技术手段的限制，不可能也没有必要穷尽所有涉及对应关系的所有因子，在这样的实例中，由于各因子之间的化学、物理、生物反应机理异常复杂，影响因子广泛，池塘系统内外呈现出典型的非线性响应动力学的因果关系，要通过正面推导建立数值模型预测池塘的蓝藻密度是比较困难的，而这样的复杂非线性因果关系，恰好是神经网络擅长的。通过大量的已知数据，建立神经网络模型，训练并评价网络，直到可靠性达到允许误差目标后就可用于预测。

可以比较一下，这个池塘系统的数学模型和动物听声辨位的相同之处就在于，池塘系统的数学模型将动物神经系统的基本工作原理用数学算法来进行模拟，通过长期大量的、已知的非线性因果关系来进行训练学习，从而建立多因子输入输出的非线性关系，当出现一组新的输入数据时，利用训练得到的关系求解输出。

① 系统的基本概念。

② 系统具有环境、边界、结构、输入、输出、功能、状态等属性。

③ 黑白箱基本概念。

④ 按因果性可将系统分为因果系统、非因果系统和反因果系统。

⑤ 环境系统数学模型的分类。

1. 在环境科学与工程领域中，请列举白箱、灰箱、黑箱系统各一个，并试指出所列举灰箱系统中的环境、边界、输入、输出属性。
2. 请简述环境系统数学模型的分类。

第2章 数据预处理技术

实际问题中，通过观测、调查、测量、手工环境监测、自动环境监测、收集、填报、统计等手段得到的数据，由于其产生来源、用途目的不同，造成数据质量、精度、有效性、准确性有很大差异，在求解环境问题时直接使用这些数据，必将会严重影响数学模型的可靠性，也会不必要地增大计算机算力资源消耗。因此，多数数据都不宜直接使用，而需要进行必要的预处理，如将无效数据、离群数据剔除，缺失数据补齐等，可得到整齐划一的供建模直接使用的数据。

常用的数据预处理包括如下几种类型：统一数据文件格式和数据类型，无效数据识别及处理，缺失数据的补齐、降噪、归一化、主成分分析等。

2.1 Matlab 简介

有多种微分方程、矩阵方程等数值计算求解，神经网络设计、评估、仿真求解的工具，其中最高效的计算软件就是 MathWorks Matlab。

Matlab 是 MathWorks 公司开发的一款专业数学软件，雏形于 20 世纪 70 年代出现，至今已 50 余年，软件功能已经比较完善，在国内高校、科研院所的科研人员和广大工程技术人员中使用也比较普及，中文学习资源比较丰富。其主要功能模块和应用领域涵盖微分方程在内的数值计算、机器学习、深度学习、数据科学、图像处理和计算机视觉、预测性维护、信号处理、测试和测量、机器人、无线通信、控制系统等。

Matlab 的主要功能之一就是人工神经网络设计和检验评估，从早期版本开始就内嵌了神经网络工具箱（Neural Network Toolbox，NNET）模块，经过多年的完善补充、更新追加，目前最新版本的 NNET 已经涵盖了几乎所有常用的神经网络和深度学习网络模型，内嵌的各种学习算法可以通过定义超级参数、外部参数等手段从底层原理来灵活创建、定义和控制神经网络模型，并对组合算法的可靠性进行测试评估。同时，用户可使用 Matlab 强大的编程、二次开发功能以创建新函数等方式来编写、开发、自定义适合的神经网络算法。与传统数学软件不同，Matlab 没有使用结构复杂的数据库作为基本操作对象，而是使用矩阵作为基本数据单位，这样使得它的内部指令语法与数学、工程中的常用方式十分接近，因此在解决数学问题的时候要比使用 C、Fortran、Python 等语言简洁和易理解。同时，在近年的新版本中，Matlab 加入了对 C、Fortran、Java、C＋＋、Python 等语言的支持，用户用这些语言编写的程序可以直接导入 Matlab 函数库中随时调用。此外，一些网站上也有很多爱好者编写的 Matlab 代码、函数，可以免费下载、调试、使用。

本书数据可视化、数值计算、神经网络建模等采用 Matlab 作为基本编程工具。

2.2 统一数据文件格式、数据类型、单位、精度

对不同来源的同一环境系统的数据，存在文件格式类型、数据类型、单位和精度不一致的可能。保存数据常见的电子文件有：xls、xlsx、dat、mdb、db、dbf、txt、css、jpg、mp3、avi 等。

在神经网络直接使用前，必须将数据的文件格式、单位尺度、精度、可靠性、变量类型、数据质量等统一化。自动环境监测设备的数据处理功能都包括原始数据采集、录入、存储、上传、数据导出等。多数数据终端可以导出 Excel 格式数据，但也有部分设备只能导出数据处理软件特有的 dat、mdb、db、txt、dbf、css 等格式。MS Excel 作为最常见的办公软件，经常用于处理数据，在环境建模实际工作中，收集到的原始数据多是 Excel 格式。上述大部分特殊的非 xls、xlsx 数据也可以通过 Excel 打开后转换另存为 xls、xlsx 格式。MS Excel 提供了丰富的数据格式、变量类型、精度的定义功能，如：常规、数值、货币、会计、日期、时间、百分比、分数、科学计数、文本、特殊、自定义等，可以利用 MS Excel 进行数据格式、变量类型的转换和统一。

Matlab 提供了丰富的变量类型、数据精度转换的功能，在 Matlab 中还可以用 who 和 whos 命令查看变量的信息。

2.3 无效数据识别及处理

无效数据（invalid data）指对数据类型符合规格要求、表面看上去能够反映环境系统的属性，但因为在环境系统观测过程中存在设备故障、系统误差、记录错误等原因造成的明显错误数据。如在线自动环境监测设备在运行过程中，存在定期校零、校准、零点检测、跨度校准、精度检查，更换试剂、耗材、标液、标气，运行不良、连接不良等操作或故障等，统称异常状态。异常状态期间可能仍然在采集、记录、存储、在线传输数据，设备部件损坏未得到维修之前，也可能在采集、记录、传输数据，手工监测、人工观测时因观测设备故障，在不知情的情况下会记录监测、观测结果数据，上述情况下记录的数据不能代表观测对象的真实属性，或会造成数据超上下限、有效数据量不足，从而导致数据无效。

自动监测设备产生的无效数据与相邻的正常数据有明显区别，或有特殊的标记。环境空气或废气在线自动监测设备对定期校零、校准，更换试剂、耗材、标液、标气等操作期间产生的数据进行特殊标记，如在数据后面用括号和代码进行标记。国家空气质量监测联网管理平台数据异常状态标识说明详见表 2-1。

表 2-1 国家空气质量监测联网管理平台数据异常状态标识说明

(异常状态)数据标识符	含义	(异常状态)数据标识符	含义
H	有效数据不足	BB	连接不良
B	运行不良	W	等待数据恢复
HSp	数据超上限	LSp	数据超下限

续表

(异常状态)数据标识符	含义	(异常状态)数据标识符	含义
PS	跨度校准	PZ	零点检测
CZ	零点校准	CS	跨度校准
AS	精度检查		

对于无效数据，通常有剔除、插值填补两种基本处理方式。

2.3.1 剔除

因为无效数据处理后是提供给神经网络直接使用的，因此，剔除无效数据，不能仅删除无效数据本身，而应删除无效数据所在的一整个样本数据，即删除无效数据应以样本为基本单位。否则，将造成同一样本中缺失部分属性数据。如：某站点某月 31 天常规 6 项空气质量自动监测日均值数据中（31 行×6 列），当月进行了 2 次 NO_2 标气更换，3 次 SO_2 校零，其余数据正常，则应将这 5 次操作所在的整个当天数据样本删除。

【例 2-1】 表 2-2 为某空气自动站点部分时段环境空气常规 6 项自动监测小时数据（数据有 17 行 × 8 列），请用 Matlab 编程将无效数据所在样本删除，得到完全有效的样本数据。

表 2-2　某站点部分时段环境空气常规 6 项自动监测小时数据（带括号的数据为无效数据）

城市	站点名称	时间	SO_2/(μg/m³)	NO/(μg/m³)	NO_2/(μg/m³)	NO_x/(μg/m³)	O_3/(μg/m³)	CO/(mg/m³)	PM_{10}/(μg/m³)	$PM_{2.5}$/(μg/m³)
××市	××公园	2017-05-02 12:00	13	2	8	12	108	0.593	47	23
××市	××公园	2017-05-02 13:00	13	2	7	11	111	0.55	45	22
××市	××公园	2017-05-02 14:00	11	2	7	10	115	0.553	49	21
××市	××公园	2017-05-02 15:00	11	3	7	12	114	0.546	48	68(H)
××市	××公园	2017-05-02 16:00	10	2	7	10	113	0.56	54	103(H)
××市	××公园	2017-05-02 17:00	11	2(H)	6(H)	10(H)	98	0.519	48	103(H)
××市	××公园	2017-05-02 18:00	8	2	5	8	105(H)	0.536	66	109(H)
××市	××公园	2017-05-02 19:00	8	2	6	10	120	0.578	77	112(H)
××市	××公园	2017-05-02 20:00	13(H)	2	8	11	117	0.593	58	114(H)
××市	××公园	2017-05-02 21:00	13(H)	2	10	14	112	0.628	57	111(H)
××市	××公园	2017-05-02 22:00	13(H)	2	14	21(H)	106	0.772	46	110(H)
××市	××公园	2017-05-02 23:00	9	2	12	21(H)	108	0.608	38	53(H)
××市	××公园	2017-05-03 00:00	15	2	25	21(H)	92	0.700(H)	39	24
××市	××公园	2017-05-03 01:00	15	2	36	39	80	0.700(H)	49	25(H)
××市	××公园	2017-05-03 02:00	12	2	24	27	91	1.177	57	25(H)
××市	××公园	2017-05-03 03:00	12	2	19	22	97	1.126	43	24
××市	××公园	2017-05-03 04:00	13	2	19	22	97	0.934	37	23

注：(H) 表示无效数据。

解题思路：观察表中数据，因为数据较少，仅 17 个样本，可以手工删除无效数据所在的 12 行。但神经网络建模时，通常的数据量都很大，样本量可能保持在几万甚至几十万行，不可能依靠手工处理，必须要用程序自动识别和删除。使用 xlsread、 isNaN 和 Matlab 矩阵基本操作函数来进行识别删除，还使用到一个数组的集合运算求补集的函数 setdiff，语法如下：

C=setdiff (A,B)

其中： C 为 B 在 A 中的补集。

编程代码如下：cep_c5s2_01.m

```
clear all; clc;
B=xlsread('B.xlsx'); % 从 Excel 文件中读取数据,在读取时 xlsread 会自动将非数值转为 NaN,赋给矩阵 B;
[nr,nc]=size(B); % 求矩阵 B 的行、列数量;

[r_iv,c_iv]=find(isnan(B)); % 将含有 NaN 元素的行、列索引分别赋给 r_iv, c_iv
r2=unique(r_iv); % 将含有 NaN 的行索引号唯一化;
vdr=setdiff(1:nr,r2); % 求含有 NaN 的行索引 r2 在所有行索引 nr 中的补集,即不含 NaN 的行索引赋给 vdr;
B2=B(vdr,:) % 求 B 矩阵中的不含 NaN 的行的元素值,赋给矩阵 B2;
```

运行结果:

```
B2=
13.0000   2.0000    8.0000   12.0000  108.0000   0.5930   47.0000   23.0000
13.0000   2.0000    7.0000   11.0000  111.0000   0.5500   45.0000   22.0000
11.0000   2.0000    7.0000   10.0000  115.0000   0.5530   49.0000   21.0000
12.0000   2.0000   19.0000   22.0000   97.0000   1.1260   43.0000   24.0000
13.0000   2.0000   19.0000   22.0000   97.0000   0.9340   37.0000   23.0000
```

B2 矩阵就是将含有无效数据的整个样本剔除后得到的有效样本数据。对照表 2-2 也可以看出：得到的是第 1、2、3、16、17 行数据。这与过渡计算用的变量 vdr（全部为有效数据的行索引）是一致的。

2.3.2 插值填补

如果无效数据不多，剔除无效数据所在整个样本后，剩余的样本仍然充足，可以采用剔除方式处理。但在实际工作中，观测、监测、收集数据消耗了大量人力和资金成本，从经济和效率的角度，应该尽量保持样本数量。对于神经网络，训练样本越多，得到的模型越准确和可靠。因此，对于样本数量不太充分的环境系统数据，还可以采用插值填补无效数据的方式进行处理。

插值填补的基本技术步骤为：针对同一属性的单个或连续多个无效数据，使用前后最近的 2 个数据为基础，计算线性插值来替换无效数据。

Matlab 提供了丰富的插值计算函数，包括：interp1（一维数据插值）、interp2（二维数据插值）、interp3（三维数据插值）、interp*n*（*n* 维数据插值）、interpft（快速 Fourier 算法作一维插值）、griddata（规则数据格点插值）、spline（三次样条数据插值）、meshgrid（生成用于画三维图形的矩阵数据）、ndgrid（生成用于多维函数计算或多维插值用的阵列）、table1（返回用表格矩阵 TAB 中的行线性插值元素）。

本章重点介绍一维数据插值函数 interp1。其语法为：

```
格式(1)  vq=interp1(x,v,xq,method)
格式(2)  vq=interp1(x,v,xq,method,extrapolation)
```

其中：

vq：使用线性插值返回一维函数在特定查询点的插入值，即插值填补后的完整数值矩阵；

x：有效元素索引位置，即含有有效数据的样本点；

v：x 对应的元素值 v(x)，即有效元素；

xq：所有坐标点索引。如果有多个在同一点坐标采样的数据集，则可以将 v 以数组的形式进行传递。数组 v 的每一列都包含一组不同的一维样本值。

method：指定用于选择备选插值算法的字符串：'nearest'、'next'、'previous'、'linear'、'spline'、'pchip'、'v5cubic'或'cubic'。默认方法为'linear'（线性插值）。

格式 2 用于指定外插策略，来计算落在 x 域范围外的点。如果希望使用 method 算法进行外插，可将 extrapolation 设置为字符串'extrap'。或者，也可以指定一个标量值，这种情况下，interp1 将为所有落在 x 域范围外的点返回该标量值。

8 种插值算法的具体意义详见表 2-3。

表 2-3　插值算法的意义

算法字符串	说明	注释
'linear'	线性插值。在查询点插入的值基于各维中邻域网格点处数值的线性插值。这是默认插值方法	需要至少 2 个点。 比最近邻域插值需要更多内存和计算时间
'nearest'	最近邻域插值。在查询点插入的值是距样本网格点最近的值	需要至少 2 个点。 最低内存要求。 最快计算时间
'next'	下一个邻域插值。在查询点插入的值是下一个抽样网格点的值	需要至少 2 个点。 其内存要求和计算时间与'nearest' 相同
'previous'	上一个邻域插值。在查询点插入的值是上一个抽样网格点的值	需要至少 2 个点。 其内存要求和计算时间与'nearest' 相同
'pchip'	保形分段三次插值。在查询点插入的值基于邻域网格点处数值的保形分段三次插值	需要至少 4 个点。 比线性插值需要更多内存和计算时间
'cubic'	与'pchip' 相同	此方法当前返回与'pchip' 相同的结果。在以后的版本中，此方法将执行 3 次卷积
'v5cubic'	用于 Matlab® 5 的 3 次卷积	点之间的间距必须均匀。'cubic' 将在以后的版本中替代'v5cubic'
'spline'	使用非结终止条件的样条插值。在查询点插入的值基于各维中邻域网格点处数值的三次方插值	需要至少 4 个点。 比'pchip' 需要更多内存和计算时间

【例 2-2】 针对表 2-2，使用插值填补的方式来处理无效数据。

编程代码：

```
clear all; clc;
B=xlsread('B.xlsx');
save B.mat
load('B.mat')
[nr nc]=size(B);
%一维线性插值,B为原始数据矩阵(无效数据均为 NaN),线性插值处理得到 IB 矩阵
for col=1:nc
    b=B(:,col);
    s=size(b);
    ind=find(~isnan(b)); %针对一列找出(非 NaN)有效元素的行索引
    %[i j]=ind2sub(nc,ind); %线性索引下标函数,用 B 矩阵的列规格 nc,提出非 NaN 元素(有效元素)的索引,赋给[i j]
    v=b(ind); %(非 NaN)有效元素 提出生成 v 矩阵
    IB(:,col)=interp1(ind,v,1:nr); %在 ind 位置(有效元素索引位置)放上有效元素 v,
        %总的矩阵网格位置 xq 为 1:nr,剩余网格位置补上插值,默认插值方法使用'linear'
end
```

```
IB
```

运行结果：

```
IB=
13      2       8       12      108     0.593     47      23
13      2       7       11      111     0.55      45      22
11      2       7       10      115     0.553     49      21
11      3       7       12      114     0.546     48      21.3
10      2       7       10      113     0.56      54      21.6
11      2       6       9       98      0.519     48      21.9
8       2       5       8       109     0.536     66      22.2
8       2       6       10      120     0.578     77      22.5
8.25    2       8       11      117     0.593     58      22.8
8.5     2       10      14      112     0.628     57      23.1
8.75    2       14      20.25   106     0.772     46      23.4
9       2       12      26.5    108     0.608     38      23.7
15      2       25      32.75   92      0.797667  39      24
15      2       36      39      80      0.987333  49      24
12      2       24      27      91      1.177     57      24
12      2       19      22      97      1.126     43      24
13      2       19      22      97      0.934     37      23
```

应用总结：由运行结果可看出：粗体字数据为计算的插值。通过将无效数据替换为 2 个相邻有效数据的线性插值，一方面尽可能合理替换，修正了无效数据，另一方面最大限度地保留了样本，充分利用了样本数据。

【例 2-3】 针对含有边沿无效数据的表 2-4，使用插值填补的方式来处理无效数据。

表 2-4　某站点部分时段环境空气常规六项自动监测小时数据（带括号的数据为无效数据）

SO_2 /(μg/m³)	NO /(μg/m³)	NO_2 /(μg/m³)	NO_x /(μg/m³)	O_3 /(μg/m³)	CO /(mg/m³)	PM_{10} /(μg/m³)	$PM_{2.5}$ /(μg/m³)
13(H)	2	8(H)	12(H)	108(H)	0.593	47	23(H)
13	2	7	11	111	0.55	45	22
11	2	7	10	115	0.553	49	21
11	3	7	12	114	0.546	48	68(H)
10	2	7	10	113	0.56	54	103(H)
11	2(H)	6(H)	10(H)	98	0.519	48	103(H)
8	2	5	8	105(H)	0.536	66	109(H)
8	2	6	10	120	0.578	77	112(H)
13(H)	2	8	11	117	0.593	58	114(H)
13(H)	2	10	14	112	0.628	57	111(H)
13(H)	2	14	21(H)	106	0.772	46	110(H)
9	2	12	21(H)	108	0.608	38	53(H)
15	2	25	21(H)	92	0.700(H)	39	24
15	2	36	39	80	0.700(H)	49	25(H)
12	2	24	27	91	1.177	57	25(H)
12	2	19	22	97	1.126	43	24
13(H)	2	19(H)	22	97	0.934(H)	37	23(H)

解题思路：与【例 2-2】不同的是，本例边沿数据（列的起始或终止位置）含有无效数据，要使用 interp1 函数格式 2 的 method 和 extrapolation 参数。

编程代码：

```
clear all; clc;
B=xlsread('B.xlsx',2,'A2:H18');
save B.mat
```

```
load('B.mat')
[nr nc]=size(B);
%一维线性插值,B为原始数据矩阵(无效数据均为NaN),线性插值处理得到IB矩阵
for col=1:nc
    b=B(:,col);
    s=size(b);
    ind=find(~isnan(b)); %针对一列找出(非NaN)有效元素的行索引
    %[i j]=ind2sub(nc,ind); %线性索引下标函数,用B矩阵的列规格nc,提出非NaN元素(有效元素)的索引,赋给[i j]
    v=b(ind); %(非NaN)有效元素 提出生成v矩阵
    IB(:,col)=interp1(ind,v,1:nr,'linear','extrap'); %在ind位置(有效元素索引位置)放上有效元素v,总的矩阵网格位置xq为nr,剩余网格位置补上插值,插值方法使用'linear',并将extrapolation设置为'extrap';
end
IB
```

运行结果：

15	2	7	12	107	0.593	47	23
13	2	7	11	111	0.55	45	22
11	2	7	10	115	0.553	49	21
11	3	7	12	114	0.546	48	21.3
10	2	7	10	113	0.56	54	21.6
11	2	6	9	98	0.519	48	21.9
8	2	5	8	109	0.536	66	22.2
8	2	6	10	120	0.578	77	22.5
8.25	2	8	11	117	0.593	58	22.8
8.5	2	10	14	112	0.628	57	23.1
8.75	2	14	20.25	106	0.772	46	23.4
9	2	12	26.5	108	0.608	38	23.7
15	2	25	32.75	92	0.797667	39	24
15	2	36	39	80	0.987333	49	24
12	2	24	27	91	1.177	57	24
12	2	19	22	97	1.126	43	24
2	2	14	22	97	1.075	37	24

应用总结：由运行结果可以看出，使用 method 和 extrapolation 参数后， interp1 函数使用边沿内的最近 2 个数据按线性插值外推得到边沿数据。

2.4 小波降噪

2.4.1 环境系统观测的随机误差

在观测环境系统时，得到的观测值除了真实的信息外，还有一些干扰因子的叠加。如在监测水体 COD 时，如果有还原性无机物存在，则 COD 监测结果会偏高。在此情况下，COD 的直接观测值就不能真实地反映水体中的耗氧性有机物浓度。另外，在自动监测设备

中，如果供电质量不稳定、周围存在不稳定的电磁场干扰，精密仪器有可能在真实的信号值上叠加电力、电磁场的干扰信号，造成记录信号在一定程度上的失真。

在实验室的检测分析工作中，由于分析中使用的试剂、水、器皿、滤膜中杂质含量的微小波动，以及仪器稳定性的波动等，检测基线产生随机波动的类似背景噪声的现象。噪声的存在，使得实验员无法将低于某一浓度的待测物质产生的信号与基线的随机波动区分开，因此不可能通过无限放大检测器的输出信号，而获得想要达到的灵敏度。

由此可见，随机噪声广泛地存在于观测行为中。

在信号控制领域，滤波降噪是一个常用技术，但环境领域中的应用较少。本节介绍如何使用信号处理领域中常用的小波降噪（wavelet denoising）技术来处理、降低环境数据的干扰噪声。本节所指环境数据噪声，指环境系统某数据集中同一属性的数据受到偶发影响而叠加的随机误差，在观测过程中的不稳定因素，如温度、光照、气压、湿度等环境条件，分析人员的技术水平、操作的微小差异、仪器设备的不稳定、电源质量、电磁环境影响等因素都会造成异常波动，也称为偶然误差。随机误差的大小和正负都不固定，但多次测量就会发现，绝对值相同的正负随机误差出现的概率大致相等。在环境监测中，一般根据它们之间常能互相抵消的特性，采取增加平行测定取平均值的措施来减小随机误差。但从宏观角度来看，环境系统的数据存在随机误差的情况仍然很普遍。为了给神经网络建模提供尽量真实可靠的数据，有必要采用技术手段降低随机误差。小波降噪是一个常用的有效方法。

2.4.2 数据降噪技术概况

信号处理领域中滤波的基本原理就是给不同的信号分配不同的权重。如果低频信号是噪声的话，就直接把低频的信号给 0 权重，而给高频部分 1 权重。从统计学的角度，数据降噪也是滤波的一种。降噪的基本技术手段是加强信号，抑制噪声（随机误差），给信号一个高的权重而给噪声一个低的权重。

在小波分析提出之前，传统的线性滤波去噪方法有中值滤波、IIR、Kalman、wiener 滤波等。非线性滤波去噪方法有扩展 Kalman、插值滤波、Foker-Plank 法、神经网络滤波、粒子滤波等。线性滤波中最经典的降噪方法是 Fourier（傅里叶变换）分析。Fourier 分析方法诞生于 20 世纪 90 年代，该方法虽然方便有效，但不能反映出信号在局部时间范围中的特征。Fourier 分析的固有缺点不断显现，在信号处理中，人们所关心的是特定时域出现的特定信号波，Fourier 分析满足不了这个需求。这个弱点加速了小波分析的诞生和发展。

小波变换的概念是由法国工程师 J. Morlet 于 1974 年首先提出的，也属于线性滤波，是时间（空间）频率的局部化分析。该方法通过伸缩平移运算对信号逐步进行多尺度细化，最终达到高频处时间和低频处频率细分，能自动适应时频信号分析的要求，从而可聚焦到信号的任意细节，解决了 Fourier 变换的固有缺陷。小波变换无可比拟的优越性，使其在信号处理等众多领域被广泛应用。

2.4.3 小波降噪的 Matlab 实现

Matlab 提供了丰富的小波分析功能，可以在命令窗口中输入“waveletmenu”启动小波工具箱图形用户界面，在将来的 Matlab 版本中应输入“waveletanalyzer”代替。除小波工具箱图形用户界面外，Matlab 还提供了丰富的小波分析函数。

阈值去噪是一种基本且效果较好的小波去噪方法。其基本技术路线就是分别对小波分解后的各层系数（噪声与有用信号）中模大于和小于某阈值的系数进行处理，然后对处理完的小波系数再进行反变换，得到新的降噪后信号。

2.4.3.1　阈值函数

常用的阈值函数主要是硬阈值函数和软阈值函数。随着小波分析的发展，半软阈值函数和改进软阈值函数也被提出来。其中改进软阈值函数在软阈值的基础上具有更高阶的变化。与硬阈值、软阈值、半软阈值函数相比，改进软阈值函数在噪声与有用信号（小波系数）之间存在一个平滑过渡区，更加贴近和符合自然信号的连续特性。如图 2-1 所示，图中横坐标为原始的信号，纵坐标为阈值化后的信号（小波系数）。其表达式为：

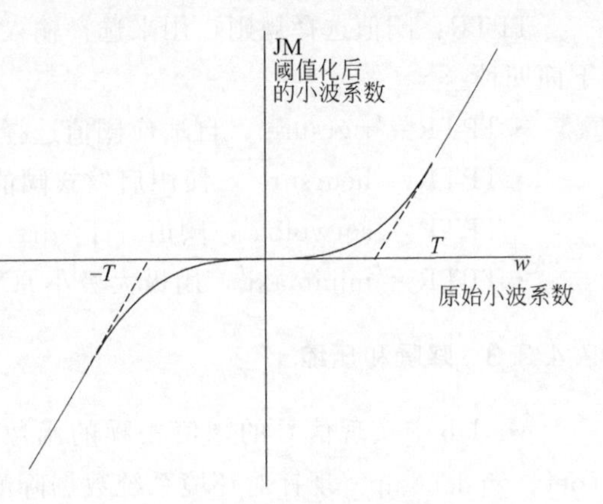

图 2-1　改进后的软阈值函数图形

$$JM(w)=\begin{cases} w+T\dfrac{T}{2k+1}w<-T \\ \dfrac{1}{(2k+1)T^{2k}}w^{2k+1}\ |w|\leqslant T \\ w-T-\dfrac{T}{2k+1}w>T \end{cases} \tag{2-1}$$

2.4.3.2　阈值获取

Matlab 中实现信号阈值获取的函数有 ddencmp、thselect、wbmpen 和 wdcbm。环境系统数据的降噪比信号领域简单，本节仅讲解常用的 ddencmp、thselect。

（1）ddencmp

ddencmp 函数用于求取在降噪或压缩过程中的默认阈值，有如下 3 种语法格式：

格式(1)　[THR,SORH,KEEPAPP,CRIT]=ddencmp(IN1,IN2,X)

格式(2)　[THR,SORH,KEEPAPP,CRIT]=ddencmp(IN1,'wp',X)

格式(3)　[THR,SORH,KEEPAPP]=ddencmp(IN1,'wv',X)

其中：

X：输入参数，一维或二维输入，即原始的带噪声的数据；

IN1：处理方式选择参数，取值为 den 或 crop，den 表示进行去噪，crop 表示进行压缩；

IN2：小波选择参数，取值为 wv 或 wp，wv 表示选择小波，wp 表示选择小波包；

THR：返回值，获取的默认阈值；

SORH：获取的阈值类型参数，s 为软阈值，h 为硬阈值；

KEEPAPP：获取的低频系数阈值量化参数，取值为 1 时，低频系数不进行阈值量化，否则低频系数要进行阈值量化；

CRIT：获取的字符串熵标准名（只在选择小波包时用）。

（2）thselect

thselect 是一个求取自适应阈值的函数，语法格式如下：

```
THR=thselect(X,TPTR)
```

其中：

TPTR：阈值选择规则，用来选择输入信号 X 的自适应阈值。自适应阈值选择规则包括下面四种。

• TPTR='rigrsure'，自适应阈值选择使用 Stein 的无偏风险估计原理。
• TPTR='heursure'，使用启发式阈值选择。
• TPTR='sqtwolog'，阈值等于 sqrt（2 * log（length（X）））。
• TPTR='minimaxi'，用极大极小原理选择阈值。

2.4.3.3 降噪和压缩

Matlab 中实现信号的阈值去噪的函数有 wden、wdencmp、wthresh、wthcoef、wpthcoef、wpdencmp。现针对环境系统数据降噪的需求，对其中的 wden、wdencmp、wthresh、wpdencmp 4 个函数进行介绍。

（1）wden

wden 函数用于一维信号的自动消噪，语法格式有以下 2 种：

```
格式(1)  [XD,CXD,LXD]=wden(X,TPTR,SORH,SCAL,N,'wname')
格式(2)  [XD,CXD,LXD]=wden(C,L,TPTR,SORH,SCAL,N,'wname')
```

其中（本节前文中出现并解释过的参数不再列出）：

C，L：信号的小波分解结构；

N：小波分解的层数；

SCAL：使用的阈值是否需要重新调整，有 3 种选择。

• SCAL='one'，不调整。
• SCAL='sln'，根据第一层的系数进行噪声层的估计来调整阈值。
• SCAL='mln'，根据不同层的噪声估计来调整阈值。

wname：要使用的小波函数，常见的几种小波有 haar、db、sym、coif、bior 五类，具体包括 haar、db：db1～db10，sym：sym2～sym8，coif：coif1～coif5，bior：bior1.1、bior1.3、bior1.5、bior2.2、bior2.4、bior2.6、bior2.8、bior3.1、bior3.3、bior3.5、bior3.7、bior3.9、bior4.4、bior5.5、bior6.8。

XD：输出的消噪后数据；

CXD，LXD：消噪后信号的小波分解结构。

格式（1）返回对输入数据 X 经过 N 层分解后，得到的小波系数进行阈值处理后的消噪输出信号 XD、XD 的小波分解结构［CXD，LXD］。

格式（2）返回参数与格式（1）相同，是直接对信号的小波分解结构［C，L］进行阈值处理得到的。

（2）wdencmp

函数 wdencmp 用于一维或二维信号的消噪或压缩。语法格式有以下 3 种：

```
格式(1) [XC,CXC,LXC,PERF0,PERFL2]=wdencmp('gbl',X,'wname',N,THR,SORH,KEEPAPP)
格式(2) [XC,CXC,LXC,PERF0,PERFL2]=wdencmp('lvd',X,'wname',N,THR,SORH)
格式(3) [XC,CXC,LXC,PERF0,PERFL2]=wdencmp('lvd',C,L,'wname',N,THR,SORH)
```

其中（本节前文中出现并解释过的参数不再列出）：

gbl（global 的缩写）：每层都采用同一个阈值进行处理；

lvd：每层用不同的阈值进行处理，对于格式（2）和（3）每层都要求有一个阈值，因此阈值向量 THR 的长度为 N；

XC：消噪或压缩后的输出数据；

[CXC，LXC]：输出的 XC 的小波分解结构；

PERF0：压缩的能量范数百分比。

PERFL2：恢复和的能量范数百分比。

（3）wthresh

wthresh 函数的语法格式如下：

```
Y=wthresh(X,SORH,THR)
```

其中：

Y：返回输入向量或矩阵数据 X 经软阈值（SORH='s'）或硬阈值（SORH='h'）处理后的数据。

SORH='s'，即把信号的绝对值与阈值进行比较，小于或等于阈值的点变为 0，大于阈值的点变为该点值与阈值的差值。

SORH='h'，即把信号的绝对值与阈值比较，小于或等于阈值的点变为 0，大于阈值的点保持不变。

用硬阈值处理后的信号通常比软阈值处理后的信号更粗糙。

（4）wpdencmp

wpdencmp 函数用于一维或二维原始数据通过使用小波包变换，由定义的熵标准 CRIT 和阈值参数 PAR 实现最佳分解，进行输入数据的压缩或去噪。语法格式有下面 2 种：

```
格式(1) [XD,TREED,PERF0,PERFL2]=wpdencmp(X,SORH,N,'wname',CRIT,PAR,KEEPAPP)
格式(2) [XD,TREED,PERF0,PERFL2]=wpdencmp(TREE,SORH,CRIT,PAR,KEEPAPP)
```

PAR：阈值参数 THR 也可以是 PAR；

TREE：原始输入数据的小波包分解树；

XD：输出的消噪或压缩后的数据；

TREED：输出参数，是 XD 的最佳小波包分解树。

格式（2）与格式（1）的输出参数相同，输入选项也相同，只是它从原始信号的小波包分解树 TREE 直接进行去噪或压缩。

原始信号的小波包分解树 TREE 可以通过一维小波包分析函数 wpdec 求取，wpdec 函数返回与特定小波包分解向量 N、'wname'相应的小波分解树，语法格式如下：

```
T=wpdec(X,N,'wname',E,P)
T=wpdec(X,N,'wname')
T=wpdec(X,N,'wname','shannon')
```

其中：

E：字符变量，定义的熵标准名；

P：一个依赖于熵的类型名 E 的选项参数（详见表 2-5）；

T：返回的小波包分解树 TREE。

表 2-5 熵标准、*P* 参数列表

熵的类型名(*E*)	参数(*P*)	注释
'shannon'		*P* 未用
'log energy'		*P* 未用
'threshold'	0≤*P*	*P* 是阈值
'sure'	0≤*P*	*P* 是阈值
'norm'	1≤*P*	*P* 是指数
'user'	字符向量	*P* 是带着单一输入 *X* 的包含自己熵函数名的文件名的字符向量
FunName	对 *P* 无限制	FunName 是以上熵类型名以外的任意字符向量，包含了输入向量 *X* 和选项参数 *P* 的熵函数的文件名

2.4.3.4 小波降噪应用实例

在本节通过一个例子来说明小波降噪函数的应用。

【例 2-4】 标准正弦波是具有周期规律、规整平滑连续的非线性图形，请在此基础上叠加随机误差，然后使用小波降噪处理，以图形表示降噪处理后的结果，并与标准正弦波形、带随机误差的波形相比较，同时给出不同参数下小波降噪处理后的数据与标准正弦波的平均绝对误差 mae。

解题思路： Matlab 提供 rand 等随机数产生函数，可用此函数生产随机误差叠加标准正弦函数。对带随机误差的波形数据使用小波阈值函数求取阈值，用 switch…case 语句，分别使用不同的小波分解层数 N 和小波函数 wname，用小波降噪函数处理带误差的波形数据。用 plot 函数画出标准正弦波形、带误差的波形和降噪处理后的波形。用前面介绍过的 mae 函数计算各种参数情形下的降噪后波形数据与标准正弦波形数据的平均绝对误差。

编程代码：

```
clc; clear all;
x=[0:360];
n=length(x);
y=sind(x); % 理论正弦值(+)
% 获取随机噪声叠加给正弦值
for i=1:n
   noise(1,i)=0.6*(0.5-rand(1));
end
y1=y+noise;
[thr,sorh,keepapp,crit]=ddencmp('den','wp',y1); % 阈值获取
tic
for wn=1:22
    % 把 22 种小波函数之一赋给 wname,用这种小波函数和指定的 N、sorh 运行 wpdencmp 降噪,
    % 把降噪结果与理论 sin 值计算 mae
    switch wn
        case 1
            wname='haar';
        case 2
```

```
        wname='db1';
    case 3
        wname='db5';
    case 4
        wname='db10';
    case 5
        wname='sym2';
    case 6
        wname='sym5';
    case 7
        wname='sym8';
    case 8
        wname='coif1';
    case 9
        wname='coif3';
    case 10
        wname='coif5';
    case 11
        wname='bior1.1';
    case 12
        wname='bior1.3';
    case 13
        wname='bior1.5';
    case 14
        wname='bior2.2';
    case 15
        wname='bior2.4';
    case 16
        wname='bior2.8';
    case 17
        wname='bior3.1';
    case 18
        wname='bior3.5';
    case 19
        wname='bior3.9';
    case 20
        wname='bior4.4';
    case 21
        wname='bior5.5';
    case 22
        wname='bior6.8';
end
```

```
        wn_t{wn,1}=wname;
        N=3; % 小波分解的层数,可以调整不同的N以比较;
        y2(wn,:)=wpdencmp(y1,sorh,N,wname, crit, thr, keepapp); % y2 为去噪后值
        E=y2-y;
        mae_y2_y(wn,1)=mae(E); % 每行表示一个 wname 在指定的 N 下执行降噪后得到的 mae,共 22 个 wn-
ame 即 22 行
    end
    toc
    disp('finished')
        figure(1);
        subplot(2,3,1)
        plot(x,y,'m--',x,y1,'r:',x,y2(1,:),'b');
        title(strcat('小波降噪效果 wname=haar',32,32,'N=',num2str(N)))
        legend('理论正弦值','带随机噪声的正弦值','小波降噪后值')
        subplot(2,3,2)
        plot(x,y,'m--',x,y1,'r:',x,y2(3,:),'b');
        title(strcat('小波降噪效果 wname=db5',32,32,'N=',num2str(N)))
        legend('理论正弦值','带随机噪声的正弦值','小波降噪后值')
        subplot(2,3,3)
        plot(x,y,'m--',x,y1,'r:',x,y2(6,:),'b');
        title(strcat('小波降噪效果 wname=sym5',32,32,'N=',num2str(N)))
        legend('理论正弦值','带随机噪声的正弦值','小波降噪后值')
        subplot(2,3,4)
        plot(x,y,'m--',x,y1,'r:',x,y2(9,:),'b');
        title(strcat('小波降噪效果 wname=coif5',32,32,'N=',num2str(N)))
        legend('理论正弦值','带随机噪声的正弦值','小波降噪后值')
        subplot(2,3,5)
        plot(x,y,'m--',x,y1,'r:',x,y2(13,:),'b');
        title(strcat('小波降噪效果 wname=bior1.5',32,32,'N=',num2str(N)))
        legend('理论正弦值','带随机噪声的正弦值','小波降噪后值')
        subplot(2,3,6)
        plot(x,y,'m--',x,y1,'r:',x,y2(18,:),'b');
        title(strcat('小波降噪效果 wname=bior3.5',32,32,'N=',num2str(N)))
        legend('理论正弦值','带随机噪声的正弦值','小波降噪后值')
```

运行结果见图 2-2。

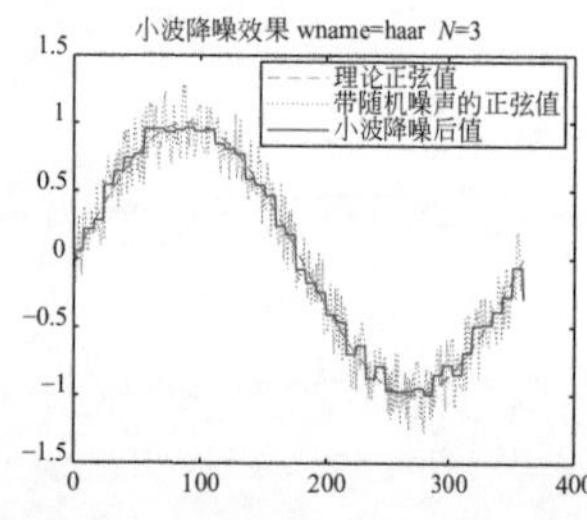

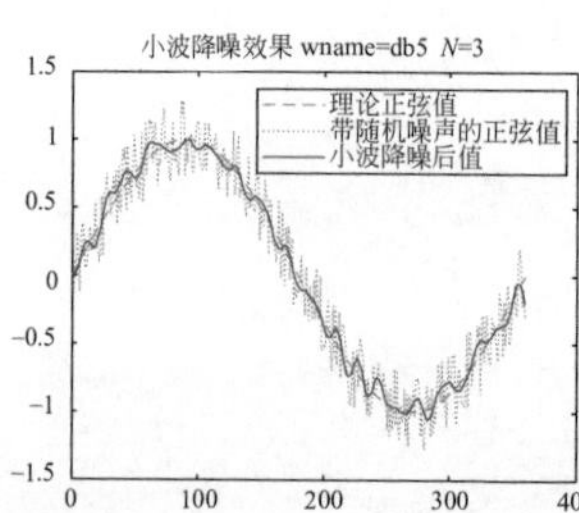

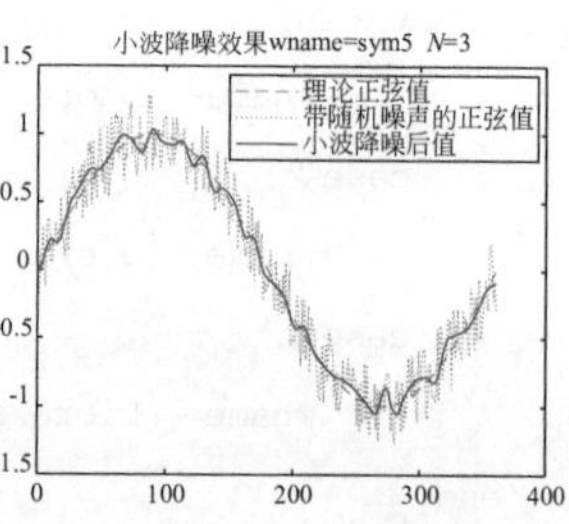

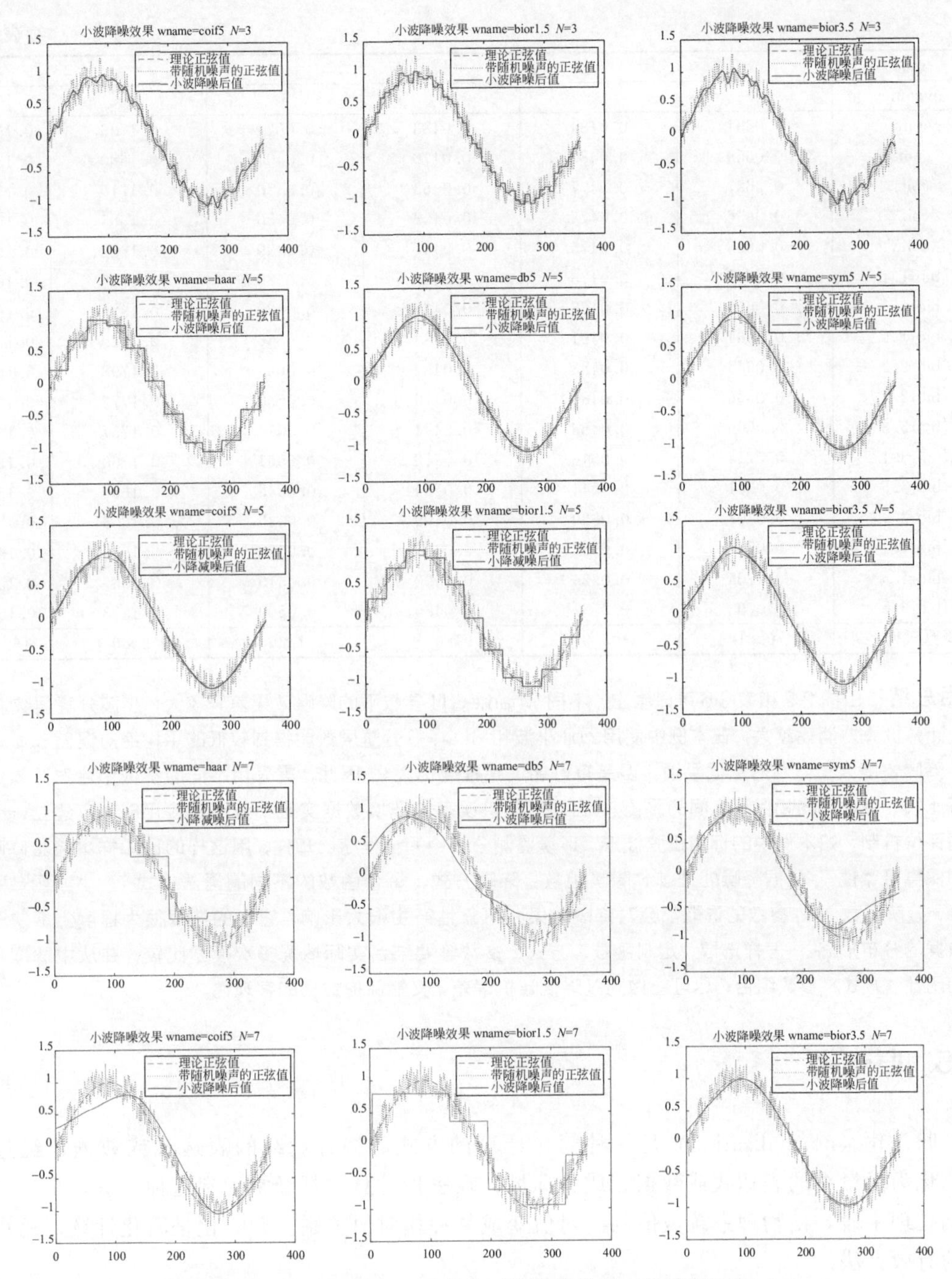

图 2-2　不同 wname、N 参数下的降噪效果（仅部分图形）

表 2-6　常见的不同 wname 和 N 下降噪处理后数据的平均绝对误差

mae	N					
wname	2	3	4	5	7	10
'haar'	0.0669	0.0505	0.0619	0.0947	0.2603	0.2506
'db1'	0.0669	0.0505	0.0619	0.0947	0.2603	0.2506
'db5'	0.0665	0.0497	0.0542	0.0737	0.2487	0.2127
'db10'	0.0660	0.0496	0.0500	0.0628	0.2081	0.1794
'sym2'	0.0664	0.0492	0.0503	0.0571	0.1831	0.1606

续表

mae	N					
wname	2	3	4	5	7	10
'sym5'	0.0661	0.0484	0.0483	0.0524	0.1736	0.1530
'sym8'	0.0659	0.0483	0.0470	0.0491	0.1680	0.1525
'coif1'	0.0657	0.0477	0.0463	0.0470	0.1710	0.1583
'coif3'	0.0656	0.0475	0.0452	0.0450	0.1685	0.1587
'coif5'	0.0655	0.0475	0.0447	0.0439	0.1682	0.1602
'bior1.1'	0.0656	0.0478	0.0463	0.0485	0.1766	0.1684
'bior1.3'	0.0660	0.0487	0.0474	0.0529	0.1822	0.1691
'bior1.5'	0.0664	0.0491	0.0484	0.0566	0.1829	0.1701
'bior2.2'	0.0665	0.0488	0.0482	0.0548	0.1798	0.1684
'bior2.4'	0.0666	0.0488	0.0476	0.0530	0.1772	0.1671
'bior2.8'	0.0666	0.0486	0.0471	0.0514	0.1757	0.1670
'bior3.1'	0.0714	0.0546	0.0512	0.0561	0.1760	0.1665
'bior3.5'	0.0711	0.0541	0.0504	0.0548	0.1680	0.1594
'bior3.9'	0.0708	0.0539	0.0499	0.0535	0.1606	0.1531
'bior4.4'	0.0707	0.0536	0.0495	0.0522	0.1586	0.1523
'bior5.5'	0.0705	0.0534	0.0490	0.0510	0.1567	0.1515
'bior6.8'	0.0703	0.0531	0.0485	0.0500	0.1553	0.1510
降噪耗时/s	0.81	0.89	1.01	1.26	2.80	16.13

应用总结： 由图 2-2 和表 2-6 可以看出：不同 wname、N 参数下的降噪效果差异较大；小波分解层数 N 越大，计算机算力消耗越大；在本例中使用 coif 小波和 3、4、5 分解层数能得到较低的平均绝对误差。

降噪幅度大，得到的数据平滑，但是有可能失真程度也大。因此，需采用不同的参数组合对降噪结果进行比较，寻找降噪和保真之间的平衡。在对带随机误差的环境数据实施小波降噪应用时，应建立一个可靠性评价机制，如本例中的标准正弦波形、环境监测分析中的全程序已知样，用这样的已知样本检验降噪效果和保真可靠性。数据降噪处理前，降噪函数、降噪方式（每个函数的不同的语法格式）、小波函数 wname、分解层数 N 等参数的选取都会对降噪效果和可靠性产生很大影响，它们的选取很大程度上取决于原始数据的分布形态。怎样选取、定制函数、方式、参数等要结合实际情况多次摸索比较，并从中选取最优化的函数、方式、参数组合，尽可能做到既降低随机误差，又能保护数据的客观性。

2.5 归一化

归一化（normalization）是一种简化计算的方式，将有量纲的表达式或数据，经过变换，化为无量纲的表达式或数据，成为标量，在多种计算中都经常用到这种方法，是一种无量纲处理手段，使物理系统数值的绝对值变成某种相对值关系。归一化是简化计算，缩小量值的有效办法。

在 2.3 节的空气 6 项污染物浓度绘图的例子中，由于 CO 浓度数据在 800～1400$\mu g/m^3$ 分布，而其余 5 项均在 150$\mu g/m^3$ 以内，6 项指标数据的数量级有较大差异，如果使用适合 CO 的浓度单位，虽然能很好地实现 CO 的数据可视化，但另外 5 项基本处于图像的底部。或者用适合除 CO 外 5 项的 $\mu g/m^3$ 作单位，则 CO 在坐标图中基本看不见。这两种方式均不能兼顾全部 6 项的可视化。为解决好这个问题，在同一坐标图中表现所有 6 项污染物随时间的变化特征及它们之间的相关特征，需要对数据进行归一化处理。

使用统计技术来分析 6 项污染物之间的相关性，如果直接使用表 2-4 中的原始数据进行相关系数的计算或使用神经网络训练模型，由于 6 项污染物的浓度数据存在数量级和单位的区别，在神经网络训练时，通过训练感知分配到的权重会受到原始数据数量级的影响，从而不能公平地体现各项污染物指标的贡献和相互影响关系。因此，在神经网络建模前，需要对数据进行归一化处理。

2.5.1 Matlab的归一化函数

Matlab提供了mapminmax、mpstd、prestd等函数实现归一化计算。其中prestd已经在R2006a中废弃，由mapstd代替。

mapminmax：按行逐行地对数据进行标准化处理，将每一行数据分别标准化到区间[y_{min}，y_{max}]内。其计算公式是：$y=(y_{max}-y_{min})(x-x_{min})/(x_{max}-x_{min})+y_{min}$。如果某行的数据全部相同，此时$x_{max}=x_{min}$，除数为0，则Matlab内部将此变换变为$y=y_{min}$。

mapstd：按行逐行地对数据进行标准化处理，将每一行数据分别标准化为均值y_{mean}（默认为0）、标准差为y_{std}（默认为1）的标准化数据。其计算公式是：$y=(x-x_{mean})(y_{std}/x_{std})+y_{mean}$。如果设置的$y_{std}=0$，或某行的数据全部相同（此时$x_{std}=0$），存在除数为0的情况，则Matlab内部将此变换变为$y=y_{mean}$。

[Y,PS]=mapstd(X,y_{mean},y_{std})

mapstd的语法格式与mapminmax基本相同。mapminmax的语法格式和说明如下：

格式(1)　[Y,PS]=mapminmax(X,Y_{MIN},Y_{MAX})：将数据X归一化到区间[Y_{MIN}，Y_{MAX}]内，Y_{MIN}和Y_{MAX}为调用mapminmax函数时设置的参数，如果不设置这两个参数，这默认归一化到区间[−1，1]内。归一化处理后的数据为Y，PS为记录标准化映射的结构体。

格式(2)　[Y,PS]=mapminmax(X,FP)：将Y_{MIN}和Y_{MAX}组成的结构体FP作为映射参数（FP.y_{min}和FP.y_{max}）对进行标准化处理。

格式(3)　Y=mapminmax('apply',X,PS)：根据已有给定的数据标准化处理映射PS，将给定的数据X标准化为Y。

格式(4)　X=mapminmax('reverse',Y,PS)：根据已有给定的数据标准化处理映射PS，将给定的标准化数据Y反标准化，即反归一化。

格式(5)　dx_dy =mapminmax('dx_dy',X,Y,PS)：根据给定的矩阵X、标准化矩阵Y及映射PS，获取逆向导数（reverse derivative）。如果给定的X和Y是m行n列的矩阵，那么其结果dx _ dy是一个1×n结构体数组，其每个元素又是一个m×n的对角矩阵。

使用mapminmax、mapstd时应注意：函数是按行作为同一属性进行归一化计算的。在神经网络函数中也是将属性作为行，将不同的样本放在不同的列。因此，经归一化后的数据可供神经网络使用，但归一化/标准化/神经网络的数据方向与日常统计、记录习惯正好相反，因此，要注意数据集在不同的使用目的之间切换时进行必要的转置。

2.5.2 归一化应用实例

【例2-5】 表2-7是某空气质量自动站5天的常规六项小时浓度数据，如果直接使用空气污染物浓度原始数据绘制折线图，由于6项污染物的浓度值有数量级差异，难以在同一张图中兼顾表现各污染物的浓度变化趋势和特征，请将原始数据归一化，并进行双变量相关分析，简要分析6项污染物之间的相关性，再作图表现6项污染物浓度水平随时间变化的特征。

表 2-7 某空气自动站点 5 天的常规六项自动监测小时数据

城市	站点名称	时间	SO_2 /(μg/m³)	NO /(μg/m³)	NO_2 /(μg/m³)	NO_x /(μg/m³)	O_3 /(μg/m³)	CO /(mg/m³)	PM_{10} /(μg/m³)	$PM_{2.5}$ /(μg/m³)
××市	××	2017-12-23 00:00	15	5	61	68	26	1.333	101	67
××市	××	2017-12-23 01:00	15	5	58	66	26	1.355	98	68
××市	××	……	…			…				…
××市	××	2017-12-27 23:00	14	12	77	96	7	1.226	99	67

解题思路：如果不考虑执行的质量标准、等标污染指数、占标率等，各污染物的浓度数据之间直接比较没有意义，如 200mg/m³ 的 NO_2 与 80mg/m³ 的 PM_{10} 空气样本，哪个污染更严重是没有办法回答的。如果研究目的是探寻浓度随时间变化特征、各污染物之间的相关性，就可以把各污染物内部进行归一化，将研究对象的最小和最大浓度数值映射到 0~1 之间，使得所有 6 项污染物的浓度分布在同一区间，在图形中容易直观地发现变化特征，真正体现数据可视化的作用。除此之外，神经网络进行训练、仿真预测中所使用到的数据也需要进行归一化。本例使用到前面介绍过的 xlsread、save、mapminmax、corrcoef、corr、eval 和基础绘图等函数，编程如下：

编程代码：

```
clear all; clc;
%读取数据
[ar6,txt]=xlsread('r6_h_5d.xlsx');
ar6_name=txt(1,4:11);
%归一化
mar6=mapminmax(ar6',0,1); %归一化按行进行,所以要进行转置和恢复
mar6=mar6'; %转置为属性在列
%计算双变量相关系数并生成系数矩阵 Rm
for i=1:8
    for j=1:8
        rm=corrcoef(mar6(:,i),mar6(:,j)); %计算 Pearson 相关系数;
        Rm(i,j)=rm(1,2);
        %Rm=corr(mar6(:,i),mar6(:,j)); %或者使用 corr 代替 corrcoef 计算 Pearson 相关系数,不计算自相关系数;
    end
end
%以直观方式显示双变量相关系数
Disp_Rm(1,1:9)={'Pearson',ar6_name{1,1:8}}; %将'Pearson'字符串、空气指标参数名称按列赋给元胞 Disp_Rm 的第 1 行的第 1-9 列
Disp_Rm(2:9,1)={ar6_name{1:8}}; %将空气指标参数名称分别赋给元胞 Disp_Rm 的第 1 列的第 2-9 行
%将相关系数矩阵分别赋给元胞 Disp_Rm 的第 2-9 行的第 2-9 列
for col=1:8
    for row=1:8
            Disp_Rm(row+1,col+1)={Rm(row,col)};
    end
end
%%
%eval([ar6)name{2},'=Rm(:,2)']) %使用 eval 函数,从 cell 里提取元素值作
%变量名并对其赋值的例子,作为本例制作更加直观美观的 table 的备用方法。
```

```
%% 绘图
x=1:120; % 定义x的范围及刻度;
% 使用plot在x轴对应的时间上分别绘制6项污染物浓度;分别使用不同的颜色、线性、标记符号以示区分;
plot(x,mar6(:,1),'c-o',x,mar6(:,3),'m--+',x,mar6(:,5),'g-*',x,mar6(:,6),'k:v',x,mar6(:,7),'r-.x',x,mar6(:,8),'b--d');
legend('SO2','NO2','O3','CO','PM10','PM2.5'); % 定义6项图例;
title('某空气自动监测站点常规6项小时浓度数据 归一化后 折线图   20171223-20171227'); % 定义图形的标题;
xlabel('时间:时'); % 定义x轴的标签;
ylabel('归一化后的数据') % 定义y轴的标签;
set(gca,'xtick',1:8:120); % 定义x轴的刻度:每8个单位显示1个刻度;
set(gca,'xticklabel',{'0','8','16'}); % 定义x轴每个刻度的数值,只用定义一个周期,随后的刻度数值会自动循环;
```

运行结果详见表2-8和图2-3:

表2-8 运行结果双变量相关系数表

'Pearson'	'SO2'	'NO'	'NO2'	'NOx'	'O3'	'CO'	'PM10'	'PM2_5'
'SO2'	1	0.3718	0.6386	0.4512	−0.4157	0.4648	0.5982	0.5815
'NO'	0.3718	1	0.6095	**0.9868**	−0.6189	**0.8246**	0.7476	0.5824
'NO2'	0.6386	0.6095	1	0.7298	**−0.7668**	0.7057	**0.8277**	0.7050
'NOx'	0.4512	0.9868	0.7298	1	−0.6903	**0.8549**	**0.8136**	0.6462
'O3'	−0.4157	−0.6189	−0.7668	−0.6903	1	**−0.7226**	−0.6543	−0.5608
'CO_mg_m3'	0.4648	0.8246	0.7057	0.8549	−0.7226	1	0.6862	0.5680
'PM10'	0.5982	0.7476	0.8277	0.8136	−0.6543	0.6862	1	**0.8571**
'PM2_5'	0.5815	0.5824	0.7050	0.6462	−0.5608	0.5680	0.8571	1

应用总结: 由表2-8可看出:6项空气污染物中,部分污染物对的双变量相关性比较强,如:NO-NO_x:0.9868、NO-CO:0.8246、NO_2-PM_{10}:0.8277。O_3在这个浓度水平范围与其余5项污染物基本呈负相关,尤其是O_3-NO_2:-0.7668、O_3-CO:-0.7726,这与目前国际学术界的研究成果相吻合。

双变量相关系数是数据分析的一个常用手段,除了使用Matlab外,还可以使用Excel和统计软件IBM SPSS求取。在IBM SPSS 19中,打开或创建数据后,点击"菜单→分析→相关→双变量",在"双变量相关窗口"中选择要分析的变量,勾选"Pearson",点击"确定",即可做出Pearson性关系数矩阵,和使用Matlab的corrcoef、corr函数是相同的结果。

由图2-3可看出:6项空气污染物总体上呈现出较明显的周期规律,基本是以每24h为1周期,这与太阳辐射条件的周期性相吻合,也符合污染气象学的基本理论。经归一化处理后的图2-3具有可视化的功能。仔细观察图2-3可发现:每一个污染因子都至少有2个数据点分别"触顶"(=1.0)和"触底"(=0.0),其余数据则分布在顶和底之间。

2.6 主成分分析

在描述一个事物的一系列指标中,有些指标的相关性较强,部分信息有所重叠。主成分分析(principal component analysis,PCA)可将多个具有一定相关性的指标数据转变为少数几个不相关的综合指标,并对这些综合指标进行分类研究,这种分析方法可以降低指标维数,浓缩指标信息,简化复杂问题,从而使问题分析更加直观高效,在经济统计等领域中得

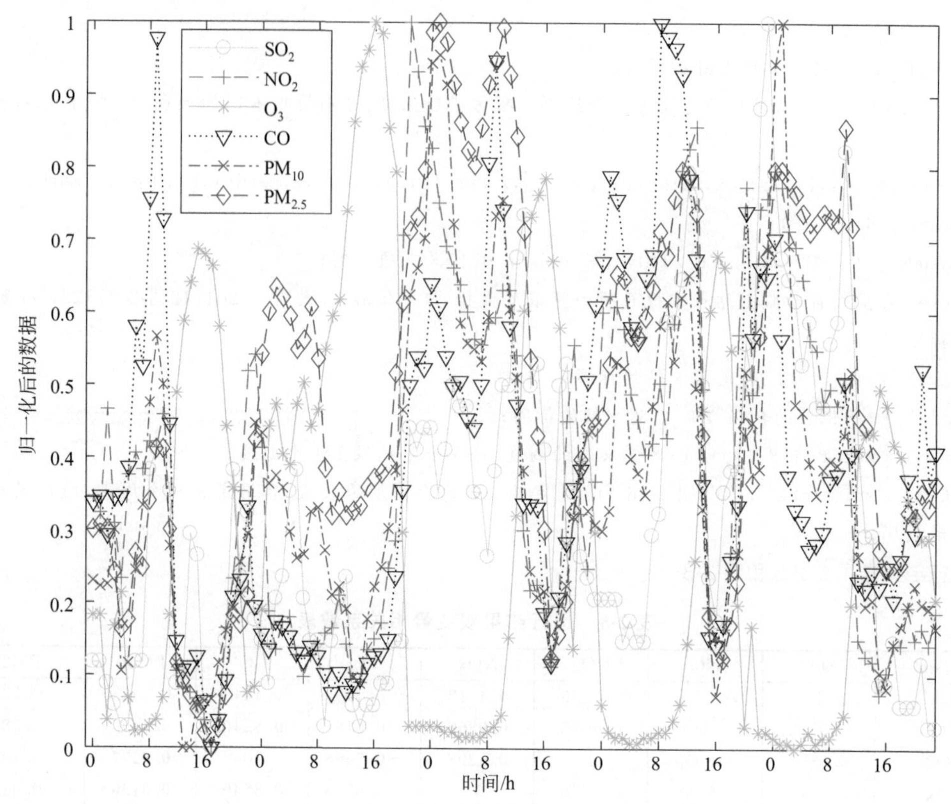

图 2-3 归一化后的 6 项空气质量数据折线图

到广泛的应用。

在环境研究中，研究对象系统明确之后，总是希望获取研究对象的各类特征数据。能够反映研究对象某方面的特征要素称为属性，又称为变量，在数据库中又称为字段。对研究对象的观测行为总有一定的频率，在某一时间、空间通过测量研究对象获得的一定数量的特征数据称为样本。样本是研究对象的特定部分，属性是反映样本的某类特征。

在观测、研究一个对象时，为了尽可能多地了解掌握关于研究对象的信息，总是希望获取尽可能多的特征数据。但在不十分清楚对象内部的机理前，获取的大量特征数据中，常常有一部分特征数据之间具有很高的相关性。在很多情形下，相关性较高的变量在反映对象特征时，信息有一定的重叠。如空气质量数据中：TSP、PM_{10}、$PM_{2.5}$ 三个项目因为具有包含从属关系，所以它们之间就具有较高的相关性。又如某个森林生态系统中的叶面积指数-生产力、物种多样性-结构多样性-功能多样性-生产力-生物量、面积-物种树-功能多样性、体型大小-代谢速率（光合速率、呼吸速率、蒸腾量等）等就属于相关性较高的指标。主成分分析可以将多个具有一定相关性的指标转化为少数几个不相关的综合指标，进而达到在尽可能保留信息的前提下，减少指标数量的目的。

之所以要精简指标，是因为变量过多会增加研究的复杂性，尤其是对于要用于神经网络分析的数据，在神经网络训练过程中，样本的个数和属性维数构成的矩阵要进行频繁的矩阵变换、大量的迭代计算，会占用大量的计算资源。于是，对象信息的最优表达目标就变成了希望属性个数尽可能少而又能尽可能多地反映对象的特征信息，主成分分析在这种需求下被提出来。

2.6.1　主成分及主成分分析的概念

能够反映和解释研究对象不同角度特征的一组线性不相关的变量称为主成分（principal component，PC）。主成分分析的基本原理是通过统计手段，使用正交变换将一组可能存在相关性的变量转换为另一组线性不相关的变量，转换后的这组变量即线性不相关的、能反映研究对象特征属性的主成分。

主成分分析的目标是对于具有高度相关、部分信息重叠的变量进行坐标变换处理。处理后，使得在新的坐标体系里，新变量是两两不相关的，而且在坐标轴方向上保持方差最大。这些新变量称为主成分，其数值尽可能地保持了对象的特征信息，只不过这些特征信息不是日常观测得到的直观信息。

2.6.2　主成分分析的基本原理和技术步骤

2.6.2.1　基本原理

表 2-9 是 15 组三维散点数据。

表 2-9　15 组三维散点数据

x	3	5	7	10	18	20	21	32	34	36	39	41	43	48	50
y	1	2	4	4	9	10	9	15	14	16	21	19	22	26	23
z	50	47	44	41	37	33	29	25	22	19	16	13	10	6	3

通过 Matlab 作图，所有数据点落在自然坐标系 x-y-z 中，形成三维散点图，可以通过不同视角观察这个图［图 2-4(a)～(c)］，似乎没有什么规律。如果将空间散点分别投影在 x-y、x-z、y-z 三个平面上，就可看出 y 随 x 增大而增大，z 随 x 增大而减小，z 随 y 增大而减小，而且增大或减小的幅度总体上呈等比例，即 x-y、x-z、y-z 分别呈线性正相关、线性负相关、线性负相关。通过数据中心化，即各维数据分别减去各维均值，并将三维坐标原点移到三维数据的均值上，再通过坐标旋转，使得大多数的数据点落在 x'-y' 平面上。未落在平面上的点的 z' 值也很小，而且分布均匀。把移动和旋转后的新坐标系命名为 x'，y'，z'，那么表中的 15 个样本的差异表示只用 x' 和 y' 两个维度就可以了［图 2-4(d)］。这样操作后，各点位坐标数据在平面以外的第三个维度仍然有分量。减小 z' 分量的关键是要通过统计计算好坐标的变化规则，实现这些数据在 z' 轴保持尽量小的分量。在本例中，这个尽量小的分量就是第三主成分，在 x'-y' 平面上的投影构成第 1 和第 2 主成分。如果这个 x'-y' 平面投影数据的方差贡献占总方差的比例达到既定的理想显著性水平，就可以只用新的二维坐标数据来代表原来所有点位的三维坐标数据，这套新的点位数据比原始数据更能反映出不同点位之间的差异，于是数据在 x'，y' 轴上的投影构成了数据的主成分，而这些信息对于将来的分析用途已经足够了，z' 轴上的抖动（小分量）可以视为噪声。也可将其理解为：为了能降低数据的维数，可以通过矩阵变换，使得噪声数据浮出，然后剔除噪声数据，使得其余维度数据更加具有独立性，具有更大的方差，更能体现不同样本之间的个性化差异，只不过这些新构建的不相关的属性指标暂时还没有物理意义或还未命名物理名称，但具有比原始物理学名称的指标数据更重要的统计学意义。

在小波降噪中介绍过信号与噪声的问题，信号有较大的方差，噪声有较小的方差。信噪比就是信号与噪声的方差比，越大越好。如果 2 维原始数据在 xy 坐标系总体上具有一定的分布，分布形态为样本在 v_1 向量方向上的投影方差较大，在 v_1 的正交方向 v_2 上的投影方差较小，那么可认为 v_2 上的投影是由噪声引起的，选取在 v_1 方向上的投影数据来代表研究对象的特征，虽然特征由原来的 2 维降成了 1 维，但这个新的特征比原始数据更能反映研究对象不同样本之间的差异。

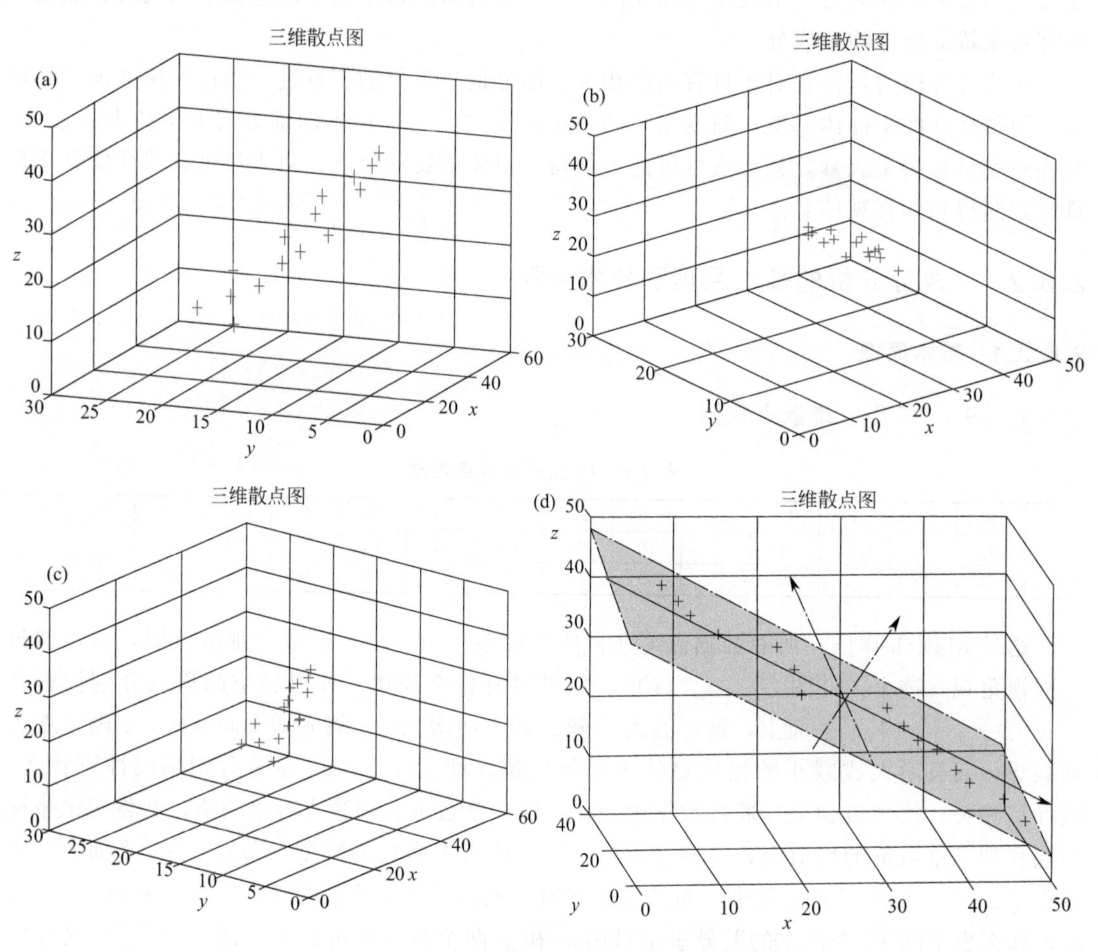

图 2-4 从不同角度和坐标系观测三维散点图

2.6.2.2 基本技术步骤

① 数据中心化。分别求各属性（各列）数据的平均值，各数据都减去对应的所在列的均值，得到新的中心化数据矩阵。

② 求中心化数据的协方差（cov）矩阵。对角线上是分别各列自相关方差，非对角线上是协方差。协方差衡量两个变量（任意 2 列）的相关性程度。协方差数据绝对值越大，则相关性越强，两者对彼此的影响越大；反之越小。

③ 求协方差的特征值和特征向量。

④ 将特征值按照从大到小的顺序排序，得到特征向量矩阵。

⑤ 将样本点投影到选取的特征向量上，就得到主成分矩阵，新的主成分属性已按贡献率（方差大小）顺序按列排列。

实现上述 PCA 计算的过程中用到了矩阵代数的相关知识，本书就不详细介绍其具体的数学原理和推导计算过程，对于环境专业的工程技术人员，需要理解 Matlab 提供的 PCA 相关函数及其输入输出参数的意义和语法用法就可以实现 PCA 分析及降维处理。

2.6.3　主成分分析的 SPSS 实现

作为统计学中的常用软件，SPSS 也提供了强大的 PCA 及评估功能。现以一个实例来讲解如何用 SPSS 软件做 PCA。

【例 2-6】 表 2-10 是某空气自动站点的 12 天监测小时数据（已剔除部分无效时段数据），共 8 个指标 264 个样本，请使用 SPSS 做 PCA。

表 2-10　某空气自动站点的 12 天监测小时数据

序号	站点名称	时间	SO_2 /(μg/m³)	NO /(μg/m³)	NO_2 /(μg/m³)	NO_x /(μg/m³)	O_3 /(μg/m³)	CO /(mg/m³)	PM_{10} /(μg/m³)	$PM_{2.5}$ /(μg/m³)
001	××	2018-04-01 01:00	13	4.0	42	48	84	1.0	124	83
002	××	2018-04-01 02:00	15	18	83	111	30	1.3	124	87
…	…	……	…	…	…	…	…	…	…	…
264	××	2018-04-12 00:00	11	3.0	13	18	127	0.8	54	41

操作步骤：

① SPSS 软件的交互式窗口界面较直观，本例使用 IBM SPSS19 版本，17 以后版本的操作方式基本相同。运行软件后在数据编辑窗口（Data Editor）粘贴 264×8 数据。

② 点击：菜单栏→Analyze（分析）→Dimension Reduction（降维）→Factor（因子分析），在 Factor Analysis（因子分析）窗口中，选中左边窗口内的所有变量，点击“右移”按钮，将所有 8 个变量纳入右侧变量窗口中（图 2-5 和图 2-6）。

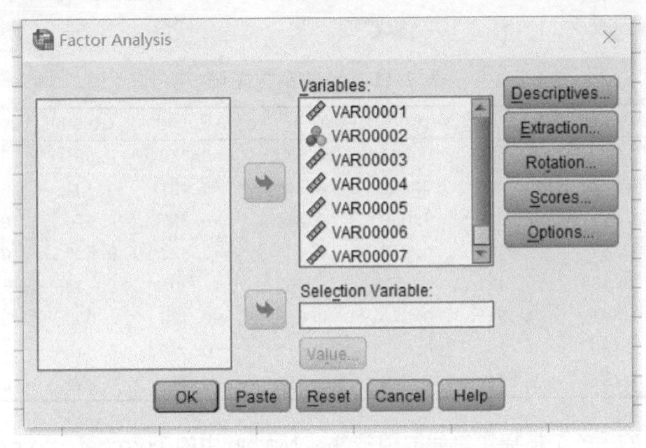

图 2-5　Factor Analysis（因子分析）窗口

③ 在 Extraction（抽取）窗口里，在 method（方法）里勾选“PCA（主成分）”；在 Analyze（分析）里勾选“Covariance matrix（协方差矩阵）”；在 Extractor（抽取）里勾选“Based on Eigenvalue（基于特征值）”，“Eigenvalues greater than_times the mean eigenvalue（特征值大于　乘于平均特征值）”里选默认的“1”，如图 2-7。

④ 在 Score（得分）窗口里，勾选“Save as variables（保存为变量），Method：Regression（回归）”；勾选“Display factor Score coefficient matrix（显示因子得分系数矩阵）”，如图 2-7。

⑤ 其余选项保持默认不变。

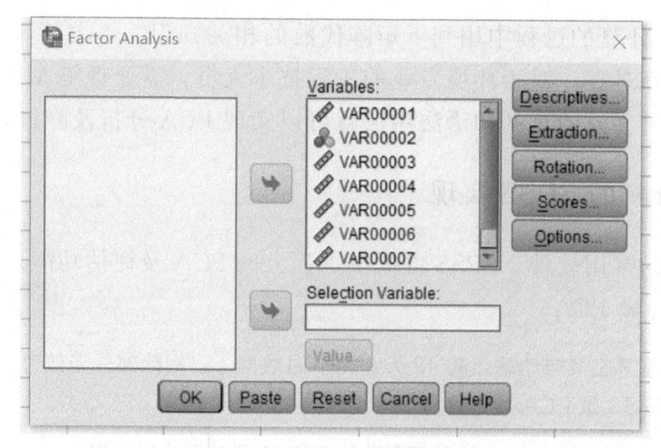

图 2-6 Factor Analysis(因子分析)变量选择窗口

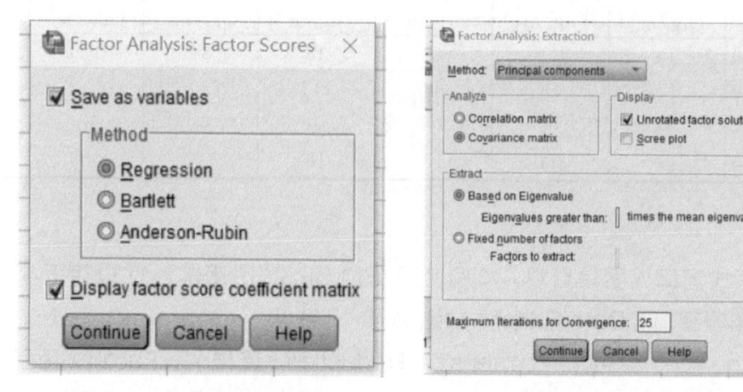

图 2-7 Factor Analysis（因子分析）的抽取和因子得分窗口

⑥ 回到 Factor Analysis（因子分析）窗口中，点击下方“OK”按钮，即可进行 PCA 计算。

⑦ SPSS 计算后得到表 2-11～表 2-15 运算数据。

表 2-11 相关系数矩阵

		VAR00001	VAR00002	VAR00003	VAR00004	VAR00005	VAR00006	VAR00007	VAR00008
Correlation	VAR00001	1.000	0.253	0.501	0.385	−0.336	0.684	0.420	0.484
	VAR00002	0.253	1.000	0.564	0.940	−0.421	0.494	0.470	0.261
	VAR00003	0.501	0.564	1.000	0.812	−0.787	0.670	0.675	0.566
	VAR00004	0.385	0.940	0.812	1.000	−0.622	0.626	0.612	0.418
	VAR00005	−0.336	−0.421	−0.787	−0.622	1.000	−0.425	−0.426	−0.268
	VAR00006	0.684	0.494	0.670	0.626	−0.425	1.000	0.645	0.834
	VAR00007	0.420	0.470	0.675	0.612	−0.426	0.645	1.000	0.725
	VAR00008	0.484	0.261	0.566	0.418	−0.268	0.834	0.725	1.000

相关系数矩阵显示的是各个指标对之间的相关性，Matlab 中的 corrcoef、corr 函数，SPSS 中的双变量相关计算得到的结果相同。

由表 2-11 可以看出：NO-NO_x、CO-$PM_{2.5}$、NO_2-NO_x、NO_2-O_3、PM_{10}-$PM_{2.5}$ 5 对指标对具有较强的相关性，这 5 对指标的 Pearson 相关系数分别达到：0.9396、0.8344、0.8121、−0.7874、0.7249。从统计学的角度来说，这 8 个指标形成的 C_2^8= 28 对关系中，就有 5 对相关系数大于 0.7 的，15 对大于 0.5 的，说明 8 项指标信息之间显著存在重叠，如果要用此数据集进行神经网络建模，在进行神经网络训练前就很适合采用主成分分析和降维。

从环境化学的角度解释分析 8 个指标中部分指标相关性高的原因，主要在于部分项目有相同来源、相同生成机理等；还和各地的工业、生活能源结构高度相关，如我国北方尤其是京津冀地区的 $PM_{2.5}$ 日均浓度与

PM_{10} 日均浓度的相关性就较高。$PM_{2.5}$ 主要是多种来源的一次污染物二次反应生成，一般是一个 5~7d 积累生成过程；SO_2 为溶解反应性气体，以工业、发电等高架排放为多，而且随过程湿度加大，溶解转化多；NO_x 来自工业、机动车等，NO-NO_2 的日夜氧化反应比较复杂，转化也比较迅速；而 CO 化学性质稳定，空气自动站的 CO，主要来自机动车、生活民用等，与近地面的大气稳定性关系密切，对过程湿度变化不敏感，而且随污染过程发展，逐渐积累升高。因此，从来源、过程上看，CO 比其他气态污染物更贴近 $PM_{2.5}$，这也是本例中 CO-$PM_{2.5}$ 的相关系数高达 0.8344 的主要原因。NO_x 包括多种化合物，如不稳定的 N_2O、NO、N_2O_3、N_2O_4 和 N_2O_5 等，相对稳定的 NO_2，因此 NO-NO_x、NO_2-NO_x 相关性较高。本例中的数据表明，PM_{10} 和 $PM_{2.5}$ 相关性也很高，可能和建筑工地扬尘、交通工具反复碾压道路产生的交通扬尘、土壤尘等有关，这些原因基本可归入城市管理水平。

表 2-12　公因子方差

Communalities

	Raw		Rescaled	
	Initial	Extraction	Initial	Extraction
VAR00001	43.547	10.450	1.000	0.240
VAR00002	372.516	224.433	1.000	0.602
VAR00003	302.857	254.034	1.000	0.839
VAR00004	1765.175	1514.288	1.000	0.858
VAR00005	1551.048	1288.027	1.000	0.830
VAR00006	0.082	0.048	1.000	0.587
VAR00007	1725.403	1638.428	1.000	0.950
VAR00008	571.813	391.992	1.000	0.686

表 2-12 中，公因子方差表显示的是几个公因子方差的累计贡献率。累计贡献率越高，说明提取的这几个公因子对于原始变量的代表性或者说解释率越高，该因子越能体现样本之间差异，越能突显样本的个性。累计贡献率越低，说明提取的公因子的代表性或者说解释率越差，该因子越不能体现样本之间差异，该因子在各样本中的差异很小。本例中，PM_{10} 的标准化方差为 0.950，是 8 项指标中最大的，说明 PM_{10} 对于样本的代表性最高，样本区分的解释率最高，最能体现各样本之间的差异和个性；而 SO_2 标准化方差仅 0.240，是 8 项指标中最小的，说明 SO_2 对于样本的代表性最低，样本区分解释率最低，SO_2 在各样本之间的差异很小。

表 2-13　解释的总方差

	Component	Initial Eigenvalues			Extraction Sums of Squared Loadings		
		Total	% of Variance	Cumulative %	Total	% of Variance	Cumulative %
Raw	1	4234.506	66.870	66.870	4234.506	66.870	66.870
	2	1087.193	17.169	84.039	1087.193	17.169	84.039
	3	698.553	11.031	95.070			
	4	225.437	3.560	98.630			
	5	57.672	0.911	99.541			
	6	28.965	0.457	99.998			
	7	0.103	0.002	100.000			
	8	0.011	0.000	100.000			
Rescaled	1	4234.506	66.870	66.870	4.622	57.775	57.775
	2	1087.193	17.169	84.039	0.969	12.119	69.894
	3	698.553	11.031	95.070			
	4	225.437	3.560	98.630			
	5	57.672	0.911	99.541			
	6	28.965	0.457	99.998			
	7	0.103	0.002	100.000			
	8	0.011	0.000	100.000			

表 2-13 中，Eigenvalues greater than__1__ times the mean eigenvalue（特征值大于平均特征值）的新成分仅有 2 项；新构建的前 2 个主成分的方差累积贡献率达 84.039%，即这两项新成分代表了样本 84.039%的信息；表格右方的“Extraction Sums of Squared Loadings（提取平方和载荷）”即 Eigenvalues（特征值），在 2.6.2 节中已经介绍过求取主成分的基本技术路线，特征值的求取是重要的一环。

表 2-14 成分矩阵

	Raw		Rescaled	
	Component		Component	
	1	2	1	2
VAR00001	3.139	0.771	0.476	0.117
VAR00002	14.649	−3.135	0.759	−0.162
VAR00003	15.796	−2.123	0.908	−0.122
VAR00004	38.296	−6.906	0.912	−0.164
VAR00005	−30.004	19.693	−0.762	0.500
VAR00006	0.207	0.073	0.722	0.255
VAR00007	34.288	21.512	0.825	0.518
VAR00008	14.764	13.191	0.617	0.552

表 2-14 中，主成分矩阵说明的是主成分的载荷，即原始变量 1~8 在新构建的 2 个主成分上的载荷，也可称为相关性。在本例中，对新成分 1 贡献较大的是 NO_x、NO_2、PM_{10}、O_3、NO、CO，对新成分 2 贡献较大的是 $PM_{2.5}$、PM_{10}、O_3。

表 2-15 因子得分矩阵

序号	FAC1_1	FAC2_1
1	0.755743646110	0.724298206763
2	1.924946973698	−0.724478630041
3	1.088399447193	0.872371823094
4	0.995217503513	−0.366996730199
5	0.467105030692	0.726290868942
6	0.630860438855	0.226849366012
7	0.647406813996	0.625741126801
8	1.001395842597	0.573981351067
9	0.529720055458	0.777553870494
10	0.184449329590	0.420495297633
11	−0.067185818018	0.747071489132
…	…	…
264	−0.646634325522	−0.142821009407

表 2-15 中，因子得分即为新成分因子的非标准化得分。因为本例是使用原始数据做 PCA 计算的，在 PCA 之前并未将数据做标准化处理，所以，需要将因子得分乘以各自的特征值的平方根，即可得到新主成分的得分，而新主成分的特征值已在表 2-13 中求取得到，即 Extraction Sums of Squared Loadings 中 Total 里的 Raw，因此可按式（2-2）计算得到主成分得分：

$$PCA\_Score = F\mathrm{Sqrt}(ESSL) \tag{2-2}$$

式中 *PCA_Score*——主成分得分；

F——因子得分；

ESSL——Extraction Sums of Squared Loadings，提取的平方和载荷，即 Eigenvalues（特征值）。

具体操作步骤：在 SPSS 中点击“菜单→Transform→Compute Variable”，在 Compute Variable 对话框的 Target Variable 中输入 PCA_Score_F1/F2 作为第 1、2 个主成分变量名，在右侧“Numeric Expression（数值表达式）”中分别输入“FAC1_1 * sqrt（4234.506）、FAC2_1 * sqrt（1087.193）”或“FAC1_1 * 65.07308199、FAC2_1 * 32.97260984”，点击“OK”按钮，详见图 2-8，即可在“Data Editor”窗口中得到如表 2-16 的主成分得分数据。

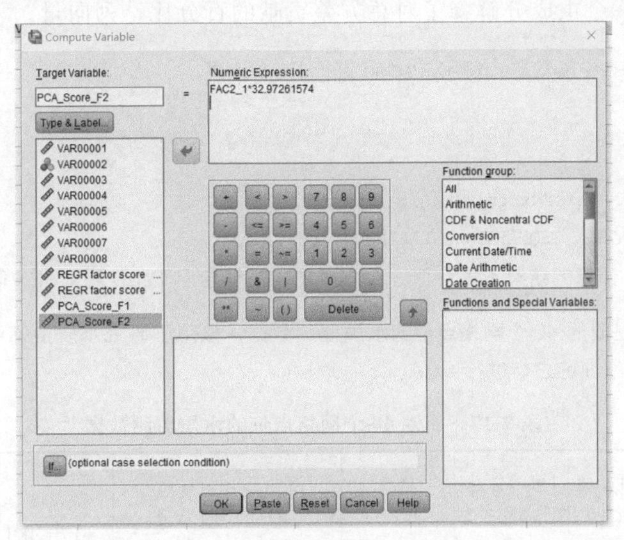

图 2-8　Compute Variable 窗口中输入数值表达式以计算标准化后的最终主成分得分

表 2-16　主成分经标准化后的最终得分

序号	PCA_Score_F1	PCA_Score_F2
1	49.17857063	23.88200645
2	125.2622383	−23.88795548
3	70.82550989	28.76438091
4	64.76187334	−12.10084216
5	30.39596543	23.94770974
6	41.05203505	7.479816976
7	42.12875873	20.63232173
8	65.16391692	18.92566653
9	34.47051827	25.63798499
10	12.00268693	13.86482987
11	−4.371988456	24.63290114
…	…	…
264	−42.07849052	−4.709182263

2.6.4　主成分分析的 Matlab 实现

Matlab 提供了 pricomp 和 pca 两个函数进行主成分分析，两者的功能和计算结果相同，区别在于 pca 多一项 explained。2 个函数的语法格式如下：

```
[coeff,score,latent,tsquared,explained]=pca(X)
[coeff,score,latent,tsquare]=princomp(X)
```

其中：

X：原始数据，每列是一个变量，每行是一个样本；

coeff：（协方差）转化矩阵；

score：最后得出的主成分的值，每一列表示一个主成分（按第一主成分到第 n 主成分顺序排列在第 1 列到第 n 列）；

latent：各主成分对应的特征向量，列向量；

tsquare：Hotelling's T-squared 统计量，列向量；

explained：每一个主成分解释了对总方差贡献的百分比，列向量。

【例 2-7】 利用例 2-6 中的数据，使用 Matlab 进行 PCA 计算。

编程代码：

```
clear all; clc;
air=xlsread('air_24hx12dx8pm_lizi5.6-1.xlsx');
[COEFF, SCORE, LATENT, TSQUARED, EXPLAINED]=pca(air);
```

运行结果与 SPSS 计算的结果（表 2-16）是相同的，过程与操作比使用 SPSS 简单得多。

【例 2-8】 表 2-17 是滇池 40 个网格点位的水质监测数据，拟用于研究水质指标蓝藻水华的神经网络建模，在数据进行神经网络训练之前进行 PCA。

表 2-17 滇池 40 个网格点位的水质监测数据

点位编号	总氮/(mg/L)	可溶性总氮/(mg/L)	(可溶性总氮/总氮)/%	总磷/(mg/L)	可溶性总磷/(mg/L)	(可溶性总磷/总磷)/%	所有藻类密度/$\times 10^5$ cell/L	蓝藻门占总藻比例/%	绿藻门占总藻比例/%
1	4.24	2.78	65.57	0.365	0.019	5.21	4701.5	95.65	4.08
2	2.70	2.28	84.44	0.226	0.020	8.85	2205.5	91.50	7.41
3	2.61	1.90	72.80	0.180	0.018	10.00	1495.0	77.16	21.24
…	…	…	…	…	…	…	…	…	…
40	2.52	2.33	92.46	0.193	0.025	12.95	1063.0	60.68	35.47

编程代码：

```
clear all; clc;
dianchi40=xlsread('dianchi_algae.xls',5,'B8:J46');
[COEFF, SCORE, LATENT, TSQUARED, EXPLAINED]=pca(dianchi40);
```

运行结果见表 2-18。

表 2-18 Matlab PCA 计算结果

点位编号	主成分 1	主成分 2	主成分 3	主成分 4	主成分 5	主成分 6	主成分 7	主成分 8	主成分 9
1	3269.7347	−21.3655	−9.6120	0.9629	−0.5687	0.3273	−0.0671	0.0057	−0.0010
2	773.9160	10.7366	6.2676	−3.7689	−0.9559	0.2571	0.0414	0.0166	−0.0002
3	63.2068	−4.5587	5.8103	−2.8676	0.3462	0.3182	−0.0037	−0.0249	0.0010
…	…	…	…	…	…	…	…	…	…
40	−369.0889	2.4510	−17.8181	−0.4041	1.0412	0.3570	0.0356	−0.0003	−0.0001

表 2-19 Matlab PCA 计算的 explained：每一个主成分解释了对总方差贡献的百分比

主成分	对总方差贡献/%	主成分	对总方差贡献/%
1	99.9293033273102	6	$1.45042944733563\times 10^{-5}$
2	0.0525030479743464	7	$1.81848385993686\times 10^{-7}$
3	0.0153058768362466	8	$6.91081301519845\times 10^{-8}$
4	0.00234878037601911	9	$1.95524097229544\times 10^{-10}$
5	0.000524212056682526		

由表 2-19 可以看出：仅主成分 1 一项对总方差贡献的占比就达到 99.93%，也说明了原始 9 项指标存在明显的多重相关性。因此，在 PCA 后，仅选择主成分 1 一项就可以很好地代表样本。如果在研究水质指标与浮游植物指标之间的关系，建立神经网络模型时，可以将主成分 1 一项作为一个很有用的独立指标使用。

进一步使用 SPSS 进行双变量相关性分析，可得表 2-20 所示数据。

表 2-20　双变量相关性分析结果表

项目		VAR00001	VAR00002	VAR00003	VAR00004	VAR00005	VAR00006	VAR00007	VAR00008	VAR00009
VAR00001	Pearson 相关性	1	0.576②	−0.232	0.788②	−0.187	−0.460②	0.779②	0.317①	−0.27
	显著性(双侧)		0	0.155	0	0.255	0.003	0	0.049	0.096
	N	39	39	39	39	39	39	39	39	39
VAR00002	Pearson 相关性	0.576②	1	0.655②	0.431②	0.117	−0.114	0.546②	0.535②	−0.508②
	显著性(双侧)	0		0	0.006	0.479	0.491	0	0	0.001
	N	39	39	39	39	39	39	39	39	39
VAR00003	Pearson 相关性	−0.232	0.655②	1	−0.192	0.311	0.293	−0.038	0.357①	−0.372①
	显著性(双侧)	0.155	0		0.241	0.054	0.07	0.82	0.025	0.02
	N	39	39	39	39	39	39	39	39	39
VAR00004	Pearson 相关性	0.788②	0.431②	−0.192	1	−0.229	−0.649②	0.702②	0.218	−0.17
	显著性(双侧)	0	0.006	0.241		0.161	0	0	0.182	0.301
	N	39	39	39	39	39	39	39	39	39
VAR00005	Pearson 相关性	−0.187	0.117	0.311	−0.229	1	0.856②	−0.133	0.066	−0.069
	显著性(双侧)	0.255	0.479	0.054	0.161		0	0.419	0.69	0.678
	N	39	39	39	39	39	39	39	39	39
VAR00006	Pearson 相关性	−0.460②	−0.114	0.293	−0.649②	0.856②	1	−0.358①	−0.023	−0.019
	显著性(双侧)	0.003	0.491	0.07	0	0		0.025	0.892	0.911
	N	39	39	39	39	39	39	39	39	39
VAR00007	Pearson 相关性	0.779②	0.546②	−0.038	0.702②	−0.133	−0.358①	1	0.667②	−0.658②
	显著性(双侧)	0	0	0.82	0	0.419	0.025		0	0
	N	39	39	39	39	39	39	39	39	39
VAR00008	Pearson 相关性	0.317①	0.535②	0.357①	0.218	0.066	−0.023	0.667②	1	−0.978②
	显著性(双侧)	0.049	0	0.025	0.182	0.69	0.892	0		0
	N	39	39	39	39	39	39	39	39	39
VAR00009	Pearson 相关性	−0.27	−0.508②	−0.372①	−0.17	−0.069	−0.019	−0.658②	−0.978②	1
	显著性(双侧)	0.096	0.001	0.02	0.301	0.678	0.911	0	0	
	N	39	39	39	39	39	39	39	39	39

① 在 0.05 水平（双侧）上显著相关；

② 在 0.01 水平（双侧）上显著相关。

由表 2-20 可以看出：由 9 个指标构成的 $C_2^9=36$ 对关系对中，在 0.01 水平上显著相关的有 15 对，在 0.05 水平上显著相关的有 4 对。大部分指标因为具有从属关系而高度相关，这样的数据进行 PCA 就很有意义。

在环境研究中，观测数据中常常有多个高度相关的属性指标，因此 PCA 预处理数据具有重要作用，而观测数据集里的各项指标因属性、单位不同，导致数据的分布、数量级差异较大，因此，在做 PCA 之前，有必要先做归一化。对原始数据先归一化再进行 PCA 提取。在做归一化→PCA 的过程中，要注意二者对数据规格的要求：归一化要求对象数据集的行为属性，列为样本，PCA 要求对象数据集的列为属性，行为样本，应注意转置矩阵分别符合归一化和 PCA 的要求。

当然，归一化有时候不是必需的，比如属性因子不多且数据分布差异不大的情况下。读者可以尝试将例 2-8 中的数据按归一化→PCA 和仅 PCA，比较得到的 Score 和 Explained 有什么区别。

PCA 后再做归一化就没有意义了，PCA 已经把输入数据转到另外一个空间坐标里，构造了新的指标和数据，在这个空间里归一化是没有意义的。

① 无效数据对于数据分析应用的危害，对于无效数据的常用处理方式。

② 使用 Matlab 一维数据插值函数 interp1 对无效数据进行插值填补的方法。
③ 小波降噪的作用及 Matlab 提供的小波降噪函数的基本用法。
④ 归一化的意义及 Matlab 提供的归一化函数的基本用法。
⑤ 主成分分析的概念及 Matlab 提供的主成分分析函数的基本用法。

1. 简述环境系统观测过程产生的无效数据的意义及危害；对于无效数据的常用处理方式有哪些？
2. 表 2-21 为某空气自动站点部分时段环境空气常规 6 项自动监测小时数据（数据有 17 行×8 列），请用 Matlab 编程将无效数据所在样本删除，得到完全有效的样本数据。

表 2-21 某站点部分时段环境空气常规 6 项自动监测小时数据（带括号的数据为无效数据）

城市	站点名称	时间	SO_2 /(μg/m³)	NO /(μg/m³)	NO_2 /(μg/m³)	NO_x /(μg/m³)	O_3 /(μg/m³)	CO /(mg/m³)	PM_{10} /(μg/m³)	$PM_{2.5}$ /(μg/m³)
××市	××公园	2017-05-02 12:00	13	2	8	12	108	0.593	47	23
××市	××公园	2017-05-02 13:00	13	2	7	11	111	0.55	45	22
××市	××公园	2017-05-02 14:00	11	2	7	10	115	0.553	49	21
××市	××公园	2017-05-02 15:00	11	3	7	12	114	0.546	48	68(RM)
××市	××公园	2017-05-02 16:00	10	2	7	10	113	0.56	54	103(RM)
××市	××公园	2017-05-02 17:00	11	2(H)	6(H)	10(H)	98	0.519	48	103(H)
××市	××公园	2017-05-02 18:00	8	2	5	8	105(H)	0.536	66	109(H)
××市	××公园	2017-05-02 19:00	8	2	6	10	120	0.578	77	112(H)
××市	××公园	2017-05-02 20:00	13(H)	2	8	11	117	0.593	58	114(PM)
××市	××公园	2017-05-02 21:00	13(H)	2	10	14	112	0.628	57	111(RM)
××市	××公园	2017-05-02 22:00	13(H)	2	14	21(PM)	106	0.772	46	110(PM)
××市	××公园	2017-05-02 23:00	9	2	12	21(PM)	108	0.608	38	53(PM)
××市	××公园	2017-05-03 00:00	15	2	25	21(PM)	92	0.700(H)	39	24
××市	××公园	2017-05-03 01:00	15	2	36	39	80	0.700(H)	49	25(H)
××市	××公园	2017-05-03 02:00	12	2	24	27	91	1.177	57	25(H)
××市	××公园	2017-05-03 03:00	12	2	19	22	97	1.126	43	24
××市	××公园	2017-05-03 04:00	13	2	19	22	97	0.934	37	23

3. 针对表 2-21，使用插值填补的方式来处理无效数据。
4. 请用 Excel 数据读写相关函数，读入 r6_h_5d. xlsx 数据，将原始数据归一化，并进行双变量相关分析，简要分析六项污染物之间的相关性，再作图表现六项污染物浓度水平随时间变化的特征。
5. 请用 Excel 数据读写相关函数，读入 air_24h×12d×8pm_lizi5. 6-1. xlsx 数据，使用 Matlab 对原始数据进行 PCA 计算。

第3章

环境系统数值模型与仿真

3.1 概述

本章的主要内容包括有关数学模型的基本概念、特征、分类、构成、原理、建立、评价和应用等方面。本章深入浅出、突出重点、以点带面的编写理念，旨在给读者的脑海中勾勒一幅用环境数学模型解决环境问题的基本技术路线图，为读者今后在这一领域进一步的深入学习、开展研究、应用实践等打下一定的基础。

环境数学模型涉及面广，内容丰富，并且难度较大。为了在有限的篇幅内，帮助读者形成有关领域方法路线的思维导图，并确实掌握一些建立环境数学模型所必需的基本概念和数学知识，本章将透彻介绍少数几个经典实用的基本模型，使主要的技术流程得以呈现。

本章将重点介绍 S-P 模型和基本环境流体动力学模型。原因如下。

S-P 模型是最著名的河流水质基本模型，是很多其他河流水质模型的基础。S-P 模型用于描述河流中 BOD-DO 相互联系的变化规律。S-P 模型的原理和简化是合理的，因此 S-P 模型得到了很大的推广和应用。对于属于一级动力学反应的污染物，其浓度随时间的变化，都能够用这个模型来描述。

由于流体环境介质（水、气）在自然环境中广泛存在，因此基本环境流体动力学模型是建立环境质量模型的基础之一。并且，在它的基础上，可以根据实际情况，将污染物的挥发、吸附、沉淀、水解、光解等物理化学过程的定量化模型引入到基本环境流体动力学模型中，构成特定条件或特定污染物下的环境质量模型。

本章从最基本的物理化学原理出发，从微分方程的建立、微分方程的求解、环境数学模型所揭示的规律、参数的估计、模型的检验、模型的应用等对上述两个重要模型进行较为全面的介绍，旨在以这样的方法，让读者更加深入了解它们的来龙去脉。在微分方程的建立方面，本章将介绍如何将污染物在环境系统中的一些重要行为，用微分方程的形式表述。在微分方程的求解方面，本章将介绍求解简单微分方程的数学知识。在参数的估计方面，本章将介绍如何以实测数据估计环境数学模型中相关参数的基本方法。在模型的检验方面，本章将介绍如何对模型模拟结果和实际结果的吻合程度进行评价。在模型的应用方面，本章将对建立的模型进行考察，通过数学模型来揭示污染物在环境介质中迁移转化的规律。

3.1.1 环境数学模型在环境管理中的应用

2020年，生态环境部正式发布了《生态环境监测规划纲要（2020—2035年）》（以下简称《纲要》）。《纲要》对全面深化我国生态环境监测改革创新，全面推进环境质量监测、污染源监测和生态状况监测，实现生态环境监测能力现代化提出了指导性的意见，为今后生态环境监测能力建设指明了方向。

《纲要》分析了当前面临的问题和挑战，指出当前我国生态环境监测能力不足以支撑精细化的污染防治工作需要，污染溯源解析等监测数据深度应用水平有待提升。随着环境保护工作几十年的发展，环境管理已不再像十几年前一样，按照大刀阔斧的方式，对排污企业进行一刀切式的管理，而是需要采用更加精细化的管理方式。通过精细化的管理，一方面促进环境质量的不断改善，另一方面服务实体经济健康发展。

精细化的管理方式需要充分运用环境监测数据，对污染成因进行溯源解析，探明污染成因、污染物传输、污染物种类，对危害的程度等进行详细的分析判断，制定更为精细化的治理措施。《纲要》中关于发展目标的总体方向之一是：2020～2035年，生态环境监测将在全面深化环境质量和污染源监测的基础上，逐步向生态状况监测、污染物溯源成因解析、环境风险预警等方向拓展。

随着环境管理逐渐追求精细化，现有的环境监测数据应用方式已逐渐不能满足环境管理的需求，急需能够深入挖掘监测数据的方法，让监测数据揭示更多信息，为污染防治攻坚战找准环境问题的技术。

深入挖掘监测数据的能力，建立在对环境系统有更加深入认识的基础上。只有充分掌握污染物在环境系统中的迁移转化的规律，才具备深入挖掘环境监测数据的基础，才能够更加深入解读环境监测数据各项指标的意义。

一种让监测数据揭示更多信息的方法，就是将监测数据重新置于环境系统中，用系统性的思维方式进行研究和分析。将各项指标的监测数据，作为环境系统中的要素，运用系统分析的方法，去寻找要素之间的关联和相互作用机制。通过系统分析的方法，掌握污染物从排放源产生，到在环境中的迁移、转化等过程和规律，为污染物的追踪溯源、预测预报、风险预警提供可靠的技术支撑。

环境系统分析的任务就是利用系统论的观点研究环境系统内部各个组成部分和要素之间的对立统一关系，研究污染物在环境系统内部的产生、迁移、转化、归宿规律，在此基础上对污染物的行为和危害进行预测，寻求最佳的污染防治措施。

3.1.2 数学模型的功能

形式化的语言（也就是数学语言）是描述系统的一种很好的方法，能够加深我们对环境问题的认识，揭示以前未曾掌握的规律，回答一些以前不能回答的问题。这就如同问起，向河流倾倒污染物的事件发生后3h，污染物会迁移至距离事发地点多远的位置，污染物的空间分布是怎样的，污染团中最高浓度会达到多少，预计在下游多远的位置污染物浓度能够降低到可以接受的范围等。对于这类问题，如果不依靠环境数学模型的分析，几乎是无法回答的。

可见，通过建立数学模型并对数学模型进行分析，能够帮助我们更加深入认识系统的运行规律，以及各种参数对系统演变的影响，更好回答我们提出的问题，为解决问题提供可靠的技术支撑。

3.2　环境问题的数学模型

数学模型，就是针对或参照某种系统的运动规律、特征和数量相依关系，采用形式化的数学语言，对该系统概括或近似地表达出来的一种数学结构，常常以一套反映数量关系的数学公式和具体算法体现出来，常把这套公式和算法称为数学模型。

3.2.1　数学模型的特征

（1）抽象性

数学模型的一个重要特征就是其抽象性。通过数学模型可以将一个形象思维问题转化为抽象思维问题。抽象思维的一个优势就是非常便利，在解决问题的过程中，可以不受实际系统的约束，就可以对系统的发展规律进行理论上的深入研究。例如：研究污染物在河流中的扩散时，并不需要我们将大量的污染物投入到河流中，通过物理模型和数学模型的结合进行人工模拟就可以解决这样的问题，节省大量的投资和设备运行费用，大大加快研究的进度。

（2）局限性

局限性的来源在于数学是对实际事物的抽象。实际的环境系统包含众多的因素，各因素之间、各因素与其周围环境之间存在着复杂的物质循环、能量流动和信息传递。人对事物的认知存在局限性，也是一个不断发展的过程，因此构建的数学模型不可能包含系统的全部变化特征，所构建出的模型也是需要不断完善和改进。数学模型对实际问题的描述必然有一定程度的失真。

结合数学模型以上两个基本特征，要求我们在建立数学模型时，首先需要对环境系统有深入的观察、认识和系统的分析。对系统的发展变化机理和规律有较为深入的认识，在这样的前提下，建立的数学模型才可能反映所描述环境系统的本质特征。

3.2.2　建立数学模型一般遵循的规律

因问题的不同，建立数学模型没有固定的格式和标准，但是建立数学模型一般应遵循一定的原则。

① 反映问题的关键和本质规律，把非本质的简化掉。

② 尽量简单、便于处理。有时为了满足精确度的要求，模型可能过于复杂，这增大了求解的难度。为了便于求解，有时需要降低精度，简化模型。所以需要在模型精度和复杂度之间进行权衡，在满足精确度的条件下，模型尽量简单实用。

③ 模型的依据要充分。模型的推导要严谨地依据科学规律、经济规律，并且有可靠的实测数据来验证。

④ 模型所表示的系统要能够操纵和控制，便于检验和修改。要求模型中要有可控变量，通过可控变量，实现对模型模拟结果预测准确性的调控。

3.2.3 系统的概念和基本特征

3.2.3.1 系统的基本概念

① 系统的结构。指组成系统的各个子系统之间的层次性和相互关系的总称。

② 系统边界和环境。系统以外的部分叫作系统的环境，系统和环境之间的分界称为系统边界。

③ 系统输入和输出。系统输入、输出表明了系统和环境之间的物质循环、能量流动和信息传递关系。一般把一个确定的系统考虑为一个相对独立的单元，系统对环境的作用称为系统输出，环境对系统的作用称为系统输入。

④ 系统功能。系统功能是系统目的性的体现，即一定的系统总是为实现特定的目的而存在的。系统这种具有达到特定目的的能力，称为系统的功能。一般系统的功能是由系统结构和系统环境决定的，通过系统和环境之间的输入、输出关系来体现。

3.2.3.2 系统的基本特征

① 整体性。组成系统的各要素虽然各自具有不同的性能，但是它们都是根据所组成的整体系统的特定功能的逻辑统一性要求而构成的整体（系统对其构成要素所执行的功能和它们之间的关系是有要求的）。系统内各个组成部分之间的关系、单元与系统之间的关系，都要服从整体的要求，是用整体观念来协调系统各单元的（即使系统中每个单元或要素并不完善，但可以综合成一个具有良好功能的系统。反之，即使每个的单元或要素都是良好的，作为总体却并不一定是一个完善的系统）。

② 关联性。指系统内各要素之间是相互联系、相互依存、相互制约的。没有相关关系的要素是不可能构成系统的。系统中一个要素的变化往往会影响其他要素。河流系统中的水体、水生生物、底泥、水中营养物质、溶解氧等之间是有相互关系的。例如：营养物质在底泥和水体中存在动态平衡，水生生物能利用水体中的营养物质，水生生物的生长富集了水体中的营养物质，使水体中的营养物质的浓度降低，促进了底泥中的营养物向水体的释放。随着季节的变化，冬季水生植物的凋零，营养物质又重新释放到水体中，随着水生生物的腐败，可能导致 BOD 的升高，进而导致水体中溶解氧的下降，进而促进水体复氧作用的发生。环境系统中一个因素的改变往往会影响其他要素。

③ 层次性。指系统内容存在一定的层次结构。一个系统可以包含若干个子系统，子系统又可以包含若干个次级子系统。在不同级别的子系统之间，同一级别的子系统之间都可能存在物质循环、能量流动以及信息交换。对于系统的层次的划分，可以根据研究的目的和深度而定。例如：在城市环境中，可以包含两个一级子系统，即城市系统和环境系统。城市系统又可以包含若干个二级子系统，如交通系统、电力系统、商业系统等；环境系统可以包含水环境系统和空气系统等。

④ 目的性。无论是环境系统或人工系统，都是为了达到特定目的，为了完成特定功能而存在的。把握系统的目的性，是我们研究和分析某一系统的关键所在。

⑤ 适应性。任何系统都处于一个环境中，而环境的变化总在重塑系统，系统的变化必须适应环境的变化。不能适应环境变化的系统是不能存在和发展的。客观事物总是处于发展变化中。运动是绝对的，静止是相对的。因此，系统总是处于不断的变化之中，称为系统的

动态性。

3.2.4　环境系统分析和环境数学模型

环境系统分析的任务就是利用系统论的观点研究环境系统内部各个组成部分和要素之间的对立统一关系，研究污染物在环境系统内部的产生、迁移、转化、归宿，对其进行控制和预测，寻求最佳的污染防治体系。应用环境系统分析方法解决问题的核心技术是：通过系统的模型化和最优化来协调系统中各要素之间的相互关系，实现系统内各要素的协调。

数学建模是系统分析的最重要方法，对环境系统建立数学模型，并对其进行优化和调控是环境系统分析的重要任务。

3.2.4.1　环境数学模型的分类

按照环境要素可将环境数学模型分为：大气环境数学模型、水环境数学模型、声环境数学模型等。

按照用途可将环境数学模型分为：环境容量模型、环境规划模型、环境评价模型、环境预测模型、环境决策模型、环境经济模型、环境生态模型等。其中的环境预测模型，其重要作用是预测污染物排放到大气或水体后，在一定时间段内对各种环境要素的影响范围和程度，从而为环境评价和管理等服务。

3.2.4.2　数学模型的组成

一个环境数学模型系统一般包括以下六个部分。

① 外部变量或控制量。外部变量是环境系统从外部的输入和向外部的输出变量，一般这种外部变量对环境系统的发展状态有重要影响。如果这种外部变量是可以由人工控制的，则称为控制变量。例如：对于一个湖泊生态系统而言，输入该系统污染物的量就是一种输入形式的外部变量，该外部变量的增加或减少对湖泊生态系统向良性或富营养化发展具有重要意义。

② 状态变量。它们是描述环境系统状态的变量，即描述一个环境系统在某一时刻处于什么状态。例如：在研究湖泊生态系统的富营养化时，我们总会关心水体中营养物质和浮游生物的浓度，因为它们表明了湖泊水环境的富营养化状态。它和外部变量之间的关系是：系统的状态变量是由系统的外部变量决定的。对于一个环境数学模型，状态变量和外部变量是最重要的两种变量，它们的关系类似于数学方程中的自变量（输入变量）和因变量（输出变量）的关系。外部变量的改变，必然会导致状态变量的相应变化。

③ 数学方程。数学方程从数量关系方面表明了环境系统中发生物理、化学或生物学过程，表明了环境系统中外部变量和状态变量之间的一种数量关系。例如：表明物质迁移的Fick（菲克）定律、化学反应的一级动力学方程等都是环境数学模型当中常用的数学方法的例子。

④ 过程变量。表明了状态变量随时间和空间的变化，过程变量一般为时间变量或空间变量。时间变量和空间变量对系统的作用，不同于外部变量。向河流排入污染物，引起河流中污染物浓度这个状态变量发生变化，属于外部变量的作用；河流中的污染物在空间中的分布，随时间发生着变化，时间变量属于过程变量。

⑤ 参数变量或系数。在数学方程中，用于确定外部变量和状态变量之间数量关系的常

数。在建立环境数学模型的过程中，参数的确定是一个重要的过程。模型中的参数一般具有确定的科学意义。例如在S-P模型［式(3-1)、式(3-2)］中，常用k_1表示BOD单位时间衰减率，即衰减速度常数，用k_2表示河流复氧速度常数。

$$\begin{cases} \frac{dL}{dt}=-k_1L & (3\text{-}1) \\ \frac{dD}{dt}=k_1L-k_2D & (3\text{-}2) \end{cases}$$

式中，L为河水的BOD值，mg/L；D为河水的氧亏值（饱和溶解氧浓度与实际溶解氧浓度的差），mg/L；k_1，k_2分别为河水的耗氧和复氧速度常数，d^{-1}；t为时间，d。BOD指在一定条件下，微生物分解存在于水中的可生化降解的有机物，在这个生物化学反应过程中所消耗的溶解氧的数量，是一个反映水中有机污染物含量的综合指标。BOD单位时间衰减的量就是水中单位时间的耗氧量。

BOD值的变化率由自身在水中的值决定。当水中BOD值较高时，值降低的速率也较高。氧亏值的变化率也是同样的，当氧亏值较高的时候，复氧的速率也较高。这种反应速度与反应物浓度的一次方成正比的反应称为一级反应。

⑥ 通用常数。如化合物或元素的分子量、重力加速度等。

3.3 河流水质数学模型S-P模型

经过近几十年来的发展，关于河流水质模型的研究比较深入，在水功能区规划、集中式饮用水源地管理等方面的应用也比较广泛。河流水质的情况与河流中污水和河水混合的物理过程（推流、湍流、弥散扩散等)、生物化学过程（生物降解、复氧作用、光合作用等）密切相关。河流水质模型就是对这些过程在模型中做合理的简化，并反映它们之间在数量上的关系。

最著名的河流水质数学模型是S-P模型，许多河流水质模型都是在该模型的基础上修正得到的。

S-P模型是由斯特里特（H. Streeter）和菲尔普斯（E. Phelps）于1925年首先提出来的，并在1944年由菲尔普斯总结和公布。模型的基本作用是描述河流中BOD-DO的变化规律。因原理和简化是合理的，故S-P模型得到了很大的推广和应用。下面将介绍S-P模型微分方程的意义及其求解方法。

方程组中的微分方程式(3-1）描述了水中BOD值随时间的衰减率与其在水中的浓度的一次方成正比。式(3-1）是一个可分离变量的微分方程，它的求解较为简单。首先我们将其变量进行分离：

$$\frac{dL}{L}=-k_1dt \tag{3-3}$$

两边同时做不定积分

$$\int\frac{dL}{L}=-k_1\int dt \tag{3-4}$$

$$\ln L=-k_1t+C \tag{3-5}$$

两边同时取：

$$e^{\ln L}=e^{-k_1t+C} \tag{3-6}$$

$$L=e^{C}e^{-k_1t} \tag{3-7}$$

$$L=Ce^{-k_1t} \tag{3-8}$$

式中，C 为待定常数。

考虑到初始条件，水中的BOD开始衰减时，其浓度为 L_0，即把 $t=0$，$L=L_0$ 代入式(3-8)，可得：

$$C=L_0 \tag{3-9}$$

联立式(3-8) 和式(3-9) 可得：

$$L=L_0e^{-k_1t} \tag{3-10}$$

将式(3-10) 代入式(3-2) 得到：

$$\frac{dD}{dt}+k_2D=k_1L_0e^{-k_1t} \tag{3-11}$$

这是一个非齐次线性微分方程。采用常数变易法进行求解。首先求对应于它的齐次线性方程。

$$\frac{dD}{dt}+k_2D=0 \tag{3-12}$$

这是可分离变量的微分方程

$$\frac{dD}{D}=-k_2dt \tag{3-13}$$

两边同时做不定积分

$$\int\frac{dD}{D}=-\int k_2dt \tag{3-14}$$

$$\ln D=-k_2t+C \tag{3-15}$$

进而得到：

$$D=Ce^{-k_2t} \tag{3-16}$$

所谓常数变易，就是把式(3-16) 中的常数 C 换成 t 的未知函数 u (t)，即

$$D=ue^{-k_2t} \tag{3-17}$$

进而得到

$$\frac{dD}{dt}=u'e^{-k_2t}-uk_2e^{-k_2t} \tag{3-18}$$

将它们代入式(3-11) 得：

$$u'e^{-k_2t}-uk_2e^{-k_2t}+k_2ue^{-k_2t}=k_1L_0e^{-k_1t} \tag{3-19}$$

整理后：

$$u'e^{-k_2t}=k_1L_0e^{-k_1t} \tag{3-20}$$

这是一个可分离变量的微分方程：

$$u'=k_1L_0e^{k_2t-k_1t} \tag{3-21}$$

两边同时做不定积分：

$$u=k_1L_0\int e^{k_2t-k_1t}dt \tag{3-22}$$

$$u=\frac{k_1L_0}{k_2-k_1}e^{k_2t-k_1t}+C \tag{3-23}$$

代入式(3-17)：

$$D=e^{-k_2t}\left(\frac{k_1L_0}{k_2-k_1}e^{k_2t-k_1t}+C\right) \tag{3-24}$$

$$D=\frac{k_1L_0}{k_2-k_1}e^{-k_1t}+Ce^{-k_2t} \tag{3-25}$$

现在需要确定常数 C，考虑初始条件，当 $t=0$ 时，$D=D_0$：

$$D_0=\frac{k_1L_0}{k_2-k_1}+C \tag{3-26}$$

得到：

$$C=D_0-\frac{k_1L_0}{k_2-k_1} \tag{3-27}$$

代入式(3-25) 得：

$$D=\frac{k_1L_0}{k_2-k_1}e^{-k_1t}+e^{-k_2t}\left(D_0-\frac{k_1L_0}{k_2-k_1}\right) \tag{3-28}$$

$$D=\frac{k_1L_0}{k_2-k_1}e^{-k_1t}-\frac{k_1L_0}{k_2-k_1}e^{-k_2t}+D_0e^{-k_2t} \tag{3-29}$$

$$D=\frac{k_1L_0}{k_2-k_1}(e^{-k_1t}-e^{-k_2t})+D_0e^{-k_2t} \tag{3-30}$$

式(3-30) 便是方程组中式(3-2) 的解。

我们通过求解 S-P 模型的微分方程组，得到了水体中 BOD 值随时间变化的方程，还得到了在生物化学反应消耗水中溶解氧和大气复氧的共同作用下，水体中氧亏值随时间变化的方程：

$$\begin{cases}\dfrac{dL}{dt}=-k_1L\\[2mm]\dfrac{dD}{dt}=k_1L-k_2D\end{cases}\Longrightarrow\begin{cases}L=L_0e^{-k_1t}\\[2mm]D=\dfrac{k_1L_0}{k_2-k_1}(e^{-k_1t}-e^{-k_2t})+D_0e^{-k_2t}\end{cases}$$

3.4 建立环境数学模型的机理分析法

以自然科学为基础的环境数学模型中，包含着环境系统中一些重要的物理、化学和生物过程。这些过程实际上就是环境系统发生、发展、演化的重要机理。建模实际上就是对这些重要过程的量化。

一些重要的过程在相应的自然科学专业中已有定量描述的数学模式。在建立环境数学模型时，我们的任务是根据一定的基本定律或规律，将这些已有的数学模式有机合理地组合起来。下面将介绍一些重要的基本定律和过程的基本模式。

3.4.1 环境数学模型遵循的基本约束

基本约束过程是建模过程中一般应遵循的基本定律，主要包括：

① 物质守恒定律。在环境数学模型建模中，常常将空间分割为微小的体积单元。物质平衡方程通过描述微小体积单元内物质质量的时间变化率，等于流入和流出该微小体积单元物质的速率之差，同时再考虑该物质参与化学反应而增加或减少的速率，来体现物质守恒定律。

② 能量守恒定律。将空间分割为微小体积单元，能量守恒通过描述微小体积单元内能量的时间变化速率，等于流入和流出该微小体积单元的三种能量的速率之和。

三种能量为热流、平流和做功。热流表示由于热辐射作用造成的能量变化。平流是指系统中能量由高温区向低温区的流动。做功则表示由于外力对系统做功导致的系统能量增加或系统对外做功导致的系统能量减少。在实际建模中，上述三种能量不一定同时全部存在。

③ 熵增定律（热力学第二定律）。对于一个封闭的系统，其熵是逐渐增加的，即系统的无序性是逐渐增加的。系统只能通过外界的负熵流来维持系统的有序性。通过描述系统内熵的变化速率等于系统内熵的增加速率加上从系统外部流入的负熵速率之和，来表述系统内熵的变化速率。保持内部熵的变化率为零或减少的系统，才能够维持稳定有序状态，才能使系统不断向良性发展。

并不是每个模型都必须同时遵守以上这三个基本约束条件，有时可能仅仅遵守其中一个约束条件。

3.4.2 环境系统中的基本单位过程

除了上述的基本约束条件外，在环境数学模型建模的机理分析法中，最重要的是对基本单位反应过程的掌握。

所谓基本单位过程是指基本的物理过程、化学过程和生物过程等，它们实际上就是环境系统发生、发展、演化的机理。在基本约束的限制下，根据具体问题对这些基本单位过程进行量化，实际上就是机理分析法建模的过程。下面以重要的物理过程为例进行介绍。

物理过程主要表现在物质的运动，例如平流、扩散、挥发、吸附等方面。

3.4.2.1 平流

在环境系统中，对溶解于或悬浮于环境介质中的污染物，平流（推流）是指由于物质运动而产生的物理迁移过程，或称为推流迁移过程。一般以单位时间内通过单位面积的污染物的量，即污染物质量的迁移通量来表示污染物的物理迁移。

$$f=uC \tag{3-31}$$

式中，f 为污染物质量的迁移通量；u 为污染物迁移速度；C 为环境中污染浓度。

我们对式(3-31) 进行一下推导。试想一种情况：溶解于水体中某种污染物的浓度为 C，当水体以速度 u 流动时，污染物质量的迁移通量 f 为何？

想象一个边长为 a 的正方形平面（面积 $s=a^2$）（如图 3-1），水流以速度 u、方向垂直于该正方形的面，则在时间 t 内，有 a^2ut 体积的水体通过了该正方形所围成的面。进而可以知道，有 $m=a^2utC$ 的污染物通过了该正方形所围成的面。根据通量的定义（单位时间内通过单位面积的量），便可得出：$f=\dfrac{m}{st}=\dfrac{a^2utC}{a^2t}=uC$。

3.4.2.2 扩散

扩散是指由于环境系统中污染物的不均匀分布，污染物从高浓度向低浓度区域迁移的过

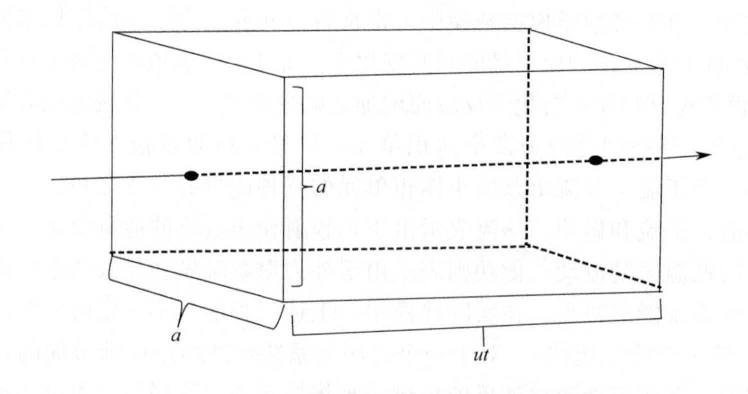

图 3-1 污染物通量示意图

程。扩散是自然界中最基本的过程之一，是分子水平上所发生的大部分迁移。发生扩散的可以是气体、液体或固体，散布的介质大多是液体或气体。

污染物在环境介质中的分散作用过程包括三个子过程，即分子扩散、湍流扩散和弥散。

① 分子扩散。分子扩散是由布朗运动而引起污染物分子的随机分散运动。分子扩散服从 Fick 第一定律，即分子扩散的质量通量与扩散物质的浓度梯度成正比：

$$\begin{cases} I_x^1 = -E_m \dfrac{\partial C}{\partial x} \\ I_y^1 = -E_m \dfrac{\partial C}{\partial y} \\ I_z^1 = -E_m \dfrac{\partial C}{\partial z} \end{cases} \tag{3-32}$$

式中，I_x^1，I_y^1，I_z^1 分别为 x，y，z 方向的分子扩散的污染物质量通量；E_m 为分子扩散系数。负号表示污染物的迁移方向为污染物浓度梯度的负方向。

② 湍流扩散。湍流扩散是流场中质点的流速、压力、浓度等各种状态的瞬时值对于其时间平均值的随机脉动而导致的分散现象。例如流场中某一空间位置的湍流流速 u 是随时间发生着变化的（如图 3-1），而我们在处理污染物在流场中的分布时，常采用流速的时间平均，这就导致了流速的随机脉动。同样采用浓度的时间平均，也会导致浓度的随机脉动（图 3-2）。

湍流扩散过程同样服从 Fick 第一定律，即

$$\begin{cases} I_x^2 = -E_x \dfrac{\partial C}{\partial x} \\ I_y^2 = -E_y \dfrac{\partial C}{\partial y} \\ I_z^2 = -E_z \dfrac{\partial C}{\partial z} \end{cases} \tag{3-33}$$

式中，I_x^2，I_y^2，I_z^2 分别为 x，y，z 方向的湍流扩散的污染物质量通量；E_x，E_y，E_z 分别为 x，y，z 方向的湍流扩散系数。需要注意的是，与分子扩散相比，湍流扩散在 x，y，z 方向的系数不一定相同。

③ 弥散。弥散是横断面上实际流速相对于平均流速的分布不均匀引起的分散作用。在流体流动研究过程中，我们常用断面的平均流速描述流体的运动，实际上，在一个横断面

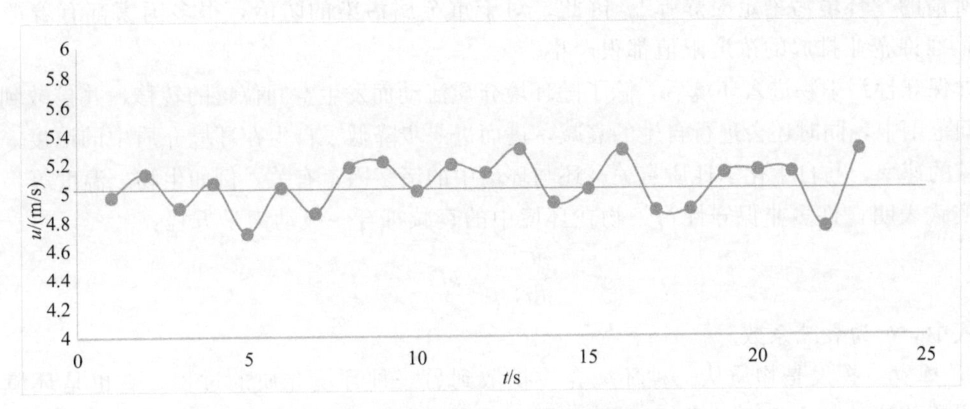

图 3-2 实际流速与时间平均流速示意图

上，流速的分布并不是均匀的（图 3-3）。例如在河流中，河道中部的流速一般要大于靠河岸处的流速。因为越靠近河岸，流体运动的摩擦阻力越大。这种由断面上流速的不均匀分布所引起的分散现象，就称为弥散过程。

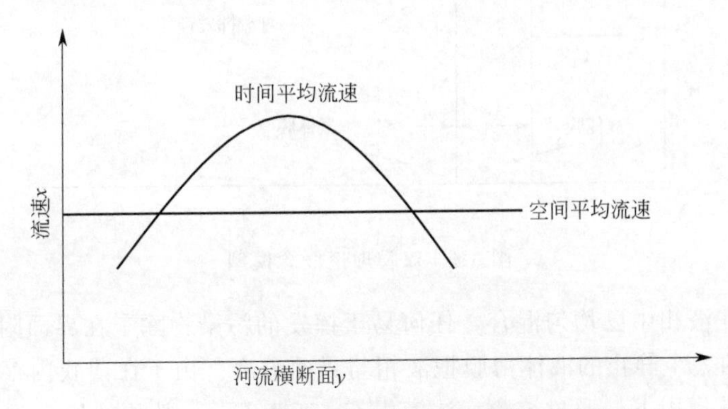

图 3-3 河流横断面空间平均流速和时间平均流速

弥散作用导致的污染物迁移通量，同样可以用 Fick 第一定律描述：

$$\begin{cases} I_x^3 = -D_x \dfrac{\partial C}{\partial x} \\ I_y^3 = -D_y \dfrac{\partial C}{\partial y} \\ I_z^3 = -D_z \dfrac{\partial C}{\partial z} \end{cases} \tag{3-34}$$

式中，I_x^3，I_y^3，I_z^3 分别为 x，y，z 方向的弥散扩散的污染物质量通量，D_x，D_y，D_z 分别为 x，y，z 方向的弥散扩散系数。

一般河流中的分子扩散系数为 $E_m=(1.0\times10^{-5})\sim(1.0\times10^{-4})\text{m}^2/\text{s}$，湍流扩散系数为 $E_x=(1.0\times10^{-2})\sim(1.0\times10^{0})\text{m}^2/\text{s}$，弥散系数为 $D_x=(1.0\times10^{1})\sim(1.0\times10^{4})\text{m}^2/\text{s}$。可见在河流中，弥散系数要远大于湍流扩散系数和分子扩散系数，所以在河流建模中常常忽略掉分子扩散和湍流扩散。

④ 衰减。污染物进入环境后，对于保守性污染物（如重金属、一些高分子有机物）不发生降解或很难降解，环境对它们是没有自净能力的。这些保守性污染物具有积累性，可能

形成所谓的“环境污染定时炸弹”。因此，对于重金属污染的防治，很多国家都有着严格的规定，准许企业排放的浓度限值都很严格。

非保守性污染物进入环境后，除了随环境介质流动而发生空间位置的转移，并扩散到更大的空间范围中，同时还会进行自生的衰减，进而进一步降低了自生在环境介质中的浓度。污染物衰减的速率，与自生化学性质有关，还与环境中的诸多因素有关，例如生物、温度等。

实践表明，许多非保守性污染物在环境中的衰减符合一级动力学方程：

$$\frac{\mathrm{d}C}{\mathrm{d}t}=-kC \tag{3-35}$$

式中，k 为衰减系数。

⑤ 挥发。挥发是物质从一种环境介质扩散到另一种环境介质的过程。它也是环境科学研究中所关注的一个重要过程。挥发可以用所谓的双膜理论来进行描述，如图 3-4 所示。

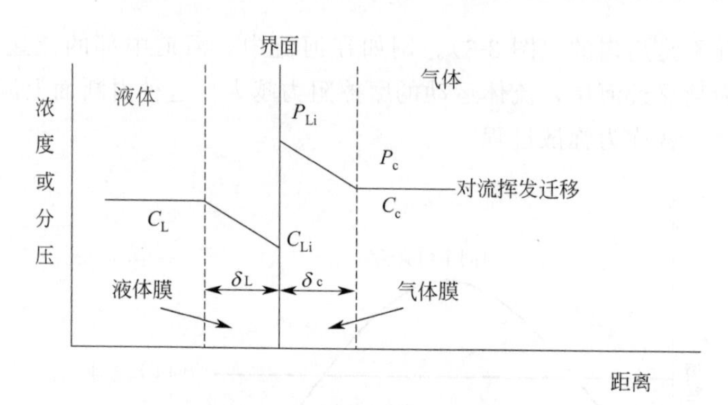

图 3-4 双膜理论概念模型

假定污染物在液相中已均匀混合，任何易于挥发的污染物除了在界面附近外，浓度均为 C_L，厚度为 δ_L 的一个静止的液体薄膜把液相与界面分离。由于在薄膜内存在浓度梯度，易挥发污染物在扩散作用下，通过该膜，浓度由 C_L 变为 C_{Li}，则根据 Fick 第一定律，可得易挥发污染物通过此膜的迁移速率 F_L 为：

$$F_L=K_L(C_L-C_{Li}) \tag{3-36}$$

式中，K_L 为液相膜物质转移系数，m/h。

同样，在气相一边存在厚度为 δ_G 的气体膜，通过该膜的气态该污染物的分压由 P_{Li} 变为 P_G，则通过气体膜的迁移速率 F_G 为：

$$F_G=\frac{K_G}{RT}(P_{Li}-P_G) \tag{3-37}$$

式中，K_G 为气相膜物质转移系数，m/h。

由物质平衡定律可知：

$$F_L=F_G \tag{3-38}$$

亨利定律是物理化学的基本定律之一，由英国的 Henry（亨利）在 1803 年研究气体在液体中的溶解度规律时发现，可表述为：在一定温度和平衡状态下，气体在液体里的溶解度（用摩尔分数表示）和该气体的平衡分压成正比，即：

$$P_{Li}=HC_{Li} \text{和 } P_G=HC_G \tag{3-39}$$

式中，H 为亨利常数。

联合式(3-36)～式(3-39) 可以得到：

$$K_L(C_L-C_{Li})=\frac{K_G}{RT}(P_{Li}-P_G) \tag{3-40}$$

$$K_L(C_L-C_{Li})=\frac{K_G}{RT}(HC_{Li}-HC_G) \tag{3-41}$$

求出其中的 C_{Li} 为：

$$C_{Li}=\frac{1}{\frac{K_G H}{RT}+K_L}\left(K_L C_L+\frac{K_G HC_G}{RT}\right) \tag{3-42}$$

将式(3-42) 代入式(3-43)：

$$F_L=K_L(C_L-C_{Li}) \tag{3-43}$$

可以求得：

$$F_L=\frac{1}{\frac{1}{K_L}+\frac{RT}{HK_G}}(C_L-C_G) \tag{3-44}$$

于是得到了易挥发污染物从液相到气相的总的物质转移系数 K_{LG}（m/h）为：

$$K_{LG}=\left(\frac{1}{K_L}+\frac{RT}{HK_G}\right)^{-1} \tag{3-45}$$

同时考虑到挥发速率与液相及气相接触面积成正比，与液相体积成反比，则有：

$$K_{AV}=\frac{A}{V}\left(\frac{1}{K_L}+\frac{RT}{HK_G}\right)^{-1} \tag{3-46}$$

3.5 基本环境流体动力学模型

由于流体环境介质（水、气）在自然环境中广泛存在，因此基本环境流体动力学模型是建立环境质量模型的基础。

按照模型所考虑的空间维数，可将基本环境流体力学模型分为零维、一维、二维和三维模型。

零维模型不考虑污染物在空间上的变化，将整个介质空间作为一个均一体对待，它是最简单的、理想状态下的流体力学模型。

一维模型仅考虑污染物浓度及其扩散参数在一个方向（一般为纵向，即河流的流向）的迁移、分布特征。

二维模型在一维模型的基础上，还考虑了污染物及扩散参数在横向上的变化。

三维模型考虑了纵向、横向和垂向的污染物浓度及其扩散参数的变化特征。

本节将详细介绍零维和一维模型。

3.5.1 零维模型

零维模型又称为完全混合反应器。在一些特定条件下（研究的环境单元较小，并且相对封闭，例如湖泊、水库，并且对模拟计算结果的精度要求不高），可将所研究的相对封闭的环境单元看作一个完全混合反应器。污染物进入该反应器后，立即分散到整个体系，达到完全混合均匀，不存在污染物浓度和扩散参数在空间不同方向上的差异。这种所谓完全混合反应器是一种理想状态，在实际的自然环境中是不可能存在的，但其作为一种简化和近似的方法，在实践上仍有一定的应用。

根据质量守恒定律，并假设污染物在完全混合反应器内的反应符合一级动力学衰减规律，则可以建立如图 3-5 所示的零维模型。

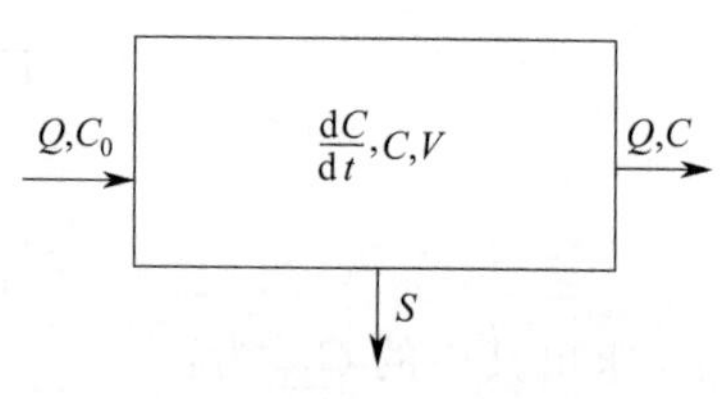

图 3-5　完全混合反应器模型示意图

$$V\frac{\mathrm{d}C}{\mathrm{d}t}=qC_{\mathrm{w}}-QC+S-kCV \tag{3-47}$$

式中，V 为反应器的体积，m^3；q 为流入反应器的物质流量，m^3/d；Q 为流出反应器的物质流量，m^3/d；C_{w}、C 分别为输入、输出反应器的污染物浓度，mg/L；S 为反应器作为污染物的源（流出）与汇（流入），流出为负、流入为正，mg/d；k 为污染物在反应器内衰减速率常数，d^{-1}。

该基本模型的形式在湖泊水环境数学模型和箱式大气环境模型中被广泛采用。特别是在一些小型湖泊中，湖水较浅，湖面不大，污染物排入湖泊中后，在微风作用下很容易达到均匀混合。因此，对于完全混合的湖泊、水库，将其看作一个均匀混合的水体进行处理，湖库中某种营养物质的浓度随时间的变化率是输入、输出和湖泊中沉积的该种营养物质的量的函数。

求解式(3-47)：

首先分离变量，将式(3-47) 写成：

$$V\frac{\mathrm{d}C}{qC_{\mathrm{w}}+S-(Q+kV)C}=\mathrm{d}t \tag{3-48}$$

两端同时积分：

$$V\int\frac{1}{qC_{\mathrm{w}}+S-(Q+kV)C}\mathrm{d}C=t+A \tag{3-49}$$

式中，A 为任意常数。

$$\frac{V}{-(Q+kV)}\int\frac{\mathrm{d}[qC_{\mathrm{w}}+S-(Q+kV)C]}{qC_{\mathrm{w}}+S-(Q+kV)C}=t+A \tag{3-50}$$

$$\frac{V}{-(Q+kV)}\ln[qC_{\mathrm{w}}+S-(Q+kV)C]=t+A \tag{3-51}$$

$$\ln[qC_{\mathrm{w}}+S-(Q+kV)C]=\frac{-(Q+kV)t}{V}+A \tag{3-52}$$

$$C=A\mathrm{e}^{-\frac{(Q+kV)t}{V}}+\frac{qC_{\mathrm{w}}+S}{Q+kV} \tag{3-53}$$

利用初始条件当 $t=0$ 时 $C=C_0$，求得 A 为：

$$C_0=A+\frac{qC_{\mathrm{w}}+S}{Q+kV} \tag{3-54}$$

$$A=C_0-\frac{qC_{\mathrm{w}}+S}{Q+kV} \tag{3-55}$$

将式(3-54) 和式(3-55) 代入式(3-53) 得到基本环境流体动力学模型的零维模型微分方程的解为：

$$C=C_0\mathrm{e}^{-\frac{(Q+kV)t}{V}}-\frac{qC_\mathrm{w}+S}{Q+kV}\mathrm{e}^{-\frac{(Q+kV)t}{V}}+\frac{qC_\mathrm{w}+S}{Q+kV} \tag{3-56}$$

$$C=C_0\mathrm{e}^{-\frac{(Q+kV)t}{V}}+\frac{qC_\mathrm{w}+S}{Q+kV}(1-\mathrm{e}^{-\frac{(Q+kV)t}{V}}) \tag{3-57}$$

若令 $\beta=\frac{1}{T}+k$，其中 $T=\frac{V}{Q}$，称为污染物在湖泊中的停留时间，则有：

$$C=C_0\mathrm{e}^{-\beta t}+\frac{qC_\mathrm{w}+S}{\beta V}(1-\mathrm{e}^{-\beta t}) \tag{3-58}$$

这就是完全混合湖库水质模型方程。

特别地：当 $t\to\infty$ 时，$\mathrm{e}^{-\beta t}\to 0$，所以式(3-58) 可以写为：

$$C=\frac{qC_\mathrm{w}+S}{\beta V}=\frac{qC_\mathrm{w}+S}{Q+kV} \tag{3-59}$$

3.5.2　一维模型

一维模型是只考虑污染物在纵向（河流水流方向，在坐标系中一般设为 x 轴）的浓度梯度情况下导出的。

我们来尝试建立一维基本环境流体动力学模型的微分方程。考虑3个基本单位过程：推流（将河水流动推动污染物迁移）、扩散（由弥散作用导致污染物在河水中分布范围的扩大。由于弥散系数要远大于湍流扩散系数和分子扩散系数，所以在河流建模中常常忽略掉分子扩散和湍流扩散）、非保守污染物的衰减。

在水体中假设存在一个边长为 Δx、Δy、Δz 的体积微元，其只在 x 方向存在输入、输出。

首先考虑推流作用。由于河水流动的推动作用，污染物发生位置上的迁移。由于污染物浓度在河水中的分布是不均匀的（注意与零维模型关于污染物进入该反应器后，立即分散到整个体系，达到完全混合均匀的假设存在区别），因此污染物在迁移过程中，河流某个位置的污染物浓度是会随时间发生变化的，如图3-6所示。

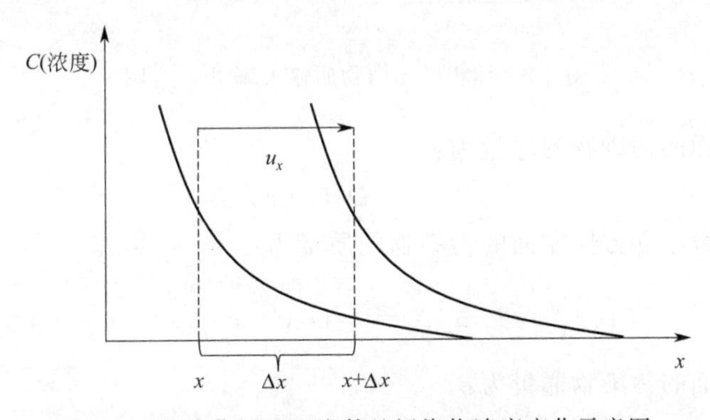

图3-6　推流作用下河流某处污染物浓度变化示意图

当 t 时刻，我们观察到位于河流 x 处污染物的浓度为 $C(x)$。在随后一小会儿，即 $t+\Delta t$ 时刻，污染团向下游迁移了 $\Delta x=u_x\Delta t$ 距离，我们观察到的污染物的浓度为 $C(x-\Delta x)$。因此在位置 x 处污染物浓度的变化为：

$$\Delta C = C(x-\Delta x) - C(x) \tag{3-60}$$

当 Δx 很小时有：

$$\Delta C \approx -C'(x)\Delta x \tag{3-61}$$

又有：

$$\Delta x = u_x \Delta t \tag{3-62}$$

则：

$$\frac{\Delta C}{\Delta t} \approx -u_x C'(x) \tag{3-63}$$

当 $\Delta x \to 0$ 时：

$$\frac{\partial C}{\partial t} = -u_x \frac{\partial C}{\partial x} \tag{3-64}$$

这就是推流作用，使位置 x 处污染物浓度随时间发生变化。

再考虑弥散作用。根据 Fick 定律，污染物扩散的质量通量与污染物的浓度梯度成正比，比例系数为弥散系数 D_x，即

$$I_x = -D_x \frac{\partial C}{\partial x} \tag{3-65}$$

现在我们假设存在于水体中一个边长为 Δx、Δy、Δz 的体积微元（图 3-7），它的左下角位于坐标系的$(x, 0, 0)$，右下角位于坐标系的$(x+\Delta x, 0, 0)$。

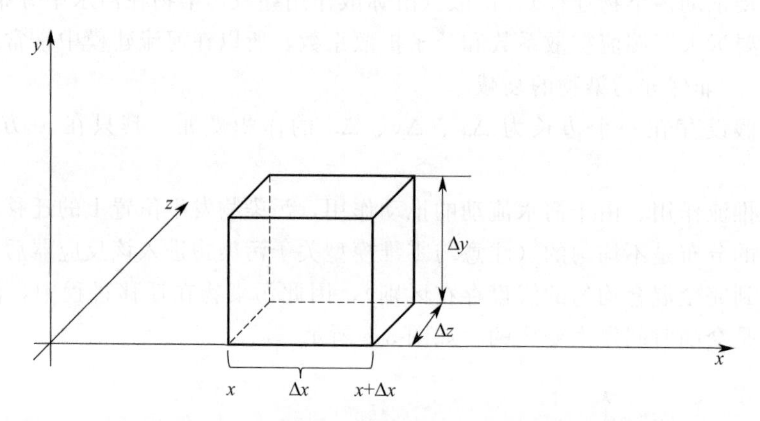

图 3-7 体积微元内物质输入-输出示意图

微小立方体左面的污染物的通量为：

$$I_x = -D_x C'(x) \tag{3-66}$$

单位时间通过微小立方体左面的污染物的质量为：

$$\frac{m_x}{\Delta t} = I_x \Delta y \Delta z = -D_x C'(x) \Delta y \Delta z \tag{3-67}$$

微小立方体右面的污染物通量为：

$$I_{x+\Delta x} = -D_x C'(x+\Delta x) \tag{3-68}$$

单位时间通过的污染物的质量为：

$$\frac{m_{x+\Delta x}}{\Delta t} = -D_x C'(x+\Delta x) \Delta y \Delta z \tag{3-69}$$

则微小立方体在单位时间内，污染物质量的变化为：

$$\frac{\Delta m}{\Delta t}=\frac{m_x}{\Delta t}-\frac{m_{x+\Delta x}}{\Delta t}=-D_x C'(x)\Delta y\Delta z+D_x C'(x+\Delta x)\Delta y\Delta z \tag{3-70}$$

$$\frac{\Delta m}{\Delta t}=-D_x\Delta y\Delta z\left[C'(x)-C'(x+\Delta x)\right] \tag{3-71}$$

当 Δx 很小时：

$$\frac{\Delta m}{\Delta t}\approx D_x\Delta y\Delta z C''(x)\Delta x \tag{3-72}$$

进而有：

$$\frac{\Delta m}{\Delta t\Delta y\Delta z\Delta x}\approx D_x C''(x) \tag{3-73}$$

$$\frac{\Delta C}{\Delta t}\approx D_x C''(x) \tag{3-74}$$

当 $\Delta x\to 0$ 时

$$\frac{\partial C}{\partial t}=D_x C''(x)=D_x\frac{\partial^2 C}{\partial x^2} \tag{3-75}$$

最后考虑污染物的衰减：

$$\frac{\partial C}{\partial t}=-kC \tag{3-76}$$

同时考虑推流、弥散及衰减三方面的作用，则有：

$$\frac{\partial C}{\partial t}=D_x\frac{\partial^2 C}{\partial x^2}-u_x\frac{\partial C}{\partial x}-kC \tag{3-77}$$

式(3-77) 就是均匀流场中，一维基本环境流体动力学模型的微分方程。

3.5.3　二维（三维）基本环境流体动力学模型

二维模型是考虑污染物在纵向、横向（一般设为 x 轴方向和 y 轴方向）存在浓度梯度的情况下导出的。仿照一维模型的推导过程，可以写出二维模型的基本形式：

$$\frac{\partial C}{\partial t}=D_x\frac{\partial^2 C}{\partial x^2}+D_y\frac{\partial^2 C}{\partial y^2}-u_x\frac{\partial C}{\partial x}-u_y\frac{\partial C}{\partial y}-kC \tag{3-78}$$

式中，D_x 为纵向弥散系数；D_y 为横向弥散系数；u_x 为横向速度分量；u_y 为纵向速度分量。

二维模型多用于大型河流、河口、海湾、浅海、较大型湖泊的水质模拟和预测。

同样仿照一维模型的推导方法，如果在 x、y、z 三个方向都存在浓度梯度，则得到三维基本模型。需要说明的是，由于三维模型中考虑了 x、y、z 三个方向的流速分量，不采用断面平均流速，所以不会出现弥散项。但采用了三个方向流速的时间平均值，因此出现湍流扩散项。

$$\frac{\partial C}{\partial t}=E_x\frac{\partial^2 C}{\partial x^2}+E_y\frac{\partial^2 C}{\partial y^2}+E_z\frac{\partial^2 C}{\partial z^2}-u_x\frac{\partial C}{\partial x}-u_y\frac{\partial C}{\partial y}-u_z\frac{\partial C}{\partial z}-kC \tag{3-79}$$

三维模型的参数估计和求解过程远比一维模型复杂。在一般的河流水质模拟中，除了一些特大型河流，很少用到三维模型。

3.5.4 一维模型的解析解

现在我们来求解一维基本环境流体动力学模型的微分方程[式(3-77)]。

对于它的求解，可以按照排放源排放污染物的特征，分为稳定源排放的解析解、非稳定源排放的解析解。其中，非稳定源排放又分为瞬时排放和定时排放。

3.5.4.1 稳定排放源的解析解

首先来求解稳定源排放的解析解。所谓稳定源是指污染物的排放是连续不断，且排放强度不随时间变化。由于排放源是稳定的，经过足够长的时间，河流中污染物的空间分布状况是稳定的，即污染物在某一空间位置的浓度不随时间变化，也就是说$\frac{\partial C}{\partial t}=0$，故由式(3-77）有：

$$D_x\frac{\partial^2 C}{\partial x^2}-u_x\frac{\partial C}{\partial x}-kC=0 \tag{3-80}$$

这是一个二阶常系数齐次线性微分方程。

提示：得到式(3-80）的通解后，运用初始条件（当$x=0$时，$C=C_0$）以及边界条件（当$x\to\infty$时，$C=0$)，得出通解中的两个待定常数。

$$y=Ae^{\frac{-p+\sqrt{p^2-4q}}{2}x}+Be^{\frac{-p-\sqrt{p^2-4q}}{2}x} \tag{3-81}$$

求解结果为：

$$C=C_0e^{\frac{\frac{u_x}{D_x}-\sqrt{\left(\frac{u_x}{D_x}\right)^2+\frac{4k}{D_x}}}{2}x}=C_0e^{\frac{\frac{u_x}{D_x}-\frac{u_x}{D_x}\sqrt{1+\frac{4kD_x}{u_x^2}}}{2}x}=C_0e^{\frac{u_x}{2D_x}\left(1-\sqrt{1+\frac{4kD_x}{u_x^2}}\right)} \tag{3-82}$$

由于推流迁移的影响远大于弥散作用，所以稳态条件下可以忽略弥散作用，即忽略式(3-80）中的第一项。

$$u_x\frac{\partial C}{\partial x}+kC=0 \tag{3-83}$$

分离两端变量：

$$\frac{\partial C}{C}=-\frac{k}{u_x}\partial x \tag{3-84}$$

两端同时积分：

$$\int\frac{\partial C}{C}=-\frac{k}{u_x}\int\partial x \tag{3-85}$$

$$\ln C=-\frac{k}{u_x}x+A \tag{3-86}$$

$$C=Ae^{-\frac{k}{u_x}x} \tag{3-87}$$

式中，A 为待定常数。

由初始条件（当$x=0$时，$C=C_0$）可得$A=C_0$，于是得到：

$$C=C_0e^{-\frac{k}{u_x}x} \tag{3-88}$$

3.5.4.2 非稳定源排放的解析解

所谓非稳定源是指污染源排放污染物是非连续的，或为瞬时投放，或为间隔一定时段投放一次。污染物投放到环境介质中后，对某一空间位置而言，其污染物浓度是随时间而变化的，即$\frac{\partial C}{\partial t}\neq 0$。

① 特征线法。对于方程$\frac{\partial C}{\partial t}=D_x\frac{\partial^2 C}{\partial x^2}-u_x\frac{\partial C}{\partial x}-kC$，如果忽略纵向的弥散作用，则有：

$$\frac{\partial C}{\partial t}+u_x\frac{\partial C}{\partial x}+kC=0 \tag{3-89}$$

对上述方程采用特征线法求解：

$$\begin{cases}\frac{\mathrm{d}x}{\mathrm{d}t}=u_x & (3\text{-}90)\\ \frac{\partial C}{\partial t}=-kC & (3\text{-}91)\end{cases}$$

在上述方程组中，式(3-90）表明了排入河流中污染物在某一时刻的确切位置。式(3-91）则描述了污染团内部的情况（即随着时间而衰减的情况）。由于不考虑扩散作用，污染物只是瞬时出现在某一位置。因此，当污染团出现在某一位置时，它的浓度取决于初始浓度，和流经此处所用时间内发生的衰减，即

$$C=C_0\mathrm{e}^{-kt}=C_0\mathrm{e}^{-k\frac{x}{u_x}} \tag{3-92}$$

② 拉普拉斯变换法。对于瞬时排放，一开始聚集在一起的污染物必然通过扩散分布在更加广泛的空间中，并且随着时间的流逝，它的分布空间将越来越广。因此，如果忽略扩散作用，随着污染团不断向下游迁移，模型的误差将越来越大。为了将扩散作用纳入考虑，必须对整个$\frac{\partial C}{\partial t}=D_x\frac{\partial^2 C}{\partial x^2}-u_x\frac{\partial C}{\partial x}-kC$方程进行求解。

求解的难点在于，一维基本环境流体动力学模型是一个偏微分方程，即未知函数在方程中，不仅有关于空间变量的导数，还有关于时间变量的导数。因此，必须采用特殊的求解方法。

拉普拉斯变换是一种解偏微分方程解析解的方法。首先对偏微分方程进行拉普拉斯变换，使其成为常微分方程。解出该常微分方程的解后，再进行拉普拉斯逆变换，进而求得原偏微分方程的解析解。关于求解式(3-77）的拉普拉斯变换法为选学内容，具体求解过程可参考本书的教辅。求解结果为式(3-93)。

$$C(x,t)=\frac{M}{2A\sqrt{\pi D_x t}}\mathrm{e}^{\frac{-(x-u_x t)^2}{4D_x t}}\mathrm{e}^{-kt} \tag{3-93}$$

3.5.5 非稳定排放源污染物迁移特征

式(3-93）描述了在一条横截面积为A，流速为u_x的河流上游某处，在很短的时间内向河流中投放了质量为M的某种污染物，污染物投放事件发生后时间t时，在下游距离排放源x位置处，该污染物在河流中的浓度，即污染物瞬时投放情况下，污染物在河流中的

时空分布。

例如：瞬时向河流投放某种污染物，投放量为 $M=10\text{kg}$，纵向弥散系数 $D_x=50\text{m}^2/\text{s}$，平均流速 $u_x=0.5\text{m/s}$，河流截面积 $A=20\text{m}^2$，500m 处污染物浓度的时间分布为表 3-1（由于历时较短，暂时忽略污染物的衰减）。

表 3-1 距瞬时排放源下游 500m 处污染物浓度的时间分布

时间/min	5	10	15	20	25	30	35	40
浓度/(mg/m^3)	149.54	583.65	655.90	552.46	418.28	301.53	211.88	146.74
时间/min	45	50	55	60	65	70	75	
浓度/(mg/m^3)	100.75	68.80	46.83	31.80	21.57	14.62	9.90	

仔细观察式(3-93) 和图 3-8，发现它们与正态分布的概率密度函数[式(3-94)]和正态分布图（图 3-9）有相似之处。

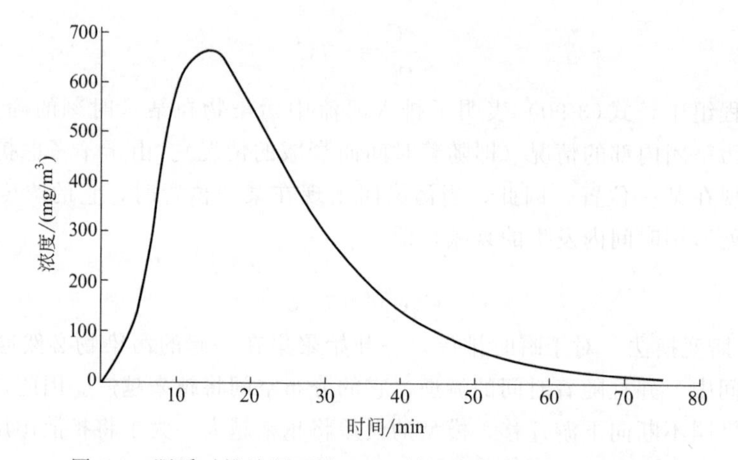

图 3-8 距瞬时排放源下游 500m 处污染物浓度的时间分布

$$f(x)=\frac{1}{\sigma\sqrt{2\pi}}\mathrm{e}^{-\frac{1}{2}\left(\frac{x-\mu}{\sigma}\right)^2} \tag{3-94}$$

正态分布的概率密度函数表示了某一 x 值出现的概率。式(3-94) 中 μ 为总体平均数，σ 为总体标准差，π 为圆周率，e 为自然数。

一个平均数为 μ，方差为 σ^2 的正态分布记为 $N(\mu, \sigma^2)$，这两个参数决定了一个正态分布。μ 表示总体的平均值，决定了正态分布曲线的中心位置；σ^2 为总体的方差，决定了正态分布曲线的高矮胖瘦。当 $\mu=0$，σ 分别为 0.5、1、2 时的正态分布曲线见图 3-9。

如果将式(3-93) 中的 $2D_xt$ 设为 σ^2，则可以写为：

$$C(x,t)=\frac{M}{A}\times\frac{1}{\sigma\sqrt{2\pi}}\mathrm{e}^{-\frac{1}{2}\left(\frac{x-u_xt}{\sigma}\right)^2}\mathrm{e}^{-kt} \tag{3-95}$$

特别是当忽略污染物的衰减($k=0$)时（例如：历时较短、污染物为不可降解或难以降解的重金属或持久性有机污染物等），污染物浓度在河流中的空间分布类似于图 3-9 的正态分布，其分布的宽度和最高浓度与该污染物的扩散系数、经历时间有关。当污染物的扩散系数越大、排入河水中的时间越长，污染物在空间中的分布越宽，最高浓度就越低。

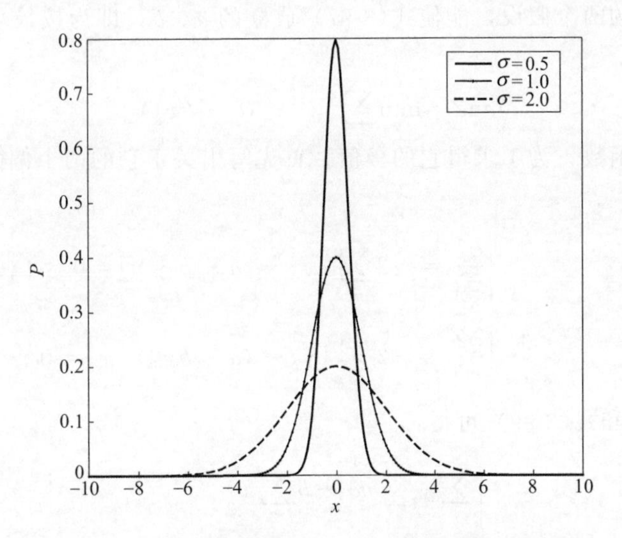

图 3-9　$\mu=0$，σ 分别为 0.5、1、2 时的正态分布曲线

污染物浓度在河流中的时间分布类似于图 3-8，它不像空间分布那样是对称的。这是由于污染物在河流中的持续扩散，使式(3-95) 中的标准差 σ 也随着时间而逐渐变大。因此图 3-8 中，在污染物最高浓度的左右，其污染物浓度随时间的变化是不对称的，呈现出当河流中污染团随着水流的推动逐渐迁移至下游某处时，将会观察到：首先污染物的浓度较快升高，当达到最高浓度后，污染物的浓度较为缓慢地降低。

3.6　线性回归分析

在环境数学模型中，参数与模型的精确性和可靠性息息相关。参数估计就是寻求最适合模型的参数。模型所模拟的过程中，有些参数可以通过查阅文献获得，但大多数情况下需要在具体的适用条件下进行估计。估计参数的方法有经验公式法、最小二乘法、极大似然法、最优化方法、直接寻优法等。本书主要介绍最小二乘法。

方程中的自变量和因变量为线性关系时，将以下最小二乘的两个假定，作为约束条件，对方程中的未知参数进行估计的过程，称为线性回归分析。

① 所有自变量的均值不存在误差，因变量的值则含有测量误差；

② 与各测量值拟合最好的曲线为能使各点到曲线的竖向偏差的平方和最小的曲线。

3.6.1　一元线性回归

当方程中的自变量和因变量为线性关系，并且自变量的个数为 1 个时，该方程被称为一元线性方程。以最小二乘的两个假设作为约束条件，估计该方程中的未知参数的过程，称为一元线性回归分析。

一元线性回归分析较为简单，它只处理形如以下方程中两个变量之间的关系：

$$y=a+bx \tag{3-96}$$

自变量 x 与因变量 y 呈线性关系，其函数图形为一条过点$(0, a)$和$\left(-\frac{a}{b}, 0\right)$的直线。当参数 a、b 未知时，它们是待估参数。

根据最小二乘的两个假设，能使式(3-97) 成立的 a、b，即为按最小二乘法估计所得的参数。

$$\min Z = \min \sum [y_i - (a + bx_i)]^2 \tag{3-97}$$

这是一个多元函数，为了求得它的极值，首先写出关于它的两个偏微分方程，并令其等于 0。

$$\begin{cases} \dfrac{\partial Z}{\partial a} = -2\sum_i^n [y_i - (a + bx_i)] = 0 & (3\text{-}98) \\ \dfrac{\partial Z}{\partial b} = -2\sum_i^n [y_i - (a + bx_i)]x_i = 0 & (3\text{-}99) \end{cases}$$

整理式(3-98) 和式(3-99) 可得：

$$\begin{cases} \sum_i^n y_i = na + b\sum_i^n x_i & (3\text{-}100) \\ \sum_i^n y_i x_i = a\sum_i^n x_i + b\sum_i^n x_i{}^2 & (3\text{-}101) \end{cases}$$

由式(3-100) 可得：

$$a = \frac{\sum_i^n y_i - b\sum_i^n x_i}{n} \tag{3-102}$$

由式(3-101) 可得：

$$b = \frac{\sum_i^n y_i \sum_i^n x_i - n\sum_i^n y_i x_i}{(\sum_i^n x_i)^2 - n\sum_i^n x_i{}^2} \tag{3-103}$$

再将其代入式(3-100) 得到：

$$a = \frac{\sum_i^n y_i x_i \sum_i^n x_i - \sum_i^n y_i \sum_i^n x_i{}^2}{(\sum_i^n x_i)^2 - n\sum_i^n x_i{}^2} \tag{3-104}$$

为了简化计算，在式(3-103) 中的分子分母同时乘上$\frac{1}{n^2}$，得到：

$$b = \frac{n\bar{y}\,\bar{x} - \sum_i^n y_i x_i}{n\bar{x}^2 - \sum_i^n x_i{}^2} \tag{3-105}$$

由于有：

$$\sum_i^n (x_i - \bar{x})^2 = \sum_i^n x_i^2 - n\bar{x}^2 \tag{3-106}$$

$$\sum_i^n (x_i - \bar{x})(y_i - \bar{y}) = \sum_i^n x_i y_i - n\bar{x}\,\bar{y} \tag{3-107}$$

因此式(3-105) 可以写为：

$$b=\frac{\sum_{i}^{n}(x_i-\overline{x})(y_i-\overline{y})}{\sum_{i}^{n}(x_i-\overline{x})^2} \tag{3-108}$$

并且由式(3-100) 可知：

$$a=\overline{y}-b\overline{x} \tag{3-109}$$

式(3-108) 和式(3-109) 给出了一元线性回归分析中参数的计算公式。例如：采用碱性过硫酸钾消解-紫外分光光度法测定水中总氮时，根据比尔定律（当一束平行单色光垂直通过某一均匀非散射的吸光物质时，如吸光层厚度不变，则其吸光度与吸光物质的浓度呈正比），总氮在样品中的浓度与吸光度呈正相关关系（表 3-2），因此可以使用一元线性方程表示它们之间的关系。通过一元线性回归分析估计方程中的系数，从而建立总氮浓度与吸光度的工作曲线。具体过程见表 3-2。

表 3-2　总氮浓度与吸光度的线性回归

测定序号	1	2	3	4	5	6	7	8
标准溶液浓度/(mg/L)	0.000	0.040	0.080	0.160	0.320	0.600	1.000	2.000
吸光度	0.000	0.012	0.023	0.043	0.098	0.141	0.250	0.538
标准溶液浓度平均值/(mg/L)	0.525							
吸光度平均值	0.138							
$\sum_{i}^{n}(x_i-\overline{x})(y_i-\overline{y})$	0.871							
$\sum_{i}^{n}(x_i-\overline{x})^2$	3.291							
b	0.265							
a	−0.0008							
回归方程	$y=-0.0008+0.265x$							

3.6.2　相关系数

对任意两组数据，即使它们之间没有任何关联，按照上一节的方法，也能够对其进行线性回归。例如：利用 Excel 中的函数“RAND”生成 7 对随机数（表 3-3），并对其进行线性回归，同样可以估计出一元线性方程中的参数。但这样做是毫无意义的，因为依靠该方程不可能得到准确的预测。

表 3-3　成对随机数

变量	1	2	3	4	5	6	7
x	0.065	0.232	0.337	0.164	0.538	0.212	0.089
y	0.096	0.944	0.259	0.745	0.415	0.792	0.270

由图 3-10 分析可知，实际上只有 y 和 x 之间的线性关系比较明显时，这样的估计才是有意义的。y 和 x 之间的线性关系越好，线性回归方程的预测就越准确。评价 y 和 x 之间

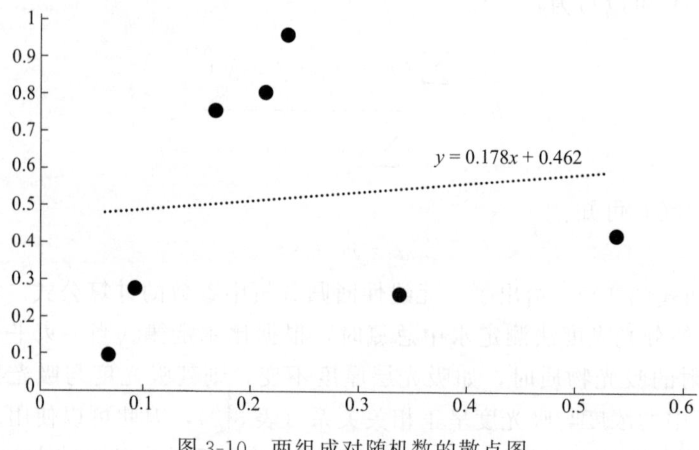

图 3-10 两组成对随机数的散点图

的线性相关关系，常采用相关系数 r。

在线性回归两个假定的基础上，进一步提出导致因变量发生变化的原因有两类：

① 自变量发生变化导致；

② 随机误差导致。

因变量发生变化的原因中，由自变量发生变化的贡献比例即为相关系数 r 的平方。r 越接近于 1，说明 y 和 x 之间的线性关系越好，线性回归方程越准确。

因此需要将导致因变量发生变化的原因进行分解和定量。

设：y_i 为观测值或实测值，$\overline{y}$ 为观测值或实测值的平均值，$\hat{y}_i$ 为回归方程的计算值。

当 y_i 偏离了 $\overline{y}$，按照上述导致变化的原因，可以分为：①由自变量 x_i 偏离 $\overline{x}$ 导致，即因变量发生变化导致；②由观测的随机误差导致。其数学表达式为：

$$y_i-\overline{y}=(y_i-\hat{y}_i)+(\hat{y}_i-\overline{y}) \tag{3-110}$$

为了便于分解原因，将上式写为：

$$y_i-\hat{y}_i=(y_i-\overline{y})-(\hat{y}_i-\overline{y}) \tag{3-111}$$

对式(3-111) 两端同时平方后求和：

$$\sum_{i=1}^{n}(y_i-\hat{y}_i)^2=\sum_{i=1}^{n}(y_i-\overline{y})^2-2\sum_{i=1}^{n}(y_i-\overline{y})(\hat{y}_i-\overline{y})+\sum_{i=1}^{n}(\hat{y}_i-\overline{y})^2 \tag{3-112}$$

由于有：$a=\overline{y}-b\overline{x}$，因此有：

$$\hat{y}_i-\overline{y}=b(x_i-\overline{x}) \tag{3-113}$$

式 (3-112) 右端第二项可以写为：

$$-2b\sum_{i=1}^{n}(y_i-\overline{y})(x_i-\overline{x}) \tag{3-114}$$

由于有：$b=\dfrac{\sum_{i}^{n}(x_i-\overline{x})(y_i-\overline{y})}{\sum_{i}^{n}(x_i-\overline{x})^2}$，式 (3-112) 右端第二项还可写为：

$$-2b\sum_{i=1}^{n}(y_i-\overline{y})(x_i-\overline{x})=-2b^2\sum_{i}^{n}(x_i-\overline{x})^2 \tag{3-115}$$

由于有：$a=\overline{y}-b\overline{x}$，式（3-112）右端第三项可以写为：

$$\sum_{i=1}^{n}(\hat{y}_i-\overline{y})^2=b^2\sum_{i=1}^{n}(x_i-\overline{x})^2 \tag{3-116}$$

因此式(3-112）可以写为：

$$\sum_{i=1}^{n}(y_i-\overline{y})^2=\sum_{i=1}^{n}(y_i-\hat{y}_i)^2+\sum_{i=1}^{n}(\hat{y}_i-\overline{y})^2 \tag{3-117}$$

式(3-117）从左至右的第一项为观测值和平均值的离差平方和，称为总离差平方和，记为 SSY；第二项为观测值和回归方程计算值的离差平方和，称为残差平方和，记为 SSE；第三项为回归方程计算值和平均值的离差平方和，称为回归平方和，记为 SSR。根据式（3-117），它们的关系有：

$$\mathrm{SSY}=\mathrm{SSE}+\mathrm{SSR} \tag{3-118}$$

对导致因变量发生变化的原因进行了分解和定量，表明 y_i 偏离 $\overline{y}$ 的离差是由观察数据的残差和回归过程导致的，即因变量变化的原因包括了非自变量变化和自变量变化的因素。

自变量变化导致因变量发生变化的贡献比例即为相关系数的平方 r^2，即

$$r^2=\frac{\mathrm{SSR}}{\mathrm{SSY}} \tag{3-119}$$

相关系数越高表示回归方程所解释的方差量所占的比例越大，回归方程的模拟就越准确。表 3-4 中总氮浓度与吸光度相关系数的平方 r^2 为 0.997。

表 3-4　总氮浓度与吸光度的相关系数

测定序号	1	2	3	4	5	6	7	8
吸光度 A	0.000	0.012	0.023	0.043	0.098	0.141	0.250	0.538
标准溶液浓度/(mg/L)	0.000	0.040	0.080	0.160	0.320	0.600	1.000	2.000
总离差平方和(SSY)	0.2313							
回归平方和(SSR)	0.2306							
r^2	0.997							

3.6.3　多元线性回归分析

在研究环境问题时，常常发现空间中某点污染物的浓度与污染源强度、距离、风向、风速、地形等多个因素有关。如果将该点污染物的浓度视为因变量 y，各影响因素视为自变量 x_1、x_2、x_3、…，则一个因变量由一组自变量确定。如果因变量 y 与各个自变量为线性关系，即有：

$$y=b_0+b_1x_1+b_2x_2+b_3x_3+\cdots+b_mx_m+e \tag{3-120}$$

那么估计参数 b_0、b_1、b_2、b_3、…、b_m 的过程即为多元线性回归。多元线性回归分析的任务就是根据多组观测值，估计方程中的参数 b_0、b_1、b_2、b_3、…、b_m，使得实际观测值与回归方程计算值的差值平方和为最小。其中，e 为随机误差。

以下为多元回归分析的过程。

如果有 n 组观测数据，则可列出以下方程组：

$$\begin{cases} y_1 = b_0 + b_1 x_{11} + b_2 x_{21} + b_3 x_{31} + \cdots + b_m x_{m1} + e_1 \\ y_2 = b_0 + b_1 x_{12} + b_2 x_{22} + b_3 x_{32} + \cdots + b_m x_{m2} + e_2 \\ \cdots\cdots \\ y_n = b_0 + b_1 x_{1n} + b_2 x_{2n} + b_3 x_{3n} + \cdots + b_m x_{mn} + e_n \end{cases} \tag{3-121}$$

为了便于计算，可将上述方程组写为：

$$\begin{cases} y_1 = b_0 + b_1 (x_{11} - \overline{x}_1) + b_2 (x_{21} - \overline{x}_2) + b_3 (x_{31} - \overline{x}_3) + \cdots + b_m (x_{m1} - \overline{x}_m) + e_1 \\ y_2 = b_0 + b_1 (x_{12} - \overline{x}_1) + b_2 (x_{22} - \overline{x}_2) + b_3 (x_{32} - \overline{x}_3) + \cdots + b_m (x_{m2} - \overline{x}_m) + e_2 \\ \cdots\cdots \\ y_n = b_0 + b_1 (x_{1n} - \overline{x}_1) + b_2 (x_{2n} - \overline{x}_2) + b_3 (x_{3n} - \overline{x}_3) + \cdots + b_m (x_{mn} - \overline{x}_m) + e_n \end{cases} \tag{3-122}$$

式(3-122) 还可写为矩阵的形式：

$$Y = XB + E \tag{3-123}$$

其中：$Y = \begin{bmatrix} y_1 \\ y_2 \\ \cdots \\ y_n \end{bmatrix}, X = \begin{bmatrix} 1 & x_{11} - \overline{x}_1 & x_{21} - \overline{x}_2 & x_{31} - \overline{x}_3 & \cdots & x_{m1} - \overline{x}_m \\ 1 & x_{12} - \overline{x}_1 & x_{22} - \overline{x}_2 & x_{32} - \overline{x}_3 & \cdots & x_{m2} - \overline{x}_m \\ 1 & \cdots & \cdots & \cdots & \cdots & \cdots \\ 1 & x_{1n} - \overline{x}_1 & x_{2n} - \overline{x}_2 & x_{3n} - \overline{x}_3 & \cdots & x_{mn} - \overline{x}_m \end{bmatrix}$，

$$B = \begin{bmatrix} b_0 \\ b_1 \\ b_2 \\ b_3 \\ \cdots \\ b_m \end{bmatrix}, E = \begin{bmatrix} e_1 \\ e_2 \\ \cdots \\ e_n \end{bmatrix}$$

多元线性回归和一元线性回归的原理是相同的，都遵循最小二乘法的两个假设。

矩阵 E 等于矩阵 Y 与矩阵 XB 的差值。多元线性回归的任务就是找到能够使该差值平方和为最小的系数矩阵 B。

首先求出矩阵 E 中各元素的平方和。为了推导相关的矩阵公式，我们先列出方程组：

$$\begin{cases} e_1^2 = [y_1 - b_0 - b_1 (x_{11} - \overline{x}_1) - b_2 (x_{21} - \overline{x}_2) - b_3 (x_{31} - \overline{x}_3) - \cdots - b_m (x_{m1} - \overline{x}_m)]^2 \\ e_2^2 = [y_2 - b_0 - b_1 (x_{12} - \overline{x}_1) - b_2 (x_{22} - \overline{x}_2) - b_3 (x_{32} - \overline{x}_3) - \cdots - b_m (x_{m2} - \overline{x}_m)]^2 \\ \cdots\cdots \\ e_n^2 = [y_n - b_0 + b_1 (x_{1n} - \overline{x}_1) + b_2 (x_{2n} - \overline{x}_2) + b_3 (x_{3n} - \overline{x}_3) + \cdots + b_m (x_{mn} - \overline{x}_m)]^2 \end{cases} \tag{3-124}$$

为了使实际测定值与方程计算值差值的平方和为最小，需要各方程关于每个参数的导数之和为零，即

$$\begin{cases}\dfrac{\partial e_1}{\partial b_0}+\dfrac{\partial e_2}{\partial b_0}+\dfrac{\partial e_3}{\partial b_0}+\cdots+\dfrac{\partial e_n}{\partial b_0}=0\\ \dfrac{\partial e_1}{\partial b_1}+\dfrac{\partial e_2}{\partial b_1}+\dfrac{\partial e_3}{\partial b_1}+\cdots+\dfrac{\partial e_n}{\partial b_1}=0\\ \dfrac{\partial e_1}{\partial b_2}+\dfrac{\partial e_2}{\partial b_2}+\dfrac{\partial e_3}{\partial b_2}+\cdots+\dfrac{\partial e_n}{\partial b_2}=0\\ \cdots\cdots\\ \dfrac{\partial e_1}{\partial b_m}+\dfrac{\partial e_2}{\partial b_m}+\dfrac{\partial e_3}{\partial b_m}+\cdots+\dfrac{\partial e_n}{\partial b_m}=0\end{cases} \tag{3-125}$$

以下矩阵运算与式(3-125) 方程组具有相同的意义：

$$X^TY-X^TXB=0 \tag{3-126}$$

根据矩阵运算规则，可得矩阵 B 的计算公式：

$$X^TXB=X^TY \tag{3-127}$$

$$B=(X^TX)^{-1}(X^TY) \tag{3-128}$$

① 建立反映系统内部各要素间在数量方面的函数关系，是建立数学模型的核心任务。

② 建立环境数学模型时，在大多数情况下，往往不能直接找出所需要的函数关系，而是根据问题所提供的信息，首先找出函数与其导数的关系式，这样的关系式就是所谓的微分方程。

③ 微分方程建立以后，通过对它的研究，找出未知函数的过程，就是解微分方程的过程。

④ 本章涉及几种微分方程的常用解法，包括：一阶齐次线性微分方程、一阶非齐次线性微分方程和二阶常系数齐次线性微分方程。

习题

1. 已知水体中BOD初始浓度为：$L_0=11.71$mg/L，衰减系数（25℃）$k_1=0.126\text{d}^{-1}$；起始氧亏为 $D_0=0.5$mg/L，复氧系数（25℃）$k_2=0.225\text{d}^{-1}$。(1) 计算第0～16d，每天的BOD值和氧亏值。(2) 试计算氧亏最大值及其出现的时间（d）。

2. 某湖泊库容 $150\times10^4\text{m}^3$，规划将处理后的含磷城市生活污水排入湖中。该城市生活污水流量 $3\times10^4\text{m}^3/\text{d}$，处理前含磷0.15mg/L。另外有一流量为 $4\times10^4\text{m}^3/\text{d}$ 的地面径流排入湖中，该径流含磷浓度0.025mg/L。其他还有湖泊接受的干沉降磷为100g/d。已知湖泊中磷被转化吸收的速率常数为 0.2d^{-1}。如果要求湖泊中磷含量不高于城市饮用水源地的一级保护标准（0.01mg/L），试用零维水质模型确定污水处理厂处理该城市生活污水的处理效率至少应达到多少。

3. 已知某河流上游有一污水排放口，污水排放量 $0.5m^3/s$，污水中BOD浓度400mg/L，河流的平均流量为 $20m^3/s$，流速为0.2m/s。污水排入河流前，河流中BOD浓度为2mg/L（背景浓度）。河流水温为20℃的条件下，BOD的衰减率为 $0.1d^{-1}$。试计算，忽略弥散作用时，距排污下游3km处，BOD的浓度。

4. 瞬时向河流投放某种污染物，投放量为 $M=10kg$，纵向弥散系数 $D_x=50m^2/s$，平均流速 $u_x=0.5m/s$，河流截面积 $A=20m^2$，计算500m处污染物浓度的时间分布（由于历时较短，暂时忽略污染物的衰减）。

5. 已知有观测数据（表3-5），假定符合数学模型 $y=b_0+b_1x_1+b_2x_2$，估计模型中的参数 b_0、b_1、b_2。

表3-5 观测数据

y	1.81	1.7	1.65	1.55	1.48	1.4	1.3	1.26	1.24	1.21	1.2	1.18
x_1	20	25	30	35	40	50	60	65	70	75	80	90
x_2	400	625	900	1225	1600	2500	3600	4225	4900	5625	6400	8100

第4章

神经网络环境数学模型

客观世界中各因素之间的因果关系存在线性和非线性两个大类。

线性是指变量之间存在一次方函数，变量间的推导是直线关系；非线性是指变量间的推导关系是曲线或曲面，或不确定，而不是直线关系，是自然界和社会领域中普遍存在的复杂性性质之一。与线性相比，非线性更接近客观事物之间相互作用的特征规律。线性是自然界中存在的特殊规律，而非线性是普遍规律。除了自然界外，非线性还普遍存在于政治、经济、法律、社会心理等人文环境中，如法律量刑与经济犯罪涉及的金额的关系，消费者对房价的接受程度与收入、社会经济的发展等均呈非线性关系。生物神经系统就是一种非线性计算模式，生物和人工神经元有激活和抑制两种基本状态，在数学上就表现为非线性关系。

随着应用数学、统计学的发展，对于非线性系统的数学描述方法已经日趋成熟，20世纪后期以来，电子技术的发展和计算机的普及，使得人工神经网络算法逐渐成为解决非线性系统的数学描述的首选方法之一。

4.1 人工神经网络概念

人工神经网络（artificial neural network，ANN）是指由大量的处理单元（神经元）互相连接而形成的复杂网络结构，是对人脑组织结构和运行机制的某种抽象、简化和模拟，以数学模型模拟神经元活动，是基于模仿大脑神经网络结构和功能而建立的一种信息处理系统。

人工神经网络有多层和单层之分，每一层包含若干神经元，各神经元之间用带可变权重的有向弧连接，网络通过对已知信息的反复学习训练，通过逐步调整改变神经元连接权重的方法，达到处理信息、模拟输入输出之间关系的目的。它不需要知道输入输出之间的确切关系，不需大量参数，只需要知道引起输出变化的非恒定因素，即非常量性参数。因此与传统的数据处理方法相比，神经网络技术在处理模糊数据、随机性数据、非线性数据方面具有明显优势，对规模大、结构复杂、信息不明确的系统尤为适用。

20世纪40年代，神经解剖学家和数学家们开始发表文章，提出了神经元的数学算法模拟模型与结构（simulation model and structure of mathematical algorithm），这就是神经网络的萌芽和雏形。进入21世纪以后，在现代电子学、数学和计算机科学的发展基础上，人工神经网络的设计思想开始逐渐成熟并进入百花齐放、百家争鸣的时期，它吸收了动物中枢神经系统的基本结构和功能原理，并最大限度地利用计算机系统的串行（serial）与并行（parallel）计算和存储优势，构建出人脑神经网络的数学模型，由大量简单原件相互连接形成复杂网络，开展复杂的逻辑操作和非线性关系的计算求解，拥有高度的非线性特征成为人工神经网络最大的亮点。

来看一个经过简化和理想化了的人脑思维判断过程的生物神经元模型和数学算法仿真模型（simulation model）例子。通过这个神经元可以判断驾车通过有交通灯的路口，设想：一个经过培训合格的驾驶员，通过学习训练获知了红灯停车、绿灯正常通过、黄灯缓慢通过、无论何种灯有行人时停车 4 个规则。

交通信号灯生物神经元模型详见图 4-1。

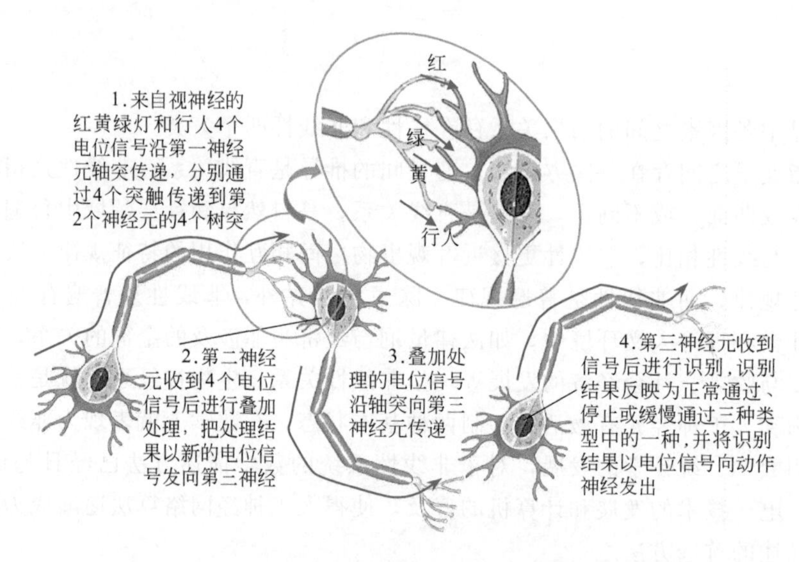

图 4-1　交通信号灯生物神经元模型

根据生物神经元模型，尝试用数学算法来模拟出生物神经的思维判断过程，红黄绿灯每次只出现其中一种，行人有或无可以伴随着任何一种交通灯状态，这样形成多种的组态。设交通灯和行人分别为 2 个输入，并赋给输入值和权重值，经过加权计算后得到的结果为 1 个输出，并考虑交通灯颜色和行人构成了 6 种组态，输入、权重赋值详见表 4-1，组态类型详见表 4-2，人工神经元模型详见图 4-2。

针对输出 y，定义如下判定规则：

$y>0$：正常通过；

$y=0$：缓慢通过；

$y<0$：停车。

这样，通过设计的数学算法模型就可以模拟生物神经元的数据处理过程，即思维形成过程。这是一个理想化的例子，生物神经元的工作原理要远比本例复杂和完善，例如：在之前没有培训过当交通灯没亮或两个以上同时亮的故障情况发生，驾驶员也能做出立即停车再行思考处理的动作，人工神经模型要实现处理这种例外情况，就必须经过事先学习，定义新的组态。由此可见，生物神经元有人工神经元无可比拟的优势。

表 4-1　交通信号灯数学算法模型

输入信号 x_i		信号赋值	权重 w_i	信号加权值
x_1 交通灯	红	−1	$w_1=0.3$	−0.3
	黄	0		0
	绿	1		0.3
x_2 行人	有	−1	$w_2=0.7$	−0.7
	无	0		0

表 4-2　交通信号灯数学算法模型的组态

组态加权值求和结果 y	输入信号 x_2 行人	
输入信号 x_1 交通灯	有	无
红	−0.3−0.7=−1.0	−0.3+0=−0.3
黄	0−0.7=−0.7	0+0=0
绿	0.3−0.7=−0.4	0.3+0=0.3

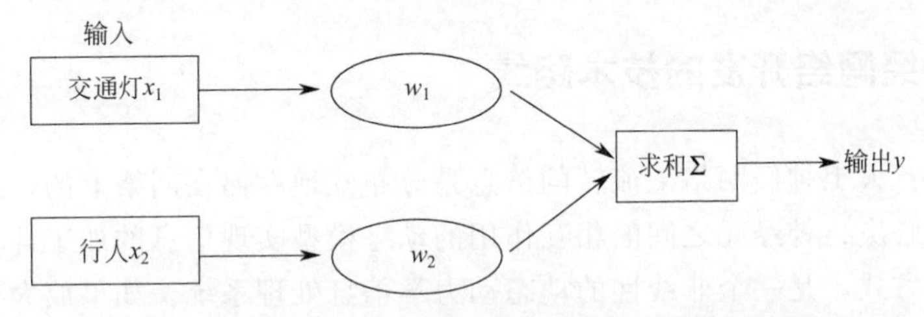

图 4-2　实现交通灯数学算法的理想简单人工神经元模型

以上是人们在对人类大脑神经网络认识的基础上人工构建出的一个人工神经元的例子，像这样的多个人工神经元通过串联、并联形成网络，可以模拟大脑神经网络结构和功能的信息处理系统就是人工神经网络，它是一种理想化的人脑神经网络的数学模型，具有非线性特征，能进行复杂的逻辑计算和非线性关系计算。

4.2　神经网络的特点

人工神经网络具有非线性、非局限性、分布式、自适应和自组织等特点。

① 非线性。非线性（nolinear）是指变量间的推导关系，是曲线或曲面，或不确定，而不是直线关系，是自然界和社会领域中复杂性的性质之一。与线性相比，非线性更接近客观事物之间相互作用的特征规律。线性是自然界中存在的特殊规律，而非线性是普遍规律。生物神经系统就是一种非线性计算模式，生物和人工神经元有激活和抑制两种基本状态，在数学上就表现为非线性关系。无论生物还是人工神经网络，抑制状态提供了很高的容错性和存储容量。

② 非局限性。一个简单的神经网络通常由多个神经元连接，因此该信息处理系统的输出不局限于单个神经元的输出特征，而是来自于单个神经元的输出的再次计算处理的结果。因此，一个单一神经网络的最终输出主要取决于各神经元之间的连接作用，以及输入输出关系、权重、阈值。人类的触景伤情、联想记忆就是非局限性的典型例子。

③ 分布式。一个输入信息被多个神经元进行加工处理，得到多个结果并向多个方向、多个其他神经元传递，有的神经元处理后仍然小于阈值，就临时存储于该神经元里，有的神经元处理后大于阈值，该神经元就被激活并通过固有的轴突末梢向连接它的多个下级神经元

传递出去。这样的同一个输入或输出信息可以在多个神经元之间以并行、串行或同时串并行方式相互传递、计算加工、存储，多个输入信息通过多个树突也可以存储在同一个神经元内，这种分布特点正是神经网络的一个运行方式。

④ 自适应和自组织。神经网络处理单元分为输入单元、隐藏单元、输出单元 3 种类型。输入单元接收外部信号和数据输入；隐藏单元位于输入和输出单元之间，不能被外部观察到；输出单元负责信息加工处理后结果的输出。各单元间的连接敏感程度由连接权值决定，对于一个神经元而言，各输入信号乘以各自的连接权值，加和后再叠加阈值，就构成一个输出值供下一个神经元输入使用。这种模式是非程序化的，具有适应性的特点，具有大脑处理信息的风格。阈值的加入使得神经元具有灵活的抑制和激活机制。神经网络使用前需使用已知样本进行训练，训练过程中，误差反向传播，对各层神经元的连接权值、阈值进行重新调整控制，直至输出能够满足训练目标要求，这种工作方式完全模拟大脑的工作原理，具有自我适应、自我组织的功能。

4.3 人工神经网络开发的技术路线

前文介绍过：人工神经网络上流转的信息是分布式地存储在网络上的，通过神经元的兴奋状态可以得以解决；神经元之间的相互作用的动态模型实现信息的加工计算。人工神经网络模拟人的思维方式，是一个非线性的动态动力学信息处理系统。如果放大来看单一的神经元，其结构和功能是很简单、很有限的，但无数个这样功能单一的神经元相互连接，并利用分布式存储，进行并行协同处理，就能够实现复杂算法，从系统外部来看就是具备了一定的学习和思维能力。

所以，要开发、构建人工神经网络，要经过如下基本技术路线：

① 先要研究生物神经系统，了解生物神经系统的基本结构和工作原理。

② 构建模型。根据对生物神经系统的研究，提炼得到某个思维判断形成的基本生理模型，进而转化为数学表述，数学表述要具备基本输入输出目标、信息加工目标、信息解释数据表等。

③ 建立并实现数学模型。以数学表述作为目标，通过研究、开发能实现目标的数学算法模型，构建人工神经网络。

④ 准备能胜任上述算法的计算机硬件和软件系统，并进行调试和算法优化。

⑤ 使用大量已知样本，对构建成功的神经网络进行验证和评估，并进行必要的优化调整，直至网络的可靠性达到目标要求。

⑥ 神经网络的应用。在构建成功网络模型的基础上，组建实际的应用系统，如单片机、工控机组成的自动控制系统，计算机工作站，计算机服务器集群，人工智能机器人等。

4.4 人工神经网络的发展史

和任何新生事物一样，人工神经网络的发展经历了诞生、成长、低谷和复兴 4 个阶段。

1943 年，美国神经生理学和心理学家 W. S. McCulloch、数学家 W. Pitts 发表文章，阐述了建立的神经网络和数学模型，后人称为 MP 模型。通过 MP 模型提出了一个逻辑微分的神经元数学描述和网络结构，证明了单个神经元能执行逻辑功能，标志着人工神经网络研究的诞生。由此开始，众多的神经生理学家、数学家开始关注这一领域。1949 年，加拿大心理学家 Donald Olding Hebb 出版了《行为的组织（The Organization of Behavior）》一书，提出了著名的 Hebb 学习规则：同一时间被激活的神经元间的联系会被强化。在巴甫洛夫的条件反射实验中，铃声响时一个神经元被激活，同时送入食物会激发相连接的另一个神经元，多次的类似实例事件使得这两个神经元间的联系就会强化，学习得到这两个事物之间存在着联系。相反，如果两个神经元总是不能同步激活，那么它们间的联系将会越来越弱。这一学习规则被称为无监督学习规则（unsupervised learning rules）。Hebb 提出这种学习是在突触（synapse）上发生的，突触的权值依赖于其前后神经元的活动而动态变化着。这一理论为神经网络的学习算法奠定了基础。

20 世纪 50～70 年代以后，人工神经网络进入了一个成长期。来自不同专业的科学家越来越关注这一领域，不同专业的结合使得 ANN 得到很快发展，自适应行为研究、非线性自适应滤波思想、感知器概念、最小均方差算法（least mean square，LMS）、推测梯度算法（gradient algorithm）纷纷被提出。美国政府投入巨资并在声呐信号识别等领域取得了较大进展，电子技术的飞速发展更是为 ANN 的实现提供了硬件基础。ANN 似乎要进入一个划时代的发展阶段。

但是，由于个人计算机和工作站的成本及普及问题、研究和实验资金的缺乏、感知器的性能仍不理想，ANN 的发展进入了低谷期。这一期间，对感知器的悲观认识普遍存在，很少有代理商赞助研究。但是不少科学家仍然在艰苦的条件下坚持研究，Wilson 等从神经元的抑制激活状态模型中获取了非线性微分方程组，自组织映射、黑箱脑状态模型、自适应谐振理论（adaptive resonance theory）先后被提出，ANN 的一些重要基础理论逐渐建立并开始被应用。

1982 年，美国生物物理学家 John Hopfield 发表论文提出一种新的计算方法，使用非线性动力学的方法建立了 ANN 的稳定性判据，并将信息存储在 ANN 之间的连接上，这就是著名的 Hopfield 网络。20 世纪 80 年代以后，模拟退火理论、强化学习方法、运算放大器模拟电路纷纷登场，神经网络开始进入复兴阶段。涉及自组织原理、反向传播算法、数值分析与线性适应滤波挂钩等理论的大量论文、书籍的出版，将神经网络的研究推向了新的阶段。我国自 20 世纪 90 年代也开始有各类学术机构发起了 ANN 的学术会议，国家自然科学基金也开始支持相关研究计划。

随着电子技术日新月异的飞速发展，ANN 的物理基础已经日趋成熟，并且目前传统的计算技术在很多领域也碰到了难以解决的新困难，如语音识别、人脸识别、图像识别、自动语言翻译器、人工智能机器人、物联网、智能硬件、自动驾驶、深度学习、气象预报预测、环境污染物预测预警等领域都寄希望于 ANN 解决方案。人工神经网络正被赋予新的使命，期待着它进入一个前所未有的新发展时期。

4.5　神经网络的研究进展及环境应用

4.5.1　人工神经网络的研究进展

2016 年 3 月，Google（谷歌）AlphaGo 角逐人机围棋大赛，以 4∶1 战胜世界顶级围棋大师李世石。其意义之一是向人们展示了深度神经网络、人工智能的威力，普及了人工神经网络的知识。

Google AlphaGo 的基本对弈过程包括离线学习和在线对弈两个基本过程。

离线学习由基于 ANN 的 3 个基本阶段构成：第 1 阶段利用专业棋手对局棋谱来训练策略网络和快速走棋策略两个神经网络。策略网络的作用是以一定的盘面为输入，以下一步棋的落子位置概率为输出，这是一个基于全局特征和深度卷积网络训练出来的慢速度高精度的基本策略的 ANN；快速走棋策略是基于局部特征和线性模型进行训练得到的快速度低精度 ANN。第 2 阶段利用当前盘面与第 1 阶段训练好的策略网络进行互相对弈，增强学习并修正当前盘面的策略网络的参数，通过自我不断对弈训练得到更加优化的策略网络。第 3 阶段利用第 2 阶段训练好的优化策略网络再次进行新阶段的对弈，以当前盘面作为输入，以最终胜负作为输出，训练得到一个价值网络（value network），用于回答输赢概率，这个价值网络，使得 Google AlphaGo 有了专业棋手难以具备的以当前盘面判断最后结果的能力，这也是 Google AlphaGo 能战胜李世石的一个最大优势。

在线对弈过程由 5 个基本阶段构成：根据当前盘面已经落子的盘面状态形成相应输入特征矩阵；使用策略网络求解空地的落子概率；根据落子概率来计算该落子将来发展下去的权重；分别使用价值网络和快速走棋网络两个 ANN 判断局势，并将得到的局势进行量化后相加，赋给此落子的最终走棋获胜的得分；使用该得分来更新该走棋位置的权重，然后从权重最大的那根主线开始搜索和更新。好在权重的更新是可以并行的，当某个节点的被访问次数超过了一定的数量，就在蒙特卡洛树上进一步展开下一级别的搜索。因此，在线对弈过程的核心是在蒙特卡洛搜索树（MCTS）中嵌入深度神经网络来减少搜索对象。蒙特卡洛搜索树是一种人工智能问题中做出最优决策的算法，该算法的构建由选择、扩展、模拟、反向传播四个基本步骤构成，在树形结构的每个节点包含根据模拟结果估计的值和该节点已经被访问的次数两个重要的信息。AlphaGo 的算法例子可以看出，它仍然没有具备真正意义上的思维能力。

在世界范围内，目前人工智能硬件水平还没有成熟到可以大规模产业化的程度。主要限制因素仍然存在，包括：一是算法还没有达到完善的程度，人们对智能计算的过程理解不够；二是硬件性能还不够，人脑神经元数量是千亿数量级，突触数量是百万亿数量级，而当今主流的神经网络算法（如 AlexNet、VGG）的神经元和突触数量也只达到百万和千万数量级。谷歌需要上万个 CPU 运行 7d 来训练一个图像识别的深度神经网络。因此，专门服务于人工智能的处理器芯片的需求日趋突出。

随着人工智能潮流的推进，Intel（英特尔）、NVDIA、AMD 等芯片巨头也开始布局人工智能战略，人工智能芯片大战的格局正在形成。2015 年 12 月，英特尔完成了对 Altera 的收购；2016 年 4 月，完成了对 Yojitech 的收购；2016 年 8 月，完成了对 Nervana 的收购；同年，英特尔宣布开发用于深度学习的处理器 Xeon Phi 家族新成员 Knights Mill。打败李世石的谷歌 AlphaGo 用的是谷歌自家的 TPU（tensor processing unit，张量处理器），这款芯片是谷歌专为机器深度学习而专门定制的。按摩尔定律，这款 TPU 的计算能力相当于传统计算机 CPU 七年之后的计算水平。我国的芯片行业也不容忽视，寒武纪科技公司和中国科学院计算所合作研发出了世界上首款深度学习处理器芯片“DaDianNao、Diannao”，由 64 颗芯片组成的计算系统的性能达到主流 GPU 深度学习系统的 450 倍；中星微电子也推出“星光智能”芯片，这款基于深度学习的芯片运用在人脸识别上能达到 98%的准确率，超过人眼的识别能力；地平线在 2017 年也推出了中国首款全球领先的嵌入式人工智能芯片。

在算法优化开发和硬件基础的飞速发展的形势下，人工神经网络终将把人类带入一个全新的人工智能世界。

4.5.2　人工神经网络在环境建模中的应用

我国当前和今后一段时期环境保护的重点工作是以改善环境质量为核心，坚持目标导向和问题导向，着力解决突出环境问题。坚决打好大气、水、土壤污染防治三大战役，落实新发展理念、创新方式方法，持续提高环境保护工作预见性、科学性、系统性、针对性和有效性。神经网络用于环境预测，对于提高环境保护工作预见性、科学性具有积极的意义。

以一个湖泊为例可以说明人工神经网络在建立环境数学模型中的作用。对于一个有入湖出湖河流的湖泊，可以根据其营养物质浓度，水生动物、浮游植物种群结构及密度，湖泊水质指标与入湖水质、水量、气候因素、地质因素、出湖水质等因素的关系建立一个灰箱模型来进行研究，基本目的为：通过历史数据资料训练网络，输入截至目前的观测资料数据，来预测湖泊水质、水生动物植物种群结构特征的变化趋势。建立该人工神经网络的基本步骤为：

首先定义系统，建立系统边界：将湖泊多年水位线标高所合围而成的地理空间设为系统边界。

定义系统输入和输出目标指标：输入指标可以包括入湖河流的水质、水量等环境污染因素和水文参数；光照、气温、降水等气候因素；湖泊类型、湖底基质、地下补给及下泄渗漏等地质因素。输出目标指标可包括湖泊营养物质浓度、水生动物种群结构及数量、浮游植物种群及密度、湖泊水质、出湖河流水质等。根据数据资料的可收集性、可靠性、可量化性等因素对输入、输出指标进行适当筛选，将输入指标视为自变量，将输出指标视为因变量。

收集多年历史数据：通过多年的历史数据，建立自变量-因变量样本数据库。

数据整理：

① 数据矢量化。水生动物、浮游植物种群结构等文本描述型数据建立量化指标体系，进行必要的量化。

② 归一化。常用的数据整理措施还有归一化处理，以消除因不同自变量范畴数量级差异带来的权重误导，如藻密度在富营养化水体中通常能达到 10^6～10^9cell/L，但总磷通常为 0.1～2.0 mg/L，总氮通常为 0.5～10 mg/L，COD 通常为 20～150 mg/L，这些不同指标数据之间的数量级差异在统计计算和神经网络拟合时会带入权重误导，必须先进行归一化处理。

③ 降维。如果数据库维数（即指标参数）过多，将耗费有限的计算资源，而上述环境指标中的部分指标具有明显的多重共线性特点，因而可以将自变量样本数据集在归一化的基础上进行主成分分析（principal component analysis，PCA），之后降维，以减少不必要的、贡献较小的自变量指标对建模的干扰，实现减小算力消耗、提高模型训练效率。

建立神经网络，使用现代数学软件如 Matlab、Neurosolution 等，或使用 Python、C＋＋等编程语言进行算法编程、二次开发设计，使用神经网络，输入已知的、经过数据整理的自变量-因变量样本数据集对网络进行训练。

优化网络：从已知数据样本中按比例随机选出一定的已知样本作为验证样本，评估网络的性能和可靠性。通过控制变量法制定条件试验方案，通过统计技术设计正交试验方案，实施条件试验和正交试验来进一步优化、调整网络参数，以提高网络的性能和可靠性。这里提到的条件试验和正交试验不是指在化学或生物实验室里开展的实际试验，而是指在计算机软件上搜索优化神经网络参数和超参数的数据试验。

当网络性能和可靠性达到目标要求时，输入待求取的自变量数据，求取目标因变量。

上述是一个典型的神经网络在环境预测中应用的技术路线。除上述例子外，理论上，凡是具备灰箱甚至黑箱条件的系统都可以通过建立神经网络模型的方法来进行研究和趋势预测判断并能取得较理想的趋势预测结果，如：一定地域范围内的森林生态系统的种群结构甚至群落结构、生物量随非生物环境条件的变化的趋势预测，空气污染的趋势预测，地表水上游特征对下游水质的影响趋势预测，基于一定区域内的土壤输入特征对土壤环境质量影响趋势预测等。

4.6 神经元

4.6.1 生物神经元

生物神经元（neuron）是形成神经反射和思维的结构和功能单位，是生物神经系统的基本单位。

生物神经元主要包括：细胞体、树突、轴突、突触等结构。

细胞体（cell body）：从结构上看，神经元细胞体和普通动物细胞没有本质区别，由细胞膜、细胞质、细胞器、细胞核等构成，细胞体是神经元活动的能量提供场所，更重要的是传入信息的加工场所。

树突（dendrite）：细胞体延伸出来的多个突起，它的实质是神经纤维；来自其他神经元的电化学信号从树突传入细胞体，从信息处理的角度看，它就是信息的输入端。

轴突（axon）：细胞体延伸出来的最长的神经纤维。在发育过程的早期，它也仅是神经元的一个突起，但随着 tRNA 合成酶的一个辅助因子的作用，其中一个突起发育成了轴突。轴突的作用是传出细胞体加工后的电化学信号，从信息处理的角度看，它就是信息的输出端。

突触（synapse）：一个神经元的轴突末梢和其他神经元树突的连接部位，也是电化学信号传递的结构，即电信号和化学信号之间的转化，从信息处理的角度看，它就是信息的输入输出的数/模、模/数接口。

髓鞘（Myelin Sheath）：是包裹在神经细胞轴突外面的一层膜，即髓鞘由施旺细胞和髓鞘细胞膜组成。其作用是绝缘，防止神经电冲动从神经元轴突传递至另一神经元轴突。

神经元结构详见图 4-3。

神经元的基本工作原理与其本身结构紧密相关。典型人脑神经元是一个多输入（多个树突）单一输出（一个轴突）的结构。神经元以两种方式工作：①通过树突输入的信号激发神经元，产生一个冲动（动作电位），并将这个动作电位通过轴突向下一个神经元发出，称为“激发状态”；②树突输入的信号未能激发神经元，神经元不产生动作电位，称为“抑制状态”。通常单个树突的短暂激发不足以使神经元产生动作电位，但多个树突快速、高频的输入就能使神经元产生动作电位。

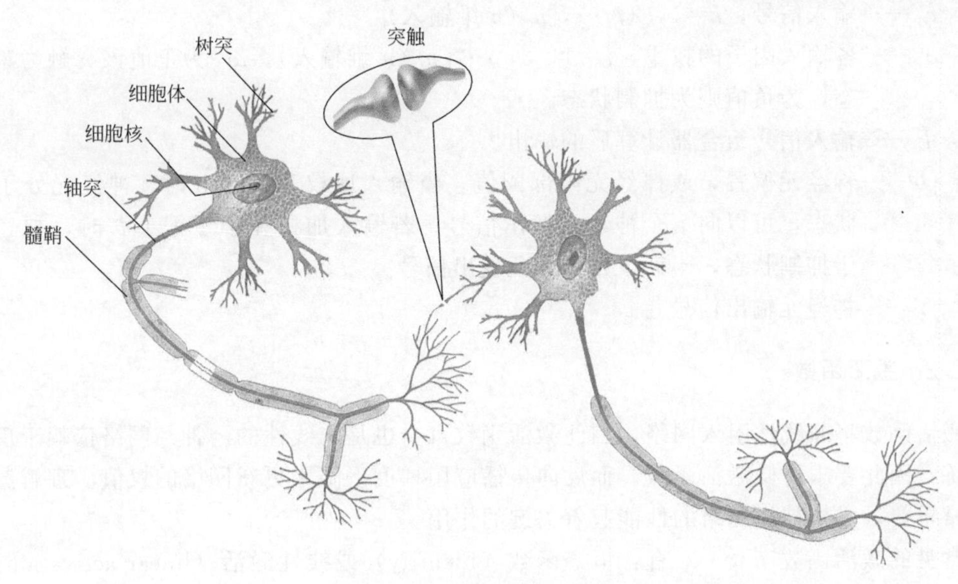

图 4-3 神经元基本结构

4.6.2 人工神经元模型

4.6.2.1 结构

人工神经元模型是人工神经网络的基础，是人工神经网络操作基本信息的处理单元，其基本工作原理模仿了人脑神经元的工作模式。图 4-4 是一个典型人工神经元模型的图示。

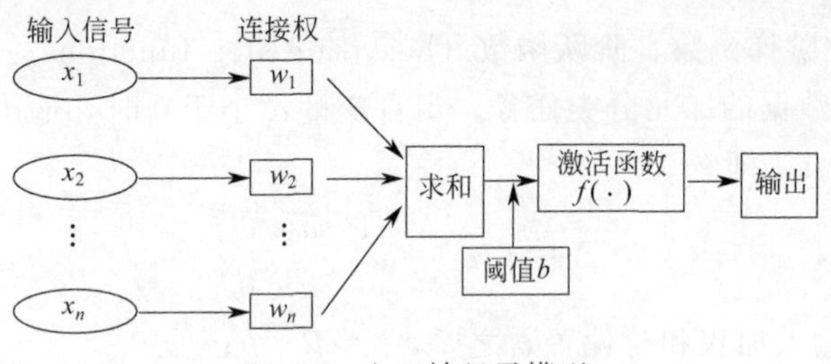

图 4-4 人工神经元模型

模型由下列 4 种结构构成：

① 输入信号。x_i 相当于在人类神经元的突触间隙完成的化学/电转化的电信号。n 个传入突触，形成 n 个输入信号，在人工神经元中就是 n 个输入因子。

② 连接权。w_i 相当于人类神经元之间突触的连接强度。在人工神经元中就是各输入因子的权重，可以取正值和负值。正值表示加强，负值表示压制。

③ 加法器。Σ将所有输入乘连接权值后进行加和，加和之后再叠加阈值。

④ 激活函数。$f(\cdot)$ 用于控制神经元输出振幅，也称为压制函数、激励函数、传递函数。它的作用在于将输入加和值限制在一定的范围内，通常为 [0，1] 或 [−1，1] 区间。

因此，一个人工神经元可以用式(4-1)、式(4-2) 表示：

$$P=\sum_{i=1}^{n} x_i w_i \tag{4-1}$$

$$Y=f(P-b) \tag{4-2}$$

式中 x_i——输入信号，$i=1$，2，…，n（n 维输入）。

w_i——各输入因子的权重，$i=1$，2，…，n（n 维输入）。w_i 为正值该突触为激活状态，为负值则为抑制状态。

P——输入信号组合器计算后的输出。

b——神经元偏置，或神经元内部阈值。当输入加权和大于 b 时，神经元处于激活状态，可以向下个神经元发出信号；若输入加权和小于等于 b 时，神经元处于抑制状态，不向下个神经元发出信号。

Y——神经元输出信号。

4.6.2.2 激活函数

激活函数将非线性引入网络，因此激活函数自身也是非线性的。神经网络依赖于反向传播训练，因此要求可微激活函数。而反向传播应用梯度下降来更新网络的权值。理解激活函数非常重要，它对神经网络的性能起着关键的作用。

常见的激活函数 f（·）有：恒等函数（Identity）或线性激活（linear activation）、阶跃函数（heaviside step function）、sigmoid 函数（也称 logistic activation function，逻辑激活函数）、tansig 函数（拉伸过的 sigmoid 函数）、ReLU 函数（rectified linear unit，修正线性单元）、Leaky ReLU 函数、PReLU 函数（parametric rectified linear unit，参数修正线性单元）、RReLU 函数、ELU 函数（exponential linear unit，指数线性单元）、SELU 函数（scaled exponential linear unit，拉伸指数线性单元）、SReLU 函数（S-shaped rectified linear activation unit，S 型修正线性激活单元）、APL（adaptive piecewise linear，自适应分段线性）函数、SoftPlus 函数、bent identity（恒等弯曲）函数、softmax 函数等，本节重点讨论其中最常用的 5 种类型。

① 阈值型。又称阶梯函数、阶跃函数（heaviside step function），通常只用在单层感知器上，用于线性可分数据的二元分类任务。当自变量 a 小于 0 时，输出 Y 为 0；当 a 大于等于 0 时，函数值 Y 为 1，即

$$Y=f(a)=\begin{cases}1 & a\geqslant 0\\ 0 & a<0\end{cases} \tag{4-3}$$

式中 a——神经元输入加权和与偏置 b 之差，$a=P-b$；

f（a）——神经元输出信号；阈值型激活函数详见图 4-5。

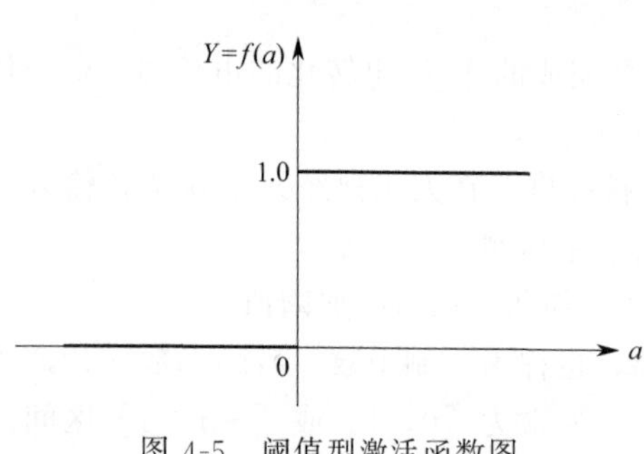

图 4-5 阈值型激活函数图

② 分段线性。当 a 在［−1，1］之间，函数值 Y 是线性变化的，即线性放大器，范围之外 Y 值固定不随 a 值变化。

$$Y=f(a)=\begin{cases}1 & a\geqslant 1\\ a & -1<a<1\\ -1 & a\leqslant -1\end{cases} \tag{4-4}$$

分段线性激活函数详见图 4-6。

③ 纯线性。无论 a 在任何区域，函数值 Y 是线性变化的，且 $Y=a$。

$$Y=f(a)=\mathrm{purelin}(a)=a \tag{4-5}$$

纯线性激活函数详见图 4-7。

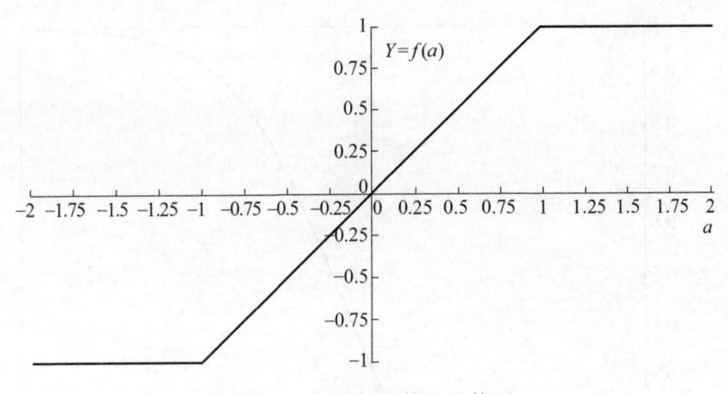

图 4-6　分段线性激活函数图

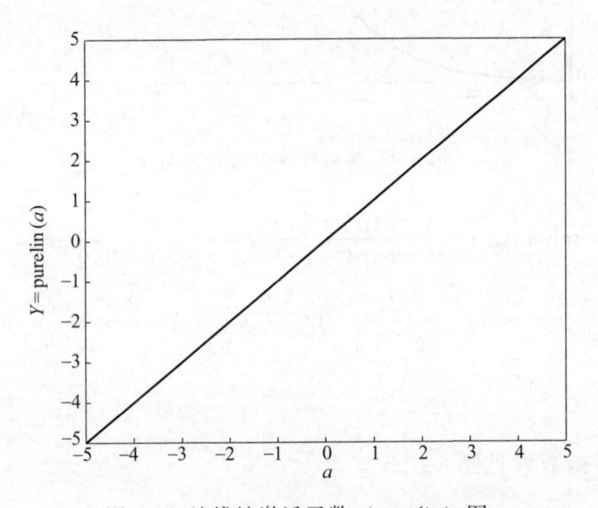

图 4-7　纯线性激活函数（purelin）图

④ 单极性 S 型（又称 sigmoid 函数、logsig 函数、逻辑激活函数、logistic activation function）最常用于二元分类问题。但存在梯度消失的缺点。当 a 在（$-\infty$，∞）区间，函数值 Y 在（0，1）间呈非线性变化，且当 $a=0$ 时，$Y=0.5$。

$$Y=f(a)=\frac{1}{1+\exp(-a)} \tag{4-6}$$

单极性 S 型激活函数详见图 4-8。

⑤ 双极性 S 型。又称“双曲正切型”、tansig、tanh 函数。当 a 在（$-\infty$，∞）区间，函数值 Y 在（-1，1）呈非线性变化，这是单极性 S 型的一个变体。即拉升过的 sigmoid 函数，以零为中心，因此导数更陡峭。tanh 比 sigmoid 激活函数收敛得更快。表达式为：

$$Y=f(a)=\frac{2}{1+\exp(-2a)}-1=\frac{1-\exp(-2a)}{1+\exp(-2a)} \tag{4-7}$$

PyTorch 是一个由 Facebook 人工智能研究院（FAIR）基于 Torch 推出的开源 Python 机器学习库，PyTorch 中的“双曲正切型”传递函数 tanh 公式如下：

$$Y=f(a)=\tanh(a)=\frac{\sinh(a)}{\cosh(a)}=\frac{e^{a}-e^{-a}}{e^{a}+e^{-a}}=\frac{e^{2a}-1}{e^{2a}+1} \tag{4-8}$$

上述式(4-7)、式(4-8) 是相等的，推导如下：

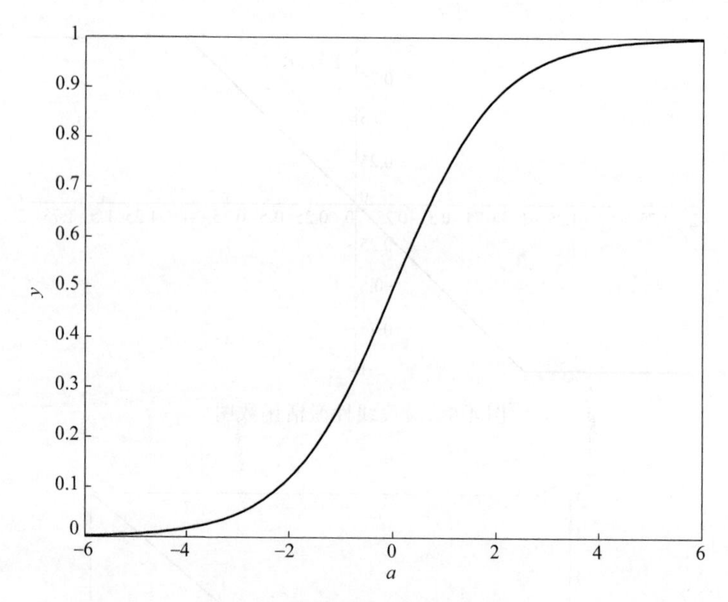

图 4-8 单极性 S 型激活函数图

$$Y=f(a)=\text{tansig}(a)=\frac{1-\exp(-2a)}{1+\exp(-2a)}=\frac{2}{1+\exp(-2a)}-1=\frac{2}{1+e^{-2a}}-1$$

$$=\frac{2}{1+\frac{1}{e^{2a}}}-1=\frac{2}{\frac{e^{2a}}{e^{2a}}+\frac{1}{e^{2a}}}-1=\frac{2}{\frac{e^{2a}+1}{e^{2a}}}-1=\frac{2e^{2a}}{e^{2a}+1}-1=\frac{2e^{2a}-e^{2a}-1}{e^{2a}+1}=\frac{e^{2a}-1}{e^{2a}+1}$$

$$=\tanh(a)$$

双极性 S 型激活函数详见图 4-9。

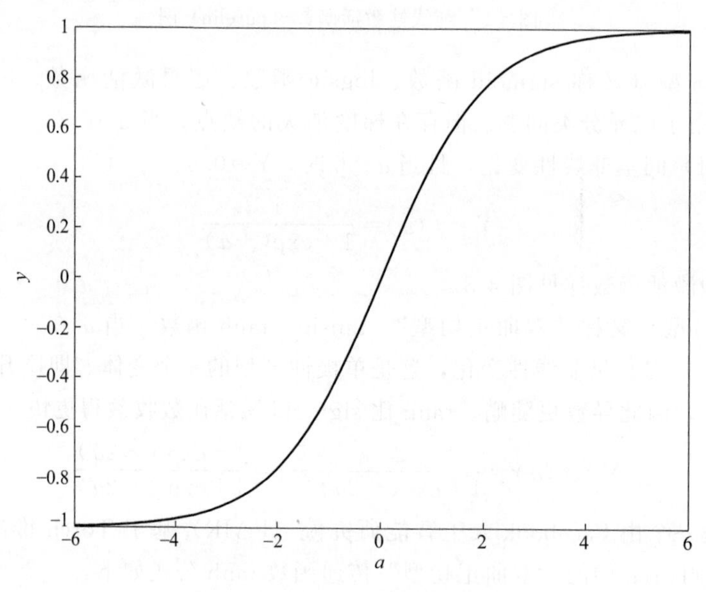

图 4-9 双极性 S 型激活函数图

4.7　人工神经网络的类型及特点

对于人工神经元的模型，初步了解一个神经元的基本工作原理后可以看出：一个神经元能够接收、处理和发出的信息有限，要实现模拟人脑的思维方式，也就必须模拟人脑神经系统的结构，必须把多个人工神经元结构化地连接起来，从数学的角度上看，就是建立不同的算法，并结构化连接起来，使得不同的算法之间按既定的输入输出接口互相传输数据信息，最后输出目标信息。多个人工神经元通过连接构成的具有一定功能的结构化的网络算法体系称为人工神经网络。

人工神经网络可以从不同的角度进行分类，如网络性能角度、拓扑结构角度、学习方式(算法)、神经元的特征、连续突触性质、适用情景等。

按学习算法，目前已有40余种神经网络模型，常见的有感知器、反传网络、波耳兹曼机、适应谐振理论、自组织映射、Hopfield网络等。

4.7.1　以网络结构和学习算法分类

本书不讨论网络算法的开发，而是结合环境科学应用实践，从网络结构和学习算法相结合的角度对神经网络进行分类。

① 感知器网络。感知器网络（perceptron neural network）是一种最简单的前馈式神经网络，同样具有分层结构、输入层、隐藏网络层、输出层等，是一种二元分类器，其输入直接经权重关系转换后即转换为输出，因此具有简单、二元的特点。其形式为：

$$f(x)=\begin{cases}1, & wx-b>0 \\ 0, & \text{其他}\end{cases} \tag{4-9}$$

式中　w——权重；

x——输入；

wx——点积；

b——偏置，不依赖于任何输入的独立常数，起到灵活改变决策边界位置的作用。

② 线性网络。线性网络（linear neural network）是一种较简单的神经网络，相比只有0和1两元输出的感知器网络，线性网络可以函数逼近的算法给出连续的任意值，其学习算法比感知器的收敛速度和精度都有较大提高。最常见的有自适应线性神经网络，主要用于线性回归、函数逼近、模式识别、预测等领域。

③ 径向基网络。径向基网络（radial basis function neural network，RBF）由输入层、隐层、输出层共3层构成。隐层中的传递函数为高斯函数，这是一个局部响应型函数，因此，理论上只要隐层有足够多的神经元，RBF就能实现以任意精度逼近任意连续函数。逼近的准确程度随着神经元数量的增多而增加。因此，RBF对函数逼近具有不可替代的优势。

径向基网络的传递函数为高斯函数，又称为高斯核函数，详见图4-10。

由图4-10可以看出：当输入权值向量与输入向量之间的距离$n=0$时，输出值最大为1，即权值向量与输入向量之间的距离减小时，输出就增大，也就是输出值对应输入值在局部产生响应，当输入信号靠近函数的中央范围时，隐层将产生较大的输出。因此径向基网络的优点就是具有局部逼近的能力，所以也称为局部感知场网络。根据这个基本特征，RBF又衍生出如下几种分类：

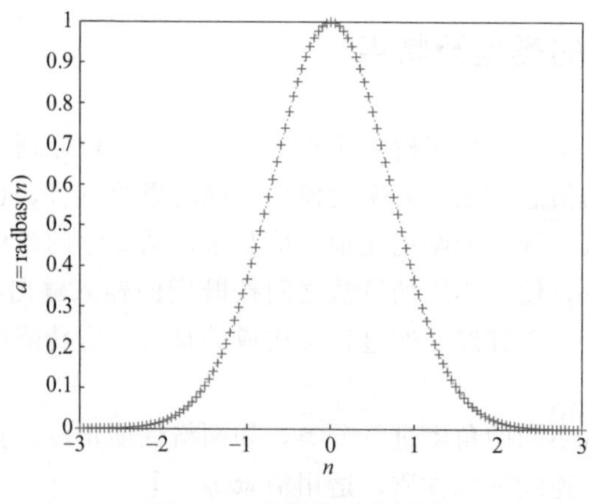

图 4-10 高斯核函数图形

a. 广义（泛化）回归神经网络（generalized regression neural network，GRNN）：常用于函数逼近；

b. 概率神经网络（probabilistic neural network，PNN）：适用于分类；

c. 径向基网络（radial basis function neural network，RBF）：用于函数拟合、逼近。

④ 自组织神经网络。自组织网络（self organizing neural network ）。模拟人脑的抑制现象：一个神经元兴奋后，会对周围其他神经元细胞产生抑制作用，一般由输入层和竞争层两层构成，没有隐藏层，两层之间双向连接，其基本动力学原理是多个竞争层对输入模式进行响应，对输入的各种模式组态进行自我组织的训练和识别，但最后只有一个神经元能获胜，其他神经元竞争失败，处于抑制状态，获胜的神经元的输出则表示网络对输入模式的分类结果，因此自组织网络擅长识别和分类领域，通常会被独立使用或作为其他神经网络的重要组成部分。常见的自组织网络包括自组织特征映射网络（self-organizing feature map，SOM）、学习向量化网络（learning vector quantization，LVQ）、自适应共振理论（adaptive resonance theory，ART）、对象传播网络（counter-propagation，CP）等。

⑤ BP 神经网络。BP（Back Propagation）神经网络于 20 世纪 80 年代首次提出，其本质为一种多层前馈型网络，是目前全世界应用最广泛、最常见、最重要的人工神经网络之一。其运行包括两个方向相反的基本工程：输入及处理后的信息正向传播，误差反向传播。其结构属于典型的人工神经网络结构，包括输入层、中间层、输出层。输入层负责接收外部信息；中间层包括一个或多个隐藏层，具有信息加工处理变换的功能。经过变换处理后的信息传到输出层后，网络负责将结果与既定的误差目标进行比较，如果达不到期望的误差控制水平，则误差开始反向传播，由输出层开始，按梯度下降的方式修正调整各神经元连接权值、各神经元层阈值，这也是 ANN 的训练学习过程。然后又从输入层的信息处理开始新一次信息处理向后传播和误差向前传播。反复训练调整权值、阈值，直至网络输出的误差满足既定的误差控制水平或学习达到既定的次数为止。BP 神经网络主要应用于函数逼近、模式识别、分类、非线性拟合预测等领域。

⑥ 反馈型网络。ANN 的基本作用在于描述一个系统或控制对象，但前馈型网络存在一个缺陷，那就是虽然能够进行非线性拟合，但是它不具备反馈记忆功能，随着前馈型网络缺点的不断暴露，一种具有记忆功能、更加接近系统实际过程的网络开始浮出水面，这就是反馈型网络（feedback network），又称为自然记忆网络、循环网络（recurrent network）。它

具有输入延迟和输出反馈的功能，具有动态特性（模型是动态微分方程），拥有记忆环节，能够对复杂的多输入/多输出系统进行逼近模拟。反馈网络运作时，其连接权值不是通过训练得到的，而是通过目标函数用Hebb解析算法计算得到的，系统运行达到稳定状态后，对应的输出就是优化问题的解。反馈网络有很多类型，常见的有离散型Hopfield网络、连续型Hopfield网络、Elman网络、Narnet（nonlinear autoregressive time series network，非线性自动回归时间系列网络）、Narxnet（nonlinear autoregressive time-series network with external input，带外部输入的非线性自动回归时间系列网络）、Timedelaynet（time-delay neural network，时间延迟神经网络）、Distdelaynet（distributed delay neural network，分布式延迟神经网络）、LSTM（long short term memory，长短时记忆系统）等。

⑦ 其他类型。除以上提到的网络类型外，常见的神经网络还有CNN（卷积神经网络）、RNN（recursive network，递归神经网络）、DNN（深度神经网络）、Boltzmann网络、盒中脑网络（brain state in a box，BSB）、模糊神经网络、自定义神经网络等。

各种网络都有自身的特征和优缺点，在解决环境实际问题时，要根据实际情况，识别系统范围和系统特征，分析求解需求，界定输入输出，收集现有数据，然后根据各种网络的优势，选用适合系统的一种或多种网络组合来求解问题。

4.7.2　以是否延迟反馈及时间直接相关进行分类

神经网络以是否有延迟、反馈、记忆、时间直接相关分为两大类：静态神经网络（static neural network）和动态神经网络（dynamic neural network）。

静态神经网络无反馈记忆功能，输出与时间不直接相关，网络的输出只依赖于当前的输入。

动态神经网络有反馈记忆功能，输出与时间直接相关，又分为以下3种基本类型：①网络的输出不仅依赖于当前的输入，也依赖于之前的输入；②网络的输出不仅依赖于当前的输入，也依赖于之前的输入、输出；③没有输入，只依赖于之前的输出。

静态网络主要用于因果关系比较单纯、明显的系统：已知样本的输出结果不构成预测样本的原因；各输入因子对输出的影响贡献能够实时作用，没有时间积累效应；预测样本的输入属性观测数据未超出已知训练样本的相应范围。前面介绍的感知器网络、线性网络、BP神经网络、自组织网络、RBF径向基等网络均属静态网络。

与静态网络相比，动态神经网络的功能更强，因为动态神经网络有记忆功能（memory），对已知训练样本观测值范围之外的趋势预测具有较好的性能。前面介绍的离散型Hopfield网络、连续型Hopfield网络、Elman网络、Narnet、Narxnet、Timedelaynet、Distdelaynet、LSTM等反馈型（recurrent）循环网络等均属动态神经网络。

4.8　人工神经网络的Matlab实现

前面几节介绍了人工神经网络的基本概念、发展历史、工作原理、结构特点、分类等，本节将进一步深入介绍通用神经网络函数的语法及用法，并结合一些环境实际应用进行讲解。

使用现成的数学软件来设计人工神经网络，并对环境数学问题进行求解，这种解决问题的方式不需要从神经网络的基础算法着手，适合非数学专业的环境技术人员。目前已有很多现成的软件和工具可以实现神经网络的设计，但多数软件缺乏中文资源，或对神经网络的支持不系统、不全面。相比之下，已问世数十年的Matlab软件，其功能已经发展得比较完善，中文学习资源也比较丰富。该软件的主要功能模块之一就是人工神经网络设计。Matlab的早期版本就内嵌了神经网络工具箱（neural network toolbox，NNET），经过多年的完善补充，目前最新版本的NNET已经涵盖了几乎所有常用的神经网络和深度学习模型。其中内嵌的各种学习算法可以通过定义参数灵活组合。此外用户还可以使用Matlab强大的编程、二次开发功能以创建新函数等方式来编写、开发适合的神经网络算法。在国内的高校、科研院所，已有众多的科研人员和广大工程技术人员在使用Matlab软件。

4.8.1 神经网络工具箱

在Matlab的命令行窗口使用“help ×××”命令来获取帮助资源。键入“help nnet”，就可获得如下关于神经网络工具箱的版本信息、函数大类和简要解释说明，在Matlab 2021a中，神经网络工具箱已更名为“深度学习工具箱（deep learning toolbo）”：

```
help nnet
  Deep Learning Toolbox
  Version 14.2 (R2021a) 14-Nov-2020
```

- Training for Deep Learning 深度学习训练
- Layers for Deep Learning 创建深度学习层
- Custom Layers for Deep Learning 定义深度学习层
- Apps for Deep Learning 深度学习应用
- Extract and Visualize Features, Predict Outcomes for Deep Learning 深度学习预测结果提取与可视化
- Using Pretrained Networks for Deep Learning 深度学习预训练
- Graphical User Interface Functions for Shallow Neural Networks 浅层神经网络图形化界面函数
- Shallow Neural Network Creation Functions 浅层神经网络创建函数
- Using Shallow Neural Networks 浅层神经网络使用
- Simulink Support for Shallow Neural Networks 浅层神经网络的 Simulink 支持
- Training Functions for Shallow Neural Networks 浅层神经网络的训练函数
- Plotting Functions for Shallow Neural Networks 浅层神经网络绘图
- List of other Shallow Neural Network Implementation Functions 浅层神经网络执行函数

本书结合实例，对上述函数大类在解决环境数学模型中常用的神经网络函数进行介绍。

4.8.2 神经网络基础函数

4.6节中介绍过人工神经网络的基本结构。一个典型的人工神经网络由输入层、隐藏层、输出层构成。各层由一个或多个神经元构成，每个神经元都有自己的权值、阈值，每层神经元有共同的传递函数。Matlab人工神经网络工具箱函数正是基于这样的神经元的基本结构和功能运行的。在引入各类神经网络前，有必要先介绍一些常用的基础神经网络函数。

（1）初始化函数 init

网络初始化函数通过内部调用 net. initFcn 和 net. initParam 为网络返回初始化的权值、阈值。该函数用于创建训练前的权值矩阵（net. IW and net. LW）和阈值向量（net. b）。基本语法格式为：

```
net=init (net)
```

其中：感知器网络的权值、阈值均初始化为0。

BP 神经网络则根据 Nguyen-Widrow 法则进行初始化，其他网络都有自己特有的规则进行初始化。最常见的权值阈值初始化函数是随机函数，产生−1～1之间的权值、阈值。

（2）训练参数函数 trainparam

Matlab 神经网络工具箱使用 net（建立的网络名）. trainparam. ××× 来指定和显示训练参数。常见的训练参数如下：

net. trainParam. epochs：训练最大迭代次数，缺省值为100；

net. trainParam. goal：网络性能的目标，即训练样本集的收敛误差 mse，缺省值为0；

net. trainParam. show：2次显示之间的间隔训练次数，缺省值为25。

以上函数在一般的神经网络训练中都使用。如果使用 Levenberg−Marquart 优化算法进行训练，还需设置的常用参数有：

net. trainParam. mu：Levenberg−Marquart 优化算法中的最小 mu 值；

net. trainParam. mu _ max：Levenberg−Marquart 优化算法中的最大 mu 值；

net. trainParam. min _ grad：性能函数的最小梯度，缺省值 1×10^{-7}。

（3）仿真函数 sim

仿真采用网络 NET 和输入 X，返回输出 Y，基本语法格式为：

```
Y=sim(NET,X)
```

也可以使用：

```
Y=NET(X).
```

对于动态神经网络，语法格式为：

```
[Y,Xf,Af]=sim(NET,X,Xi,Ai)
```

其中：

Y：网络仿真输出；

Xf：最终输入延迟状态；

Af：最终层延迟状态；

NET：网络名；

X：输入；

Xi：初始输入延迟；

Ai：初始层延迟。

sim 函数的参数有两种格式：针对静态网络的矩阵；针对动态神经网络元胞数组。

（4）训练函数 trainfcn

在建立网络语句的函数参数中，可以定义训练函数，如果不定义则使用缺省训练函数。每种网络的缺省训练函数都不一样，常见的 BP 训练函数包括如下几种。

trainlm：莱文贝格-马夸特（Levenberg-Marquardt）的 BP 算法训练函数，也是 BP 神经网络的缺省训练函数。对中等规模的网络来说，是速度最快的一种训练算法，其缺点是占用内存较大。对于大型网络，可以将参数 mem-reduc 设置为 1，2，3，…，即把 Jacobian 矩阵分为几个子矩阵。但即使这样也存在缺陷：系统算力资源消耗将取决于计算 Jacobian 的各子矩阵。

trainwb：网络权值阈值的训练函数。

traingd：BP 基本梯度下降法，收敛速度比较慢。

traingdm：带有动量项的梯度下降 BP 算法训练函数，通常要比 traingd 速度快。

traingda：梯度下降自适应学习速率的 BP 算法训练函数。

traingdx：梯度下降动量和自适应学习速率的 BP 算法训练函数，速度要比 traingdm 快。

trainwbl：每个训练周期用一个权值矢量或偏差矢量的训练函数。

trainrp：弹性 BP 算法，具有收敛速度快和占用内存小的优点。

traincgf：Fletcher-Reeves 共轭梯度法，为共轭梯度法中存储量要求最小的算法。

traincgp：Polak-Ribiers 共轭梯度算法，存储量比 traincgf 稍大，但对某些问题收敛更快。

traincgb：Powell-Beale 共轭梯度算法，存储量比 traincgp 稍大，但一般收敛更快。

以上三种共轭梯度法，都需要进行线性搜索。

trainscg：归一化共轭梯度法，是唯一一种不需要线性搜索的共轭梯度法。

trainbfg：BFGS- 拟牛顿法，其需要的存储空间比共轭梯度法要大，每次迭代的时间也更长，但通常在其收敛时所需的迭代次数要比共轭梯度法少，比较适合小型网络。

trainoss：一步分割法更新权值阈值，为共轭梯度法和拟牛顿法的一种折中方法。

trainbr：贝叶斯规则法，对 Levenberg-Marquardt 算法进行修改，以使网络的泛化能力更好，同时降低了确定最优网络结构的难度。

（5）训练实施函数 train

train 函数是一个通用的神经网络训练函数，可用作不同类型的神经网络训练中。使用 net. trainFcn 和 net. trainParam 定义的训练函数和训练参数执行训练。

基本语法格式为：

```
[net, tr]  = train (net, X, T, Xi, Ai, ew)
[net, ____] =train (____,'useParallel', ____)
[net, ____] =train (____,'useGPU', ____)
[net, ____] =train (____,'showResources', ____)
[net, tr] =train (net, X, T, Xi, Ai, ew)
```

参数选用及含义如下所示

net：待训练的网络名；

X：网络输入；

T：网络目标（缺省为 0 矩阵）；

Xi：初始输入延迟状态（缺省为 0 矩阵）；

Ai：初始层延迟状态（缺省为 0 矩阵）；

ew：误差权值。

返回：

net：训练完的新网络；

tr：训练记录（迭代次数与性能）。

在静态网络中初始输入延迟、初始层延迟通常为缺省值，非缺省值用在动态时间序列网络中，后面相关章节会详细介绍。

[net，____]=train（____，'useParallel'，____）、[net，____]=train（____，'useGPU'，____）和[net，____]=train（____，'showResources'，____）使用额外的参数和匹配的值来控制执行计算。如果并行计算工具箱（Parallel Computing Toolbox）可用的话，通过开启并行或GPU可以加快训练或使用更大的数据集。如果计算机存在专业图形卡，可考虑'useGPU'参数以充分调动专业图形卡的多核并行计算优势。当前常见的高级工作站中Intel和AMD的专用CPU也就几十个核心，但NVIDIA最新型的图形芯片具有3000甚至4000多个流处理器，如GP102、TU102核心分别具有3584和4352个流处理器。使用这些流处理器做并行计算可以大大提高计算效率。目前，Matlab的BP神经网络支持CUDA-enabled NVIDIA GPUs，暂不支持AMD GPUs。额外参数语法格式如表4-3所示。

表4-3 额外参数语法格式

'useParallel','no'：	在正常的Matlab线程上执行计算，这也是'useParallel'的缺省设置
'useParallel','yes'：	如果启用并行池(parallel pool)，以并行工作模式进行计算。否则以正常的Matlab线程模式执行计算
'useGPU','no'：	使用CPU进行计算。这是'useGPU'的缺省设置
'useGPU','yes'：	如果计算机装有支持的图形处理器(GPU)设备，则使用当前可用的图形处理器来执行计算。目前，Matlab仅支持CUDA-enabled NVIDIA GPUs（详细信息查看Matlab帮助文件中的Parallel Computing Toolbox for GPU requirements）。如果当前图形处理器设备不支持Parallel Computing Toolbox，则计算仍使用CPU执行。如果'useParallel'是'yes'并且启用了并行池，则每一个并行池里的worker就使用它所拥有的对应GPU计算，其余worker仍分别使用CPU核心进行计算(GPU数量少于并行池worker数量的情形下)
'useGPU','only'：	如果未启用并行池，则与上述'useGPU','yes'相同。如果启用了并行池，则仅使用拥有对应GPU的并行池worker。但是，如果启用了并行池且没有支持的GPU，则使用CPU执行计算。
'showResources','no'：	不在命令行窗口显示计算资源。这是缺省设置。
'showResources','yes'：	在命令行窗口显示真正使用的计算资源的汇总。但是当命令要求并行或GPU计算但是并行池未被开启或无支持的GPU可用，真正使用的资源就可能与要求的资源不同。当使用并行workers，会给出每一个worker的计算模式，包括：未被使用的并行池worker。
'reduction',N：	在多数神经网络里，缺省的CPU训练计算模式是编译的MEX算法(可在Matlab里调用执行的C或Fortran衍生程序)。但是，对于大型网络，则用Matlab模式执行。这可通过使用'showResources'查看。如果在Matlab模式中出现内存不够的问题，可以设置reduction选项为1个大于1的数值，这样可以减少临时 存储需求，增大训练次数。

在并行池模式训练网络时，并行计算工具箱（Parallel Computing Toolbox™）可以做到使用超过计算机能力的数据集，以更快的速度来训练和仿真网络，但目前并行模式仅支持BP神经网络。

（6）网络性能函数net.performfcn

在网络训练完成后，为能探究网络的回归、预测输出的准确性，须对网络性能进行评价。Matlab提供了下列4种性能函数。

① mae（mean absolute error performance function，平均绝对误差性能函数）：输出值与目标值之间的差的绝对值的均值。

语法格式为：perf=mae(*E*,*Y*,*X*,FP)

其中：

E：误差向量矩阵或元胞数组；

Y：输出向量的矩阵或元胞数组（通常忽略）；

X：所有权值阈值向量（通常忽略）；

FP：（ignored）函数参数（通常忽略）。

② mse（mean squared error performance function，均方误差性能函数）：输出值与目标值之间的差的平方和的均值。

语法格式为：perf=mse(net,t,y,ew) 或 perf=mse(E)

其中：

net：网络名；

t：目标矩阵或元胞数组；

y：输出矩阵或元胞数组；

ew：误差权值（可选）。

③ sse（sum squared error performance function，方差和性能函数）：输出值与目标值之间的差的平方和。

语法格式为：perf=sse(net,t,y,ew) 或 perf=sse(E)

其中：

net：网络名；

t：目标矩阵或元胞数组；

y：输出矩阵或元胞数组；

ew：误差权值（可选）。

④ sae（sum absolute error performance function，绝对误差和性能函数）：输出值与目标值之间的差的绝对值之和。

语法格式为：perf=sae(net,t,y,ew) 或 perf=sae(E)

其中：

net：网络名；

t：目标矩阵或元胞数组；

y：输出矩阵或元胞数组；

ew：误差权值（可选）。

这 4 种网络性能函数能从不同侧面反映出网络回归预测输出的可靠性，但并不能计算出环境监测分析中常用的相对误差/相对偏差。在环境实例中，如果目标值数据集没有 0 值，则可以自行编写代码计算相对误差/相对偏差。例如，在环境监测中，除了可以用 Pearson（皮尔逊）相关系数，还可以利用相对误差来评价标曲的可靠性，详见例 4-1。

【例 4-1】在环境监测实验室中甲、乙两位工程师分析某一污染物的一组标准已知样品，标称理论浓度分别为 2.50mg/L、5.00mg/L、10.0mg/L、15.0mg/L、20.0mg/L，甲的分析结果为 2.61mg/L、4.92mg/L、10.2mg/L、14.7mg/L、19.8mg/L，乙的分析结果为 2.38mg/L、5.09mg/L、10.1mg/L、14.9mg/L、20.7mg/L。试用 Matlab 编程，计算两位工程师分析结果与理论值的 mse、mae、sse、sae 4 项性能指标，相关性及相对误差，并评价谁的准确性更好。

解题思路：Matlab 提供了一个求皮尔逊相关系数的函数 corr，其语法格式为 R=corr(X,Y)，要求样本数据在列。在本题中用到的 sum（求和）、abs（求绝对值）都是简单函数。求取一个矩阵的行、列数量使用 size 函数，语法格式为：S=size(A)或[row，col]=size(A)。

编程代码：

```
clear all; clc;
T=[2.50 5.00 10.0 15.0 20.0]; %标曲理论值
A=[2.61 4.92 10.2 14.7 19.8]; %甲的分析结果
B=[2.38 5.09 10.1 14.9 20.7]; %乙的分析结果

%以下求mae
perf_mae_A=mae(A-T);
perf_mae_B=mae(B-T);
perf_mae=[perf_mae_A;perf_mae_B]

%以下求mse
perf_mse_A=mse(A-T);
perf_mse_B=mse(B-T);
perf_mse=[perf_mse_A;perf_mse_B]
%以下求sse
perf_sse_A=sse(A-T);
perf_sse_B=sse(B-T);
perf_sse=[perf_sse_A;perf_sse_B]

%以下求sae
perf_sae_A=sae(A-T);
perf_sae_B=sae(B-T);
perf_sae=[perf_sae_A;perf_sae_B]

%以下求相关系数
RA=corr(T',A'); %甲的分析结果与理论值的相关系数
RB=corr(T',B'); %乙的分析结果与理论值的相关系数
R=[RA;RB]

%以下求平均相对误差
num_T=size(T); %标曲的样本数量
MRE_A=sum(abs((A-T)./T*100))/num_T(2); %甲的平均相对误差
MRE_B=sum(abs((B-T)./T*100))/num_T(2); %乙的平均相对误差
MRE=[MRE_A;MRE_B]
```

运行结果：

```
perf_mae =
    0.1780
    0.2220
perf_mse =
    0.0377
```

```
    0.1065
perf_sse =
    0.1885
    0.5325
perf_sae =
    0.8900
    1.1100
R =
    0.9997
    0.9995
MRE =
    2.2000
    2.3533
```

由运行结果可以看出：从 mse、mae、sse、sae、相关系数、平均相对误差 6 个参数来看，甲均优于乙，甲的准确性更好。

【例 4-2】根据训练函数 train 的基本语法，建立 feedforwardnet BP 神经网络，使用 Matlab 自带的 vinyl_dataset 样本数据集，分别使用普通、并行、GPU 并行三种模式进行训练仿真网络，然后给出训练耗时和仿真结果的平均方差。

解题思路： feedforwardnet 是 BP 神经网络的一类。在介绍 BP 神经网络之前，初步了解建立 10 个隐藏层网络的语法为：net=feedforwardnet(10)，具体用法在后面章节详细介绍。tic…toc 为一对计时函数，分别放在一段代码的前后，用于启动和停止计时，程序代码结束后将 toc 当前值赋给一个数值变量以取出单位为秒 (s) 的耗时。

编程代码：

```
clear all; clc;
parpool
[X,T]=vinyl_dataset;
net=feedforwardnet(10);

tic;
net=init(net);
net=train(net,X,T,'useParallel','yes','showResources','yes'); % 第一次:使用并行计算
Y1=net(X);
toc;
disp(strcat('第一次:使用并行计算耗时:',num2str(toc),'秒。   平均方差 mse=',num2str(mse(net,
T,Y1))));

tic;
net=init(net);
net=train(net,X,T,'useParallel','no','showResources','yes'); % 第二次:不使用并行计算
Y2=net(X);
toc;
disp(strcat('第二次:不使用并行计算耗时:',num2str(toc),'秒。   平均方差 mse=',num2str(mse
```

```
(net,T,Y2))));

    tic;
    net=init(net);
    net=train(net,X,T,'useGPU','yes','showResources','yes'); % 第三次:使用 GPU 并行计算
    Y3=net(X);
    toc;
    disp(strcat('第三次:使用 GPU 并行计算耗时:',num2str(toc),'秒。  平均方差 mse=',num2str(mse
(net,T,Y3))));
```

运行结果:

```
Computing Resources:
Parallel Workers:
  Worker 1 on DESKTOP-UR8C53H, MEX on PCWIN64
  Worker 2 on DESKTOP-UR8C53H, MEX on PCWIN64
时间已过 13.507122 秒。
第一次:使用并行计算耗时:13.5073 秒。  平均方差 mse=0.010127

Computing Resources:
MEX on PCWIN64
时间已过 13.924618 秒。
第二次:不使用并行计算耗时:13.9248 秒。  平均方差 mse=0.0098084

Cannot perform computations on a GPU.
No GPU available.
Computing Resources:
MEX on PCWIN64
时间已过 26.852489 秒。
第三次:使用 GPU 并行计算耗时:26.8527 秒。  平均方差 mse=0.010031
```

应用总结: Y1、Y2、Y3 三种模式的仿真结果并不一致。这是因为 BP 的训练中，每次初始化网络后，训练得到的权值、阈值矩阵是随机初始并用缺省的 Levenberg-Marquardt 算法求出的网络当前参数条件下的最优解，每次训练结果得到的权值阈值矩阵均不相同。

三种模式的耗时有差异，但也不一定呈现出理想化的并行一定比普通线程快。这是因为 Matlab 自带的 vinyl_dataset 数据集并不非常大。其数据结构为：16 属性× 68308 样本作为输入样本 *X*，1 属性× 68308 样本作为输出样本 *T*，数据集大小为 8.52M。这样规模的数据集对于 Matlab 来说并不是非常大。在并行计算中，如果不设置虚拟计算机，CPU 有几个核就有几个 worker。其中 0# worker（或 0# CPU 核心）除了要完成分配给自己的计算工作外，还要负责各 CPU 核心之间频繁的通信、调度等工作。与普通串行计算相比，如果数据集不是非常大，并行计算的优势就难以体现。但这种几个 CPU 分工协作的并行模式在数据规模较大的环境建模、训练、仿真计算中就能显示出其优势。尤其是针对具有多年高频样本，例如多年小时浓度甚至多年 5min 浓度的大气预报的训练，使用并行计算模式就能明显缩短训练用时。针对非高频样本如 1 年的日均浓度样本，即使样本数据量不大，但如果在使用动态神经网络时，时间序列样本的准备也会明显增加输入样本量，会导致大量消耗训练时间，因此使用 CPU 和 GPU 并行计算也很有必要。对于大型动态神经网络的训练、仿真的业务化建模建议在配置较高的专业工作站上完成。

目前，Matlab GPU 并行模式仅支持 CUDA-enabled NVIDIA GPUs，本例代码在 i7-6600U 的计算机上

执行，i7-6600U 自带的英特尔核芯显卡 HD520 不属 CUDA-enabled NVIDIA GPUs，因此运行结果给出：Cannot perform computations on a GPU. No GPU available。NVIDIA GPU 通常有较多数量的流处理器，如 NVIDIA 中端图形处理器 GTX1050，拥有 640 个 CUDA 流处理器，高端图形处理器 RTX3090 基于 GA102-300-A1 核心,拥有 7 组 GPC、82 组 SM 单元共计 10496 个流处理器、112 个 ROP、328 个纹理单元、328 个第三代 TensorCores、82 个第二代 RTCores，重点支持深度学习。对于并行计算量较大的训练任务，使用 GPU 并行计算能明显提高运行效率。

4.8.3 神经网络求解环境问题的基本步骤

使用神经网络求解环境问题，通常要经过如下几个步骤。

① 环境污染实际过程转化为数学过程：将反映污染现象及结果的化学反应、迁移转化、毒理学过程转化为数学语言，即用数学语言描述环境化学过程。

② 选择适合的网络类型：根据各类神经网络类型的特点、优缺点，选择适合求解问题的人工神经网络类型。

③ 环境数据矢量化和预处理：将污染过程中的各类现象、属性、变化过程的调查数据矢量化为连续数值（用正、负表示方向，数值大小表示程度）或离散数值（分类），再进行必要的预处理，如通过检验剔除离群值、归一化、主成分分析降维等。

④ 建立已知样本的输入输出数据集（矩阵或元胞数组）。

⑤ 建立未知求解样本的输入数据集。

⑥ 使用神经网络软件平台建立网络算法：用已知样本训练网络，达到既定目标后，用未知求解样本的输入数据集作为输入，仿真求解环境问题。

⑦ 网络可靠性评估：使用性能函数、各种误差图形来评估网络的可靠性。

⑧ 仿真计算的数学结果转化为环境结果：通过元胞数组矩阵化、反归一化将仿真输出转化为带单位的环境结果，完成仿真任务。

⑨ 神经网络程序保存和部署：将程序代码、符合误差目标要求的网络（网络变量保存为 mat 文件，就含有网络结构和各种属性、权值阈值矩阵）保存下来，以便将来调用，将来调用时，可以略过网络训练，直接进行仿真。如果要进行多人合作、频繁的业务化操作，可以使用 Matlab 自带的"Label Page →APP →Application Complier"或"Label Page →HOME →Add-ons →MinGW-w64（MATLAB Support for MinGW-w64 c/c＋＋ Complier）"将 m 文件编译为 exe 文件，部署到未安装 Matlab 的计算机中运行。还可以通过在命令行窗口中键入"guide"，使用 Matlab 的图形界面设计工具，设计具有复杂功能的程序界面，并编译、部署。

① 人工神经网络的基本概念。

② 人工神经网络的特点。

③ 人工神经元的数学表达式。

④ 常见的 5 种激活函数的公式及其函数图像。

⑤ Matlab 神经网络工具箱提供了丰富的神经网络实现和性能评估函数。

⑥ 在算力需求量大、算法支持并行计算，也具备相应并行硬件的情形下，应尽可能使用并行计算。

⑦ 神经网络求解环境问题的基本技术路线。

习题

1. 简述人工神经网络的概念。
2. 简述人工神经网络的特点。
3. 写出人工神经元的数学表达式及式中各变量的意义。
4. 写出5种常见激活函数的公式并画出其函数图像。
5. 从是否延迟反馈及时间直接相关的角度，神经网络有哪些分类？列举各类型中的典型网络名称。
6. 写出初始化函数 init、训练参数函数 trainparam、仿真函数 sim、训练函数 trainfcn、训练实施函数 train、网络性能函数 net. performfcn 六个函数的主要语法格式及各参数的意义。

第5章

静态神经网络模型

前面几章介绍了神经网络基本概念和原理、系统论控制论基本概念、Matlab 基础、神经网络基础函数和可靠性评价、数据预处理技术，至此已经具备了学习、设计和使用人工神经网络开展环境研究的知识体系。

第 4 章中已介绍过依据算法的网络分类、依据是否有记忆和时间直接相关的网络分类。

静态网络无反馈记忆功能，输出与时间不直接相关，只依赖于当前的输入，主要用于因果关系比较单纯、明显的系统，已知样本的输出结果不构成预测样本的原因。本章将学习如下常用的静态网络：感知器网络、线性网络、径向基网络、自组织网络、BP 神经网络等。

5.1 感知器网络

感知器网络（即感知器神经网络，简称感知器）是最简单的神经网络，适合解决线性可分的简单分类问题，属于前馈型模式识别网络，输入矢量不限于 0 或 1，每个元素的意义分为感知和未感知两类信号。它所回答的是单个或多个输入后产生的综合效果是否超过阈值，若超过就返回 1，表明已感知；若不超过则返回 0，表示未感知，因此感知器的输出仅限于 0 和 1。感知器作为人工神经网络中最基本的单元，虽然传统意义上的人工神经网络是很多神经单元互连的网络，但是单个的神经单元算法能更容易理解神经元的工作原理。

Matlab 里提供了多个感知器相关函数，这里介绍最常用的 perceptron 函数，语法格式为：

```
net=perceptron(hardlimitTF, perceptronLF)
```

其中：

net:创建的感知器网络的名称；

perceptron:创建一个 perceptron 感知器网络；

hardlimitTF:感知器传递函数,默认为 hardlim;

perceptronLF:感知器学习函数,默认为 learnp。

举例说明感知器的应用。

【例 5-1】某工厂发生事故排放，产生的废水进入下游环境，少量废水进入下游 A 区的 11 个鱼塘中，鱼塘中放养的是相同的鱼苗。各鱼塘的鱼苗不同程度出现活动能力降低、死亡等损害现象。环境监测人员开展了调查监测，对 11 个鱼塘水样采集和鱼苗损害情况统计，并在实验室进行了水样分析。根据需要，A 区下游的 B 区还有 3 个鱼塘还未放养鱼苗，这 3 个鱼塘已经汇入了少量工厂排水，监测人员已对 A 区 11 个鱼塘、B 区 3 个鱼塘和 A、B 区共同养鱼用水中的有毒污染物、工厂特征污染物等进行了监测分析。经监测发现：A 区 11 个鱼塘中的常规无机污染物浓度水平基本相近，没有显著性差异，但是鱼苗受损程度有较大区别，在此基础上使用高效液相色谱（HPLC）进行了分析，发现色谱图中 6 个峰面积有较大差异，在短期内暂无条件对这 6 类物质进行定性。调查结果详见表 5-1。A 区 11 个鱼塘已放养及 B 区即将放养的鱼苗属同一品种，试用感知器神经网络求解 B 区 3 个鱼塘近期内放养鱼苗的可行性，即 B 区鱼塘现有的水是否对鱼苗有损害影响?

表 5-1　污染事故监测及调查结果表

鱼塘编号	鱼苗死亡率/%	是否高于基线噪声 2 倍及以上					
		峰 1	峰 2	峰 3	峰 4	峰 5	峰 6
A1	11	1	0	1	0	1	1
A2	15	0	1	0	0	0	1
A3	3	1	0	1	0	0	0
A4	5	0	0	1	1	0	0
A5	23	1	1	1	1	1	0
A6	4	0	0	0	1	0	0
A7	2	0	1	0	0	0	0
A8	1	0	0	1	0	0	0
A9	1	0	0	0	0	1	0
A10	2	0	1	1	0	1	0
A11	0	0	0	0	0	0	0
B1		1	1	0	0	0	1
B2		1	1	1	0	0	0
B3		0	0	1	0	1	0

解题思路：按照 4.5.2 节的基本流程，现采取如下步骤进行网络设计和解题。

① 污染过程转化为数学语言。本例可用资源为 A1~ A11 已知样本，每个样本都调查收集到了鱼苗死亡率、6 个污染物峰值共 7 个属性，并获取了 B1~ B3 三个未知样本的 6 个污染物峰值共 6 个属性，求 B 区的 3 个鱼塘的养殖用水对鱼苗是否具有毒性。这是一个典型的分类问题，即未知样本 B1、B2、B3 的鱼苗死亡率属性的分类。基本思路就是让神经网络通过训练，学习已知样本的分类机理，将学习到的机理应用中未知样本中。

② 选择适合的网络。本例是个典型的求解分类问题，而感知器网络正是用于分类感知的。

③ 矢量化。将污染过程中的各类现象、属性、变化过程矢量化为离散数值，用于表征分类结果。6 类污染物质信号峰大于等于 2 倍基线噪声信号值则视为有检出，记为 1，小于 2 倍基线噪声信号值则视为未检出，记为 0；有 3%及以上鱼苗死亡率的损害结果记为 1，表示有损害影响，低于 3%死亡率的记为 0，表示无损害影响（养殖业主介绍多年养殖经验，3%以下该鱼苗死亡率基本为正常现象）。

④ 建立已知样本的输入输出数据矩阵。A1~ A11 的 6 个峰形属性数据作为输入矩阵，A1~ A11 的死亡率属性数据作为输出矩阵。

⑤ 建立求解样本的输入数据矩阵。将 B1~ B3 的 6 个峰形属性数据作为求解未知样本的输入矩阵。

③~ ⑤三个步骤经矢量化后得到表 5-2 的矩阵数据。

表 5-2　矢量化后的矩阵数据

鱼塘编号	鱼苗死亡率	是否高于平均基线噪声 2 倍及以上					
		峰 1	峰 2	峰 3	峰 4	峰 5	峰 6
A1	1	1	0	1	0	1	1
A2	1	0	1	0	0	0	1
A3	1	1	0	1	0	0	0

续表

鱼塘编号	鱼苗死亡率	是否高于平均基线噪声 2 倍及以上					
		峰 1	峰 2	峰 3	峰 4	峰 5	峰 6
A4	1	0	0	1	1	0	0
A5	1	1	1	1	1	1	0
A6	1	0	0	0	1	0	0
A7	0	0	1	0	0	0	0
A8	0	0	0	1	0	0	0
A9	0	0	0	0	0	1	0
A10	0	0	1	1	0	1	0
A11	0	0	0	0	0	0	0
B1		1	1	0	0	0	1
B2		1	1	1	0	0	0
B3		0	0	1	0	1	0

⑥ 使用 Matlab 提供的神经网络函数创建、训练感知器网络，求解环境问题。

将表 5-2 存为“fish. xlsx”，并和程序代码“fish. m”放在同一文件夹下，“fish. m”编程代码如下：

编程代码

```
clear all;
    clc;

    x= [1 0 1 0 1 1;
        0 1 0 0 0 1;
        0 0 1 0 1 0;
        0 0 1 1 0 0;
        1 1 1 1 1 0;
        0 0 0 1 0 0;
        0 1 0 0 0 0;
        0 0 1 0 0 0;
        1 0 0 0 0 0;
        1 1 1 0 0 0;
        0 0 0 0 0 0]%定义已知样本的输入矩阵
    %x=xlsread ('fish.xlsx','G5:L15') 或者不用在本代码中输而是从 Excel 文件 fish.xlsx 中读取数据;
    x=x' %按照 perceptron 的语法：不同的样本为不同的列向量，不同的属性为不同的行向量，所以需要将习惯行为样本的日常表格日常记录习惯进行转置;
    t= [1;
       1;
       1;
       1;
       1;
       1;
       0;
       0;
       0;
       0;
```

```
0]%定义已知样本的输出矩阵;
%t=xlsread('fish.xlsx','F5:F15')或者不用在本代码中输而是从Excel文件fish.xlsx中读取数据;
t=t' %需要将习惯行为样本的日常表格进行转置;
test=[0 1 0 0 1 1;
      0 1 1 0 1 0;
      1 0 1 0 0 0]%定义未知求解样本的输入矩阵;
%test=xlsread('fish.xlsx','G17:L19')或者不用在本代码中输而是从Excel文件fish.xlsx中读取数据;
test=test' %需要将习惯行为样本的日常表格进行转置;

net=perceptron;%新建一个感知器网络,名称为"net"
net.trainparam.epochs=100;%定义感知器网络"net"的训练次数为100
net.trainparam.goal=0;%定义感知器网络"net"的性能目标为0
net.trainparam.max_fail=5;%定义感知器网络"net"的最大验证失败次数为5

net=init(net);%初始化网络
net=train(net,x,t);%训练"net"网络,以"x"矩阵作为输入,以"t"矩阵作为目标输出
view(net)%查看感知器网络"net"的结构
y=sim(net,test)%在感知器网络"net"训练达到预设的要求后,以"test"矩阵作为输入,仿真求解目标输出"y"矩阵
```

运行结果:

```
x =

     1     0     1     0     1     1
     0     1     0     0     0     1
     0     0     1     0     1     0
     0     0     1     1     0     0
     1     1     1     1     1     0
     0     0     0     1     0     0
     0     1     0     0     0     0
     0     0     1     0     0     0
     1     0     0     0     0     0
     1     1     1     0     0     0
     0     0     0     0     0     0

x =

     1     0     0     0     1     0     0     0     1     1     0
     0     1     0     0     1     0     1     0     0     1     0
     1     0     1     1     1     0     0     1     0     1     0
     0     0     0     1     1     1     0     0     0     0     0
     1     0     1     0     1     0     0     0     0     0     0
     1     1     0     0     0     0     0     0     0     0     0
```

```
t =
     1
     1
     1
     1
     1
     1
     0
     0
     0
     0
     0

t =
     1     1     1     1     1     1     0     0     0     0     0

test =
     0     1     0     0     1     1
     0     1     1     0     1     0
     1     0     1     0     0     0

test =
     0     0     1
     1     1     0
     0     1     1
     0     0     0
     1     1     0
     1     0     0

y =
     1     1     0
```

感知器网络“net”的结构、算法参数和进程参数见图 5-1。

应用总结：模拟仿真求解结果为：y= 1 1 0，表示 B1、B2、B3 三个样本的鱼苗死亡率分别为：1、1、0，即 B1、B2 鱼塘已受污染，如果放养鱼苗，死亡率将大于 3%；B3 鱼塘水质还在鱼苗的耐受范围内，按照既定的规则，可以放养鱼苗。

【例 5-2】环境污染情景同【例 5-1】，为了能够充分说明感知器网络的分类作用和灵敏的感知功能，假设单一的污染物的毒性有限，鱼苗能够耐受，但污染物间相互协同作用后才会对鱼苗产生毒性。在真实的环境中，化学物质并不是独立存在和迁移的，而是相互反应、协同迁移、合成、转化、降解的，因此该假设更加符合环境污染物的迁移转化规律，这才是真正的环境化学和生物化学过程。【例 5-2】在【例 5-1】的基础上进一步提高难度，6 种污染物中，不是单纯的某个或某几个污染物出现就导致鱼苗损害，而是某几个污染物的协同作用才能导致鱼苗损害。环境调查的结果数据经矢量化预处理后详见表 5-3，试用感知器神经网络求解 B 区 3 个鱼塘近期内放养鱼苗的可行性，即 B 区鱼塘现有的水是否对鱼苗有损伤影响？

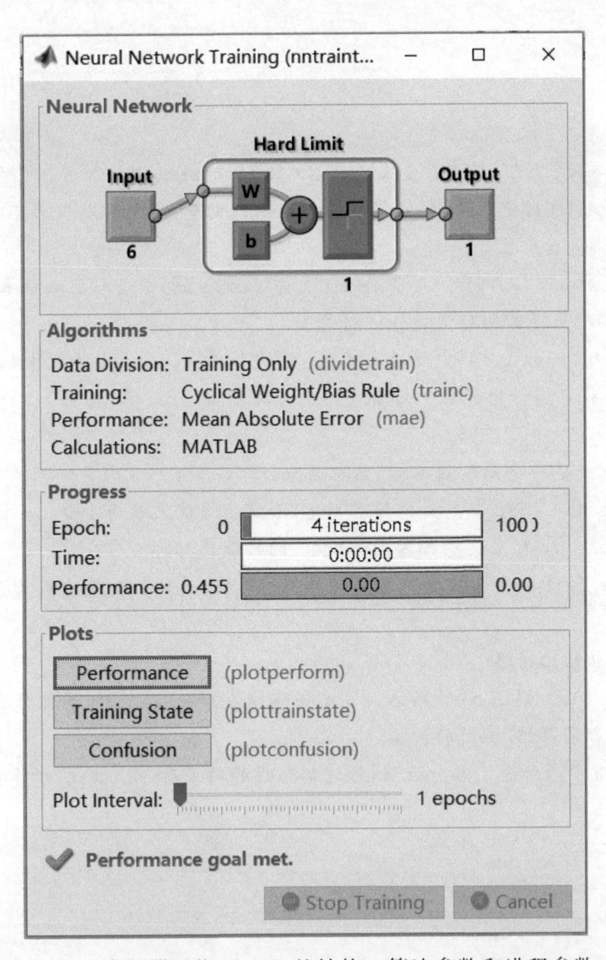

图 5-1　感知器网络“net”的结构、算法参数和进程参数

表 5-3　环境调查原始数据经矢量化后的矩阵数据

鱼塘编号	死亡或活动能力降低	峰 1	峰 2	峰 3	峰 4	峰 5	峰 6
A1	1	1	0	1	1	1	1
A2	1	0	1	0	1	0	1
A3	1	1	0	1	1	0	1
A4	1	0	0	1	1	0	1
A5	1	1	1	1	1	1	1
A6	1	0	0	0	1	0	1
A7	0	1	1	0	1	0	0
A8	0	1	0	1	0	0	1
A9	0	1	0	0	1	1	0
A10	0	1	1	1	0	1	1
A11	0	1	0	0	1	0	0
B1		1	1	0	0	0	1
B2		0	1	1	1	0	1
B3		1	0	1	1	1	0

解题思路：尽管本例的环境化学问题更加复杂，但对于神经网络来说，数学过程是相同的。所以采用例 5-1 的解题思路和步骤进行网络设计和模拟仿真求解，将表 5-3 存为“fish2. xlsx”，并和程序代码“fish2. m”放在同一文件夹下，“fish2. m”编程代码如下：

编程代码：

```
clear all;
clc;

x=xlsread('fish2.xlsx', 'G5:L15') %从 Excel 文件 fish.xlsx 中读取数据已知样本输入数据
x=x' %按照 perceptron 的语法：不同的样本为不同的列向量，不同的属性为不同的行向量，所以需要将习惯行为样本的日常表格进行转置
t=xlsread('fish2.xlsx', 'F5:F15') %从 Excel 文件 fish.xlsx 中读取已知样本目标数据
t=t' %需要将习惯行为样本的日常表格进行转置
test=xlsread('fish2.xlsx', 'G17:L19') %从 Excel 文件 fish.xlsx 中读取未知样本输入数据
test=test' %需要将习惯行为样本的日常表格进行转置

net=perceptron; %新建一个感知器网络，名称为"net"
net.trainparam.epochs=100; %定义感知器网络"net"的训练次数为 100
net.trainparam.goal=0; %定义感知器网络"net"的性能目标为 0
net.trainparam.max_fail=5; %定义感知器网络"net"的最大验证失败次数为 5

net=init(net); %初始化网络
net=train(net, x, t); %训练"net"网络，以"x"矩阵作为输入，以"t"矩阵作为目标输出
view(net) %查看感知器网络"net"的结构
y=sim(net, test) %中感知器网络"net"训练达到预设的精度后，以"test"矩阵作为输入，仿真求解目标输出"y"矩阵
```

运行结果：

```
x =

     1     0     1     1     1     1
     0     1     0     1     0     1
     1     0     1     1     0     1
     0     0     1     1     0     1
     1     1     1     1     1     1
     0     0     0     1     0     1
     1     1     0     1     0     0
     1     0     1     0     0     1
     1     0     0     1     1     0
     1     1     1     0     1     1
     1     0     0     1     0     0

x =

     1     0     1     0     1     0     1     1     1     1     1
     0     1     0     0     1     0     1     0     0     1     0
     1     0     1     1     1     0     0     1     0     1     0
     1     1     1     1     1     1     1     0     1     0     1
     1     0     0     0     1     0     0     0     1     1     0
     1     1     1     1     1     1     0     1     0     1     0
```

```
t =
     1
     1
     1
     1
     1
     1
     0
     0
     0
     0
     0

t =
     1     1     1     1     1     1     0     0     0     0     0

test =
     1     1     0     0     0     1
     0     1     1     1     0     1
     1     0     1     1     1     0

test =
     1     0     1
     1     1     0
     0     1     1
     0     1     1
     0     0     1
     1     1     0

y =
     0     1     0
```

应用总结：

① 根据运行结果，仿真求解结果为 y= 0 1 0，表示 B1、B2、B3 三个样本的鱼苗死亡率分别为 0、1、0，即 B2 鱼塘已受污染，如果放养鱼苗，死亡率将大于 3%，B1、B3 鱼塘水质还在鱼苗的耐受范围内，可以放养鱼苗。

② 通过仅 11 个样本的较小数据量可以发现规律：无论污染物 1、2、3、5 如何组合，污染物 4、6 同时出现会导致死亡率大于 3%。 3 个 B 样本中并无与 11 个 A 样本相同的组合。 尽管已知样本仅 11 个，感知器网络仍能灵敏、准确地分类，仿真求出目标值：符合这个协同反应条件的只有 B2，归为目标值 1 的类别；不符合这个协同反应条件的有 B1 和 B3，归为目标值 0 的类别。

③ 上述两例求解的是一个分类问题，使用了最基础的感知器神经网络。 除此之外，适合分类的网络类型还有：线性网络、BP 神经网络、概率神经网络、竞争型网络、卷积神经网络（CNN）等，将在后面章节中详细介绍。 虽然感知器网络是最简单的神经网络，但是能够快速解决一些手工计算无法求解或求解过程烦琐耗时的数学问题。 设想本例中的已知样本鱼塘扩大到 100 个以上，污染物峰形 20 个以上，求解未知样本 20 个以上，这样的实际环境问题手工计算判别基本无法完成。

④ 在运用各类神经网络函数求解过程中，首先要充分理解各类网络的优缺点、应用范围，针对不同的实际环境问题来选择适合的网络，必要时在同一个数学问题中使用多个网络；要掌握每个网络函数的具体参数的意义和语法。

⑤ Matlab 各类内置的神经网络函数的语法中，都将不同样本数据以列向量表示，不同属性以行向量表示，所以在建立输入、输出矩阵或从外部导入数据时要用前面介绍过的转置运算符（'）进行必要的转置。获得仿真预测结果后，可以转置回去，以行向量表示不同的样本，以列向量表示不同的属性，这样才符合实际环境数据的习惯。

⑥ 环境事件、污染过程等要先转化为数学过程，环境调查结果原始数据也要进行一定的预处理。如本例中的死亡率、污染物峰值的连续数据可以先转化成离散数据。如果没有经过预处理就直接被网络调用，将不能得到准确、可靠的预测结果。神经网络建模前数据预处理已在第 2 章中详细介绍过。

5.2 线性神经网络

线性神经网络也是一种较为简单的神经网络，是由输入层和输出层构成的前馈型网络，其核心在于每个神经元的传输函数为线性函数。因此，不同于感知器，线性神经网络的输出可以取任意连续值。其学习算法包括：Widrow-Hoff（W-H 算法）、Least Mean Square（最小均方，LMS 算法），通过这些算法来调整网络的权值和阈值。因此，线性神经网络比感知器有较大优势，尤其是收敛速度和精度都有较大提高，适合用在函数逼近、系统识别、模式识别、信号预测等领域。

5.2.1 线性网络的基本语法

① newlin 函数。newlin 函数的基本语法如下：

```
格式 1:net=newlin(PR, S, ID, LR)
```

其中：

PR：由 R 个输入因子（自变量）的最大、最小值组成的 R×2 维矩阵；

S：输出向量的数目；

ID：输入延迟向量，默认为 [0]；

LR：学习速率，默认为 [0]。

```
格式 2:net=newlin(P,T,ID,LR)
```

其中：

P：输入向量矩阵；

T：输出向量矩阵；

其他同上。

② newlind 函数。

```
net=newlind(P, T, Pi)
```

其中：

P：Q 组样本×R 维输入向量矩阵；

T：Q 组样本×S 维输出向量矩阵；

Pi：初始输入延迟状态的 ID 个单元数组，默认为空。

③ linearlayer 函数。Linearlayer 是新版本 Matlab 里的线性函数，使用时比 newlin 和 newlind 简单。

```
net= linearlayer(inputDelays, widrowHoffLR)
```

其中：

inputDelays：增量为0或正值的延迟行向量，默认为1：2；

widrowHoffLR：Widrow-Hoff 学习速率（default=0.01）。

5.2.2 线性网络的实例

【例5-3】情景和数据同【例5-2】，请用线性神经网络求解。

解题思路：与感知器相比，线性神经网络中收敛速度和精度都有较大提高，适合用在函数逼近、样本输入输出为连续数值的情形。但如果输出为离散型数值、状态组态、分类等类型时，可用取整、修约等方式对输出结果进行处理以模拟组态。本例使用 round 函数对线性模拟结果进行修约。round 函数的语法为 round(X, N)。其中，X为浮点型变量；N为小数位数。

编程代码：

```
clear all;
clc;

x=xlsread('fish2.xlsx', 'G5:L15') % 从 Excel 文件 fish.xlsx 中读取数据已知样本输入数据
x=x' % 按照 perceptron 的语法：不同的样本为不同的列向量，不同的属性为不同的行向量，所以需要将习惯行为样本的日常表格进行转置
t=xlsread('fish2.xlsx', 'F5:F15') % 从 Excel 文件 fish.xlsx 中读取已知样本目标数据
t=t' % 需要将习惯行为样本的日常表格进行转置
test=xlsread('fish2.xlsx', 'G17:L19') % 从 Excel 文件 fish.xlsx 中读取未知样本输入数据
test=test' % 需要将习惯行为样本的日常表格进行转置

net=linearlayer % 新建一个线性网络，名称为"net"
net.trainparam.epochs=1000; % 定义线性网络"net"的训练次数
net.trainparam.goal=0; % 定义线性网络"net"的性能目标
net.trainparam.max_fail=5; % 定义线性网络"net"的最大验证失败次数

net=init(net); % 初始化网络
net=train(net, x, t); % 训练"net"网络，以"x"矩阵作为输入，以"t"矩阵作为目标输出
view(net) % 查看线性网络"net"的结构
y=sim(net, test) % 在线性网络"net"训练达到预设的精度后，以"test"矩阵作为输入，仿真求解目标输出"y"矩阵
y_clsf=round(y,0) % 对线性网络求解的连续数值结果进行修约，以符合分类组态要求
```

运行结果：

```
y =
   -0.0964    1.0903    0.1377

y_vpa =
     0     1     0
```

应用总结：由运行结果可以看出，线性网络计算结果以线性逼近方式得到连续数值，通过修约可得到分类

组态特征结果。

【例 5-4】钠钙双碱法 [Na_2CO_3 - $Ca(OH)_2$] 是一种成熟的脱硫工艺，尤其适合中小型燃煤锅炉烟气脱硫，具有吸收速度快、运行费用低、运行维护简单、脱硫效率高的优点。 其基本工艺原理为:

首先 Na_2CO_3 与 SO_2 发生如下启动反应: $Na_2CO_3 + 2SO_2 + H_2O \longrightarrow 2NaHSO_3 + CO_2$。

然后在过饱和石灰浆液中，$NaHSO_3$ 很快和 $Ca(OH)_2$ 反应从而释放出[Na^+]，[SO_3^{2-}]和[Ca^{2+}]反应生成的 $CaSO_3$ 以半水化合物形式慢慢沉淀下来而使[Na^+]得到再生。

工程实际应用中，在特定锅炉炉型、额定蒸发量、特定燃煤、特定蒸汽压力和温度下，双碱法脱硫塔的液气比、脱硫塔进口 pH、浆池 pH、再生液回流比 4 个工艺参数在一定范围内对脱硫效率、脱硫成本具有影响。 对上述特定情况的不同运行参数测定、统计计算得到 9 组运行数据。 在必须满足不小于 80% 的脱硫效率的前提下，业主想降低运行成本并提出按 10、11、12 三组参数来运行脱硫塔，试用线性神经网络求解这三组参数下脱硫效率和直接脱硫成本。 某双碱法脱硫塔运行数据见表 5-4。

表 5-4 某双碱法脱硫塔运行数据

实验组数	脱硫效率/%	直接脱硫成本/(元/d)	脱硫塔的液气比/(L/m³)	脱硫塔进口 pH	浆池 pH	再生液回流比
1	41	2250	0.5	9.1	5.0	0.4
2	55	2420	1.0	10.2	5.3	0.5
3	65	2500	1.5	9.5	6.1	0.4
4	72	2690	2.0	9.2	7.2	0.5
5	76	2850	2.5	9.6	7.3	0.4
6	79	3100	3.0	9.7	8.0	0.3
7	81	3310	3.5	9.9	9.1	0.3
8	82	3490	4.0	9.8	9.2	0.2
9	82	3670	4.5	10.1	9.5	0.3
10			1.5	10.0	8.0	0.2
11			3.2	10.0	9.5	0.2
12			4.3	9.0	7.5	0.2

解题思路: 双碱法脱硫工艺内部反应机理比较复杂，但脱硫效率与脱硫体系 pH、脱硫塔液气比等呈正相关是明确的，但是配合回流比等参数，整个体系的工作原理难以用数值模型进行模拟。因此，针对本例这类只了解一部分系统原理的“灰箱模型”，使用基于统计模型的神经网络求解，具有速度快、容易拟合逼近的优点。本例是一个 4 维输入、 2 维输出的数学模型，题中要求以线性神经网络求解，实质是一个多元线性或非线性回归的问题。在本例中暂时使用线性回归来求解。解题基本路线为将表 5-4 存为“double_alkalis. xlsx”文件，与代码文件“double_ alkalis. m”放在同一文件夹下；定义各输入、输出变量；对各变量进行必要的预处理，本例使用 mapminmax 函数进行归一化处理，归一化的原理及使用已在第 2 章中详述；创建线性层，对已知输入输出数据进行训练；用求解的输入数据作为输入，仿真求解输出；对输出数据进行反归一化。

编程代码:

```
clear all;
clc;

xl=xlsread('double_alkalis.xlsx','D3:G11') % 从 Excel 文件 double-alkalis.xlsx 中读取数据已知
```

样本输入数据

x=x1′;%按照 linearlayer 的语法：不同的样本为不同的列向量，不同的属性为不同的行向量，所以需要将习惯行为样本的日常表格进行转置

[x,psx]=mapminmax(x,0,1);%对输入样本进行归一化处理，使得所有数据按统一标准映射至0-1区间，避免因为数量级的区别给运算结果的权重引入不必要的误差；

t1=xlsread('double_alkalis.xlsx','B3:C11')%从 Excel 文件 double_alkalis.xlsx 中读取已知样本目标数据

t=t1′;%需要将习惯行为样本的日常表格进行转置

[t,pst]=mapminmax(t,0,1);

test1=xlsread('double_alkalis','D12:G14')%从 Excel 文件 double-alkalis.xlsx 中读取未知样本输入数据

test=test1′%将习惯行为样本的日常表格转置列为样本

test=mapminmax('apply',test,psx)%将测试样本用已知样本归一化的标准进行归一化处理

net=linearlayer;%新建一个线性网络，名称为"net"

net.trainparam.epochs=2000;%定义线性网络"net"的训练迭代次数

net.trainparam.goal=1e-7;%定义线性网络"net"的性能目标：mse(平均方差)为 1×10^{-7}

net.trainparam.max_fail=50;%定义线性网络"net"的最大验证失败次数

net=init(net);%初始化网络

net=train(net,x,t);%训练"net"网络，以"x"矩阵作为输入，以"t"矩阵作为目标输出

t_sim=sim(net,x)

MSE=mse(net,t,t_sim)%求均方差，用于评价网络性能

%view(net)%查看线性网络"net"的结构

y=sim(net,test)%在线性网络"net"训练达到预设的精度后，以"test"矩阵作为输入，仿真求解目标输出"y"矩阵

y=mapminmax('reverse',y,pst)%样本在列，具备归一化或反归一化的规则条件，将仿真出来的原始y值(归一化后的y值)当时脱硫率、成本目标值归一化的规则反向应用，即反归一化

y1=y′%将样本在列转置成日常习惯的样本在行

R_corr_t1_x1=corr(t1,x1)%求t1与x1的 Pearson 相关系数矩阵，用以评价t1与x1之间的线性相关程度

R_corr_y1_test1=corr(y1,test1)%求y1与test1的 Pearson 相关系数矩阵，用以评价y1与test1之间的线性相关程度

运行结果：

```
x1 =

    0.5000    9.1000    5.0000    0.4000
    1.0000   10.2000    5.3000    0.5000
    1.5000    9.5000    6.1000    0.4000
    2.0000    9.2000    7.2000    0.5000
```

```
    2.5000    9.6000    7.3000    0.4000
    3.0000    9.7000    8.0000    0.3000
    3.5000    9.9000    9.1000    0.3000
    4.0000    9.8000    9.2000    0.2000
    4.5000   10.1000    9.5000    0.3000
t1 =
          41          2250
          55          2420
          65          2500
          72          2690
          76          2850
          79          3100
          81          3310
          82          3490
          82          3670

test1 =
    1.5000   10.0000    8.0000    0.2000
    3.2000   10.0000    9.5000    0.2000
    4.3000    9.0000    7.5000    0.2000

test =
    1.5000    3.2000    4.3000
   10.0000   10.0000    9.0000
    8.0000    9.5000    7.5000
    0.2000    0.2000    0.2000

test =
    0.2500    0.6750    0.9500
    0.8182    0.8182   -0.0909
    0.6667    1.0000    0.5556
         0         0         0


t_sim =
  Columns 1 through 7
    0.1918    0.3555    0.4513    0.7620    0.7322    0.7945    1.0020
   -0.0368    0.1145    0.2127    0.3034    0.4429    0.6073    0.7806
  Columns 8 through 9
    0.9844    1.1675
    0.8732    0.9495

MSE =
    0.0068
```

```
y =
    0.5255    0.9309    0.7977
    0.4988    0.8265    0.6826

y =
   1.0e+03 *
    0.0625    0.0792    0.0737
    2.9583    3.4237    3.2193


y1 =
   1.0e+03 *
    0.0625    2.9583
    0.0792    3.4237
    0.0737    3.2193


R_corr_t1_x1 =
     0.9109    0.4132    0.9232   -0.5973
     0.9956    0.5302    0.9803   -0.7965


R_corr_y1_test1 =
     0.7460   -0.1941    0.5723   -0.0000
     0.6570   -0.0701    0.6702   -0.0000
```

应用总结：

① 由本例的最终计算结果 y1 可看出：3 组工艺参数均达不到 80%脱硫效率的要求，其中样本 11 的脱硫效率能达到 79.2%，比较接近，同时这组试验参数的运行成本在三组中也是最高的，达到 3423.70 元/d。

② R_corr_t1_x1 为已知样本中输出 t1 与输入 x1 之间的 Pearson 相关系数矩阵。从中可看出：按 Pearson 相关系数大小排列，相关性顺序为脱硫塔的液气比、浆池 pH 值、再生液回流比、脱硫塔进口 pH 值。这个结果说明，部分工厂实际运行人员日常只重视调配进口 pH 的做法是不科学的。

③ R_corr_y1_test1 为求解样本输出 y1 与输入 test1 之间的 Pearson 相关系数矩阵，用以评价 y1 与 test1 之间的线性相关程度。从中可看出：相关性总体上维持已知样本的顺序，但再生液回流比、脱硫塔进口 pH 的相关性排序发生变化，这与已知样本数量不足、运行参数组态不同于已知样本有关。

④ 本例使用线性神经网络求解的实质是通过已知样本构建统计模型，将未知求解的自变量作为输入，求解因变量。在求解过程中，又将已知的训练样本解出的输出结果与实际目标值对照，求 MSE（mean squared error，平均方差），用于评价建成的线性神经网络的性能。在求出最终结果后，又将已知样本、未知样本的网络计算输入与各自的计算输出值之间计算了 Pearson 相关系数，得到相关系数矩阵，此矩阵可以评价输出与输入之间的线性响应程度。

【例 5-5】在环境监测实验室中，利用碱性过硫酸钾消解紫外分光光度法(GB 11894)测定地表水样品中的总氮（TN）。水样经过消解，在紫外分光光度计上，使用 220nm、275nm 波长测定标准曲线和水样的吸光值后，将测定数据列于表 5-5 和表 5-6。请用不归一化-线性神经网络、归一化-线性神经网络、最小二乘法一元线性回归 3 种方法，求取并比较标曲的相关系数、均方差 mse、斜率、截距；使用归一化-线性神经网络仿真求取水样 TN 的量及浓度，并计算平行样绝对偏差、相对偏差、加标样回收率。

表 5-5 TN 标准曲线的测定结果（标准使用液浓度 C_N＝10mg/L）

序号	标准液体积/mL	标物量/μg	吸光度			
			A_{220}	A_{275}	$A_i=A_{220}-2A_{275}$	$A=A_i-A_0$
标 1	0.00	0.0	0.053	0.013	0.027	0.000
标 2	0.50	5.0	0.100	0.017	0.066	0.039
标 3	1.00	10.0	0.143	0.020	0.103	0.076
标 4	2.00	20.0	0.226	0.016	0.194	0.167
标 5	3.00	30.0	0.359	0.020	0.319	0.292
标 6	5.00	50.0	0.558	0.016	0.526	0.499
标 7	7.00	70.0	0.763	0.011	0.741	0.714
标 8	8.00	80.0	0.867	0.015	0.837	0.810

表 5-6 地表水样品 TN 测定的结果

水样编号	取样体积/mL	吸光度			备注
		A_0	A_{220}	A_{275}	
A	10.0	0.027	0.400	0.049	
A′	10.0	0.027	0.391	0.046	A 的平行样
B	10.0	0.027	0.379	0.047	
C	10.0	0.027	0.378	0.046	
D	10.0	0.027	0.374	0.048	
E	10.0	0.027	0.378	0.045	
F	10.0	0.027	0.384	0.047	
F′	10.0	0.027	0.380	0.043	F 的平行样
G	10.0	0.027	0.381	0.050	
H	10.0	0.027	0.370	0.045	
I	10.0	0.027	0.368	0.043	
12	10.0	0.027	0.492	0.050	
17	10.0	0.027	0.550	0.064	
19	10.0	0.027	0.499	0.065	
12 加	10.0	0.027	1.507	0.053	12 的加标样，加标 100μg

解题思路：在环境监测中，紫外分光光度法是较常用的一类方法，具有设备便宜、操作使用简单、灵敏度高、数据稳定的优点。碱性过硫酸钾消解紫外分光光度法（GB 11894）是测定总氮的最常用方法，在 60℃以上的水溶液中，$K_2S_2O_8$ 可分解产生 $KHSO_4$ 和原子态氧，$KHSO_4$ 在溶液中离解生成 H 离子。因此 NaOH 碱性介质的存在可推动上述分解反应向右边进行。分解出的原子态 O 在 120～124℃下可氧化水样中的含 N 化合物，使各形态 N 转化为 NO_3^-，此过程也可使部分有机物氧化分解。因为 NO_3^- 和溶解的有机物在 220nm 处均有吸收，而 NO_3^- 在 275nm 处不吸收，所以需要在 275nm 做另一次测定，以便校正硝酸盐氮值。

环境监测中的标准曲线法就是建立标准曲线的响应值（仪器设备的观测值如吸光值、电位值、峰高等）与标准溶液系列的浓度或含量之间的相关关系。通过测定出样品的响应值，和上述相关关系求解出样品的浓度或含量。环境监测中的标准曲线法基本是使用线性关系或关系中的线性段，即一元线性回归，是回归问题中最简单的需求，正好是线性网络的基本功能。在线性网络建模中，通过相关系数、均方差、斜率、截距来比较下列三种方法的性能：①对原始数据不进行归一化-线性网络；②对原始数据进行归一化-线性网络；③使用传统的最小二乘法一元线性回归算法。Matlab 提供了 regression 函数来解决最小二乘法线性回归，其语法格式为：

格式 1：[R,M,B]=regression(T,Y)

格式 2：[R,M,B]=regression(T,Y,'one')

其中：

R：相关系数；

M：斜率；

B：截距；

T：目标矩阵；

Y：输出矩阵；

'one'：当样本在行时使用，如果样本已经在列或样本行已转置为列则用格式 1。

保存上述数据为 TN. xlsx。

编程代码：

```
clear all;clc;
%从 Excel 里读取数据；
sdc=xlsread('TN.xlsx',1,'C4:E11');%读取标曲数据；
sdc_ug=sdc(:,1);%标曲的标物量:微克；
sdc_a220=sdc(:,2);%标曲的 220nm 吸光值；
sdc_a275=sdc(:,3);%标曲的 275nm 吸光值；
sdc_a=sdc_a220-2*sdc_a275;%标曲的有效吸光值=220nm 吸光值-2×275nm 吸光值；
sdc_a0=sdc_a(1);%标曲的全程序空白的有效吸光值；
sdc_a=sdc_a-sdc_a0;%标曲各浓度序列的有效吸光值；

smp=xlsread('TN.xlsx',2,'C4:E18');%读取水样分析数据；
smp_a220=smp(:,2);%水样的 220nm 吸光值；
smp_a275=smp(:,3);%水样的 275nm 吸光值；
smp_a=smp_a220-2*smp_a275-sdc_a0;%水样的有效吸光值；

save TN.mat;%将上述变量及变量的值保存为 TN.mat 文件；

%(1)不归一化-线性网络；
net=linearlayer;%建立一个线性网络；
net=init(net);%初始化网络；
net=train(net,sdc_a',sdc_ug');%以标曲有效吸光值作为输入,以标曲的标物量作为输出,训练线性网络,训练时,应将属性数据转置为行,不同样本在不同的列；

r=corr(sdc_ug,sdc_a);%求相关系数；
slp=net.iw;%求斜率；
itcp=net.b;%求截距；
y_sdc=net(sdc_a');%以标曲的有效吸光值作为输入,用训练好的网络仿真求取标曲的标物量；
net_mse=mse(sdc_ug',y_sdc);%求取网络仿真值与真实目标 sdc_ug之间的均方差 mse;

%(2)归一化-线性网络
[msdc_a,ps_a]=mapminmax(sdc_a',0,1);%标曲的有效吸光值转置后进行归一化;归一化函数应满足属性在行样本在列,所以需先转置；
[msdc_ug,ps_ug]=mapminmax(sdc_ug',0,1);%标曲的标物量转置后进行归一化；
msmp_a=mapminmax('apply',smp_a',ps_a);%使用标曲的有效吸光值归一化规则对水样的有效吸光值转置后进行归一化；

mnet=linearlayer;%建立一个线性网络；
```

mnet=init(mnet);%初始化网络;

mnet=train(mnet,msdc_a,msdc_ug);%以归一化后的标曲有效吸光值作为输入,以归一化后的标曲的标物量作为输出,训练线性网络,训练时不需转置,因为归一化时已转置好了;

mr=corr(msdc_ug',msdc_a');%求相关系数;

mslp=mnet.iw;%求斜率;

mitep=mnet.b;%求截距;

my_sdc=mnet(msdc_a);%以标曲的有效吸光值作为输入,用训练好的网络仿真求取标曲的标物量;

rmy_sdc=mapminmax('reverse',my_sdc,ps_ug);%求解出标曲的标物量是归一化后的数据,应使用原规则反归一化,还原为未归一化的标曲的标物量;

mnet_mse=mse(sdc_ug,rmy_sdc');%求取网络仿真值与真实目标 sdc_ug 之间的均方差 mse;

%(3)最小二乘法一元线性回归

[R,M,B]=regression(sdc_a',sdc_ug');%使用 Matlab 的线性回归函数求取标曲有效吸光值和标曲中标物的量之间的相关系数 R、斜率 M、截距 B;

rgs_y=M*sdc_a'+B;%使用求出的 R,M,B,代入标曲有效吸光值,求取标曲中标物的量;

rgs_mse=mse(sdc_ug',rgs_y);%求取最小二乘法一元线性回归得到标曲的均方差 mse;

rgs_smp_ug=round(M*sdc_a'+B,2);%使用求出的 R,M,B,代入水样有效吸光值,求取水样中标物的量;并进行修约,保留 2 位小数;

rgs_smp_cct=round(rgs_smp_ug./10,3);%根据取样量为 10ml,将水样的标物量换算为浓度,并进行修约,保留 3 位小数;

%(4)找出三种方法中 mse 最小的并用它计算求解水样 TN 的量和浓度;

[best_mse,best_method]=min([net_mse,mnet_mse,rgs_mse]);%比较最小的 mse,并给出该 mse 和序号;

%(5)得出归一化-线性神经网络的 mse 性能最好,然后用此方法,仿真求解水样的 TN;

msmp_ug=mnet(msmp_a);%以水样有效吸光值作为输入,用训练好的归一化线性网络仿真求解水样的 TN 的量作为输出;

rmsmp_ug=mapminmax('reverse',msmp_ug,ps_ug);%求解出的水样 TN 的量是归一化后的数据,应使用原规则反归一化,还原为未归一化的水样中 TN 的量;

rmsmp_ug=rmsmp_ug';%按照日常习惯装置为属性在列,样本在行;

rmsmp_ug_2dit=round(rmsmp_ug,2);%按照日常习惯装置为属性在列,样本在行;并进行修约,保留 2 位小数;

msmp_cct=round(rmsmp_ug./10,3);%根据取样量 为 10ml,将水样的标物量换算为浓度,并进行修约,保留 3 位小数;

ae_AA=abs(msmp_cct(2)-msmp_cct(1));%求取 A 和 A′水样的绝对偏差;

re_AA=abs(100*ae_AA/mean([msmp_cct(2),msmp_cct(1)],2));%求取 A 和 A′水样的相对偏差;

ae_FF=abs(msmp_cct(8)-msmp_cct(7));%求取 F 和 F′水样的绝对偏差;

re_FF=abs(100*ae_FF/mean([msmp_cct(8),msmp_cct(7)],2));%求取 A 和 A′水样的相对偏差;

stdrcvr=(rmsmp_ug(15)-rmsmp_ug(12))/100*100;%求取"12"和"12 加"水样的加标回收率(standard recovery rate);

运行结果:详见表 5-7 及表 5-8。

表 5-7　三种方法的标曲参数

项目	不归一化-线性网络	归一化-线性网络	最小二乘法一元线性回归
相关系数 R	0.999290515387692	0.999290515387692	0.999290515387692
斜率 M	96.2644	0.9763	96.4319
截距 R	1.8797	0.2281	1.8208
均方差 mse	1.145531367953449	1.14309286505383	1.14308400833675

由表 5-7 中数据可看出：3 种方法的相关系数是相同的，但 3 种方法的斜率、截距不相同，尤其是归一化-线性网络的斜率、截距与另外 2 种方法区别较大。这是因为此方法的斜率、截距是使用归一化后数据计算得到的，而另外 2 种方法是用原始数据直接计算得到的。如果要使用第 2 种方法得到的 M、B 通过 $Y=MX+B$ 计算 Y 的话，需对 X 进行归一化，并对计算出的 Y 进行反归一化。

使用最小二乘法、归一化-线性神经网络仿真求取水样 TN 的量及浓度并做比较，计算平行样绝对偏差、相对偏差、加标样回收率结果，详见表 5-8。

表 5-8　使用最小二乘法、归一化-线性神经网络仿真求取水样的结果

水样编号	最小二乘法计算结果		归一化-线性神经网络仿真求解结果		
	水样中 TN 的量/pg	水样 TN 浓度/(mg/L)	水样中 TN 的量/pg	水样 TN 浓度/(mg/L)	质控结果
A	28.32	2.832	28.34	2.834	绝对偏差 ae_AA=0.0290
A′	28.03	2.803	28.05	2.805	相对偏差 re_AA=1.0286%
B	26.68	2.668	26.70	2.670	
C	26.78	2.678	26.80	2.680	
D	26.00	2.600	26.03	2.603	
E	26.97	2.697	26.99	2.699	
F	27.16	2.716	27.18	2.718	绝对偏差 ae_FF=0.0390
F	27.55	2.755	27.57	2.757	相对偏差 re_FF=1.4247%
G	26.29	2.629	26.32	2.632	
H	26.20	2.620	26.22	2.622	
I	26.39	2.639	26.41	2.641	
12	37.01	3.701	37.02	3.702	
17	39.90	3.990	39.91	3.991	
19	34.79	3.479	34.80	3.480	
12 加	134.40	13.440	134.31	13.431	加标回收率 stdrcvr=97.29%

应用总结：由本例可以看出，使用连续型数值建立静态神经网络模型时，应将原始数据进行归一化处理，这样能提高网络性能。线性网络的仿真求解与传统最小二乘法的结果和性能均基本一致。

5.3　径向基函数神经网络

径向基函数神经网络（radial basis function neural network，RBF，又叫径向基网络）是一类具有 3 层网络结构的前向型网络，具有学习收敛速度快、训练简洁、最佳逼近、能够克服局部最小值问题、能够以任意精度逼近任意连续的函数。RBF 被广泛应用于模式识别、非线性控制和图像处理等领域。它的学习速度、分类能力和逼近能力等方面都优于 BP 神经网络。

RBF 共有 3 层：

① 第 1 层为输入层，由输入信号源节点组成；

② 第 2 层为隐藏层，隐藏层节点数视所描述问题的需要而定，隐藏层中神经元的传递

函数即径向基函数是高斯函数，是一个对中心点径向对称衰减的非负线性函数。该函数是局部响应函数，而其他前向型网络的传递函数一般都是全局响应函数。这使得要实现同样的功能和性能，RBF 需要更多的神经元；

③ 第 3 层为输出层，是对输入做出的响应。输入层仅仅起到传输信号作用，与隐含层之间的接权值为 1，输出层与隐含层的学习策略不同：输出层使用线性优化策略对线性权进行调整，学习速度较快；隐含层使用非线性优化策略对激活函数（高斯或格林函数）的参数进行调整，学习速度较慢。

5.3.1 传递函数和网络结构

① 传递函数。RBF 的传递函数为高斯函数，它的特点是对输入信号局部产生响应。随着权值 w 和输入 p 之间的距离 n 的缩小，输出 a 就会增加，当距离输入 n 为 0 时，输出 a 达到最大的 1，即距离 n 靠近函数的中央范围时，隐层节点将产生较大的输出。这就是为什么 RBF 具有局部逼近的能力。其表达式为：

$$a=\text{radbas}(n)=e^{-n^2} \tag{5-1}$$

式中，n 为输入向量 p 与权值向量 w 之间的距离与阈值 b 的乘积，即 $n=\|w-p\|b$。高斯函数详见图 5-2。

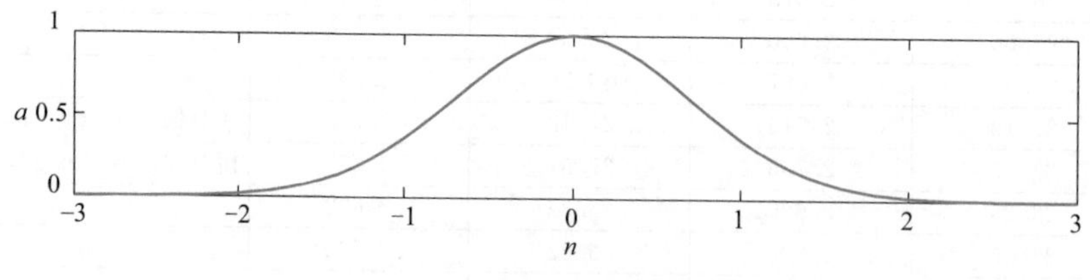

图 5-2 径向基高斯函数图形

② 神经元模型。RBF 神经元模型详见图 5-3。

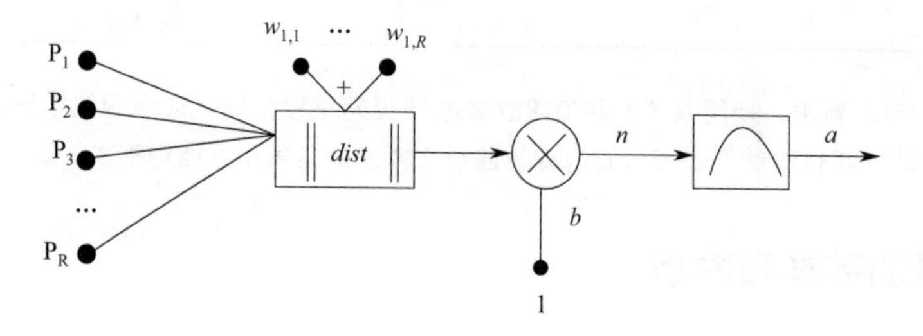

图 5-3 径向基神经元模型

③ 网络结构。径向基网络是一种前馈型网络，包含输入层、径向基隐层、线性输出层，其结构详见图 5-4。

5.3.2 径向基网络

newrb 是 Matlab 神经网络工具箱提供的一个径向基网络创建及训练函数，其语法格式如下：

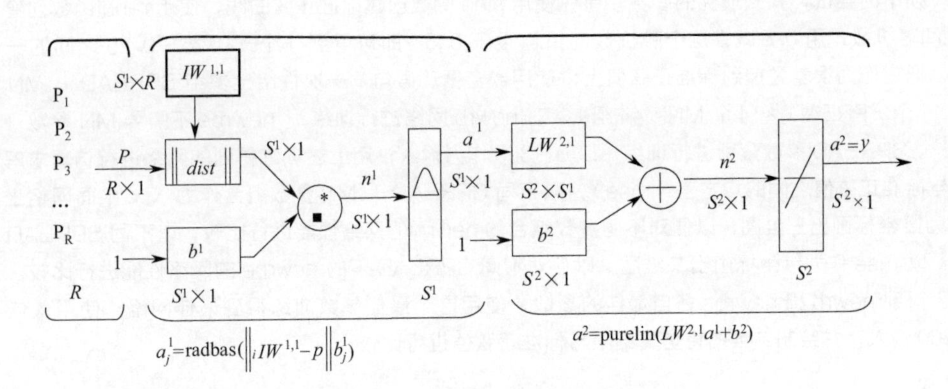

图 5-4　径向基神经网络结构模型

```
[net,tr]=newrb(X,T,GOAL,SPREAD,MN,DF)
```

其中：

X：$R \times Q$ 维输入向量矩阵；

T：$S \times Q$ 维目标矩阵；

GOAL：mse 均方差目标值，缺省为 0.0；

SPREAD：径向基函数的扩展速度，缺省为 1.0；

MN：最大神经元数量，缺省为 Q；

DF：两次显示之间做添加的神经元数量，缺省为 25；

net：返回的新径向基网络；

tr：返回的训练记录。

5.3.3　精确径向基网络

精确径向基网络函数 newrbe 是一个改进的径向基网络创建及训练函数，能够基于设计向量快速无误差地设计一个径向基网络，比 newrb 更加准确，其语法格式如下：

```
[net,tr]=newrbe(X,T,SPREAD)
```

其中：

X：$R \times Q$ 维输入向量矩阵；

T：$S \times Q$ 维目标矩阵；

SPREAD：径向基函数的扩展速度，缺省为 1.0；

net：返回的新径向基网络；

tr：返回的训练记录。

【例 5-6】 ①使用正弦曲线的一个周期，叠加 0.25 倍的随机误差作为训练样本。②在不同扩展速度 SPREAD、最大神经元数量 MN 下分别训练 newrb 和 newrbe 径向基网络。用 newrb 和 newrbe 网络对 0°～360°的输入进行仿真，并使用三维和二维图对不同 SPREAD、 MN 参数下的 2 种网络的性能（mse）进行比较。③使用最佳 SPREAD、 MN 参数训练得到 2 个最佳网络，用最佳 newrb 和 newrbe 网络对 0°～360°的输入进行仿真，并使用二维图对仿真结果进行比较。

解题思路： newrb 和 newrbe 都能快速准确地创建径向基网络。径向基网络的特点是具有局部逼近能力，可以用任意精度逼近任意连续函数。但其扩展速度 SPREAD、最大神经元数量 MN 的选取没有比较理想的固定规则，须不断尝试，找到最优的参数。首先使用 sind 函数创建标准正弦曲线，使用 rand 函数创建 361 个 0~1 之间随机数，用 0.5 减去这个随机数向量再乘于 0.5，即可得到 1 个 −0.25~0.25 之间的一个随机数据集，把它作为误差叠加到标准正弦值上；使用嵌套循环语句，一次性给出多组 SPREAD、MN 参数组合（如 11 个 SPREAD × 4 个 MN= 44 组），对 newrb 网络进行训练；newrbe 不需要 MN 参数，一次性给出 15 个 SPREAD 参数分别进行训练，以 0~360 作为输入，用上述训练得到的网络进行仿真求解，求仿真结果与标准正弦值之间的均方差（mse），以不同 SPREAD、MN 参数组合作为 X-Y 平面网格坐标，以 mse 作为竖坐标画出三维图，以便对不同参数组合的 newrb 的网络性能进行比较；以不同 SPREAD 作为 X 轴坐标，以 mse 作为纵坐标画出二维图，以便对不同 SPREAD 下的 newrbe 的网络性能进行比较。通过上述比较。得到 newrb 和 newrbe 各自最佳的参数，使用这个最佳参数训练得到最佳网络，使用最佳网络仿真 0~360 输入，并绘制二维图将仿真结果与标准正弦值进行比较。

编程代码：

```
%以下创建标准正弦曲线、带 0.125 倍噪声误差的正弦数据集
clc;clear all;

x=[0:10:360];%创建输入数据集；
t=100*sind(x);%创建标准正弦值并放大 100 倍；

noise=(0.5-rand(1,37)) *0.5*100;  %创建-0.25～0.25 之间的随机误差数据集并放大 100 倍,即标准正弦值的 25 倍；
tn=t+noise;%得到训练的目标值数据集；

%%
%以下开始 rb 网络；
sprd=[20,50,100,300,600,1400,1500,1700,3000,6000,10000];%给出 11 个 SPREAD 参数序列；
maxn=[36,130,150,180];%给出 4 个 MN 参数；

for cc=[1:11];%两个嵌套循环的第一个,给 SPREAD 参数序列赋一个顺序号值；
    for rr=[1:4];%两个嵌套循环的第二个,给 MN 参数序列赋一个顺序号值；
    sp=sprd(1,cc);%通过顺序号将取得的 SPREAD 参数值赋给 sp;
    mn=maxn(1,rr);%通过顺序号将取得的 MN 参数值赋给 mn;
        net_rb=newrb(x,tn,0,sp,mn);%创建并以 x 作为输入,以 tn 作为目标训练 newrb 网络；
        y_netrb=net_rb(x);%用当前 SPREAD、MN 参数组合仿真,结果赋给 y_netrb;
         mse_rb(cc,rr)=mse(t,y_netrb);%求仿真结果 y_netrb 与标准正弦值 t 之间的均方差 mse;
    end%更换下一个 MN 顺序号；
end%更换下一个 SPREAD 顺序号；

%%
[X,Y]=meshgrid(0:10,0:3);%创建一个 11×4 的网格作为 X-Y 平面坐标网格；
Z=(1./mse_rb)';%为了三维图便于观察,求取 mse 矩阵的倒数,倒数较大的三维图的上表面容易观察,mse 是一个 4×11 的矩阵,为便于观察将 11 个 spread 作为 x 轴,4 个 MN 值作为 y 轴；

figure(1);

colormap('HSV');
```

```
surfc(X,Y,Z)；%以SPREAD、MN参数作为X-Y平面坐标，以mse倒数值作为竖坐标绘制三维表面图；

set(gca,'xtick',0:10)；%定义X轴分为0-10共11个刻度；
set(gca,'xticklabel',{'20','50','100','300','600','1400','1500','1700','3000','6000','10000'})；%
定义X轴11个刻度的标记；
xlabel('SPREAD')；%定义X轴标签；

set(gca,'ytick',0:3)；%定义Y轴分为0-3共4个刻度；
set(gca,'yticklabel',{'36','130','150','180'})%定义Y轴4个刻度的标记；
ylabel('Max Neurons')；%定义Y轴标签；
zlabel('1/mse')；%定义Z轴标签；

figure(2)；
plot3(X,Y,Z,'*:')；%以SPREAD、MN参数作为X-Y平面坐标，以mse值作为竖坐标绘制三维点图；
set(gca,'xtick',0:10)；%定义X轴分为0-10共11个刻度；
set(gca,'xticklabel',{'20','50','100','300','600','1400','1500','1700','3000','6000','10000'})；%
定义X轴11个刻度的标记；
xlabel('SPREAD')；%定义X轴标签；

set(gca,'ytick',0:3)；%定义Y轴分为0-3共4个刻度；
set(gca,'yticklabel',{'36','130','150','180'})%定义Y轴4个刻度的标记；
ylabel('Max Neurons')；%定义Y轴标签；
zlabel('1/mse')；%定义Z轴标签；

%%
%以下开始rbe网络；
sprde=[20,50,100,300,600,1400,1500,1600,1700,1800,2000,2500,3000,6000,10000]；
%给出15个spread数据；
for cc=[1:15]；%通过循环语句给SPREAD参数序列赋一个顺序号值；
        spe=sprde(1,cc)；%通过顺序号将取得的SPREAD参数值赋给spe；
        net_rbe=newrbe(x,tn,spe)；%创建并以x作为输入，以tn作为目标训练newrbe网络；
        y_netrbe=net_rbe(x)；%用当前SPREAD参数仿真，结果赋给y_netrbe；
        mse_rbe(cc)=mse(t,y_netrbe)；%求仿真结果y_netrbe与标准正弦值t之间的均方差mse；
end%求仿真结果y_netrb与标准正弦值t之间的均方差mse；

figure(3)；
x_rbe=1:15；%将x轴划分为15个刻度；
y_rbe=1./mse_rbe；%定义y轴为mse的倒数，使得网络性能更加容易观察；
plot(x_rbe,y_rbe,'b-+')；%以上述x、y定义绘制二维图；
set(gca,'xtick',0:14)；%定义X轴分为0-14共15个刻度；
set(gca,'xticklabel',{'20','50','100','300','600','1400','1500','1600','1700','1800','2000','
2500','3000','6000','10000'})；%定义X轴15个刻度的标记；
xlabel('SPREAD')；%定义X轴标签；
ylabel('1/mse')；%定义Y轴标签；
```

```
%%
%rb和rbe最好结果与标准正弦曲线的比较；

net_rb_best=newrb(x,tn,0,1500,150)；%以最佳spread、MN参数训练newrb网络；
y_rb_best=net_rb_best(x)；%以0-360为输入，用最佳rb网络仿真求解；

net_rbe_best=newrbe(x,tn,1700)；%以最佳spread参数训练newrbe网络；
y_rbe_best=net_rbe_best(x)；%以0-360为输入，用最佳rb网络仿真求解；

figure(4)；
plot(x,t,'go:',x,tn,'md--',x,y_rb_best,'b+--',x,y_rbe_best,'r^-.')%绘制：标准正弦曲线、带误差的正弦值训练样本、newrb最佳仿真结果、newrbe最佳仿真结果的二维图；
legend('标准正弦曲线','带误差的正弦值训练样本','newrb最佳仿真结果','newrbe最佳仿真结果')
```

运行结果：

运行结果见图5-5~图5-7。

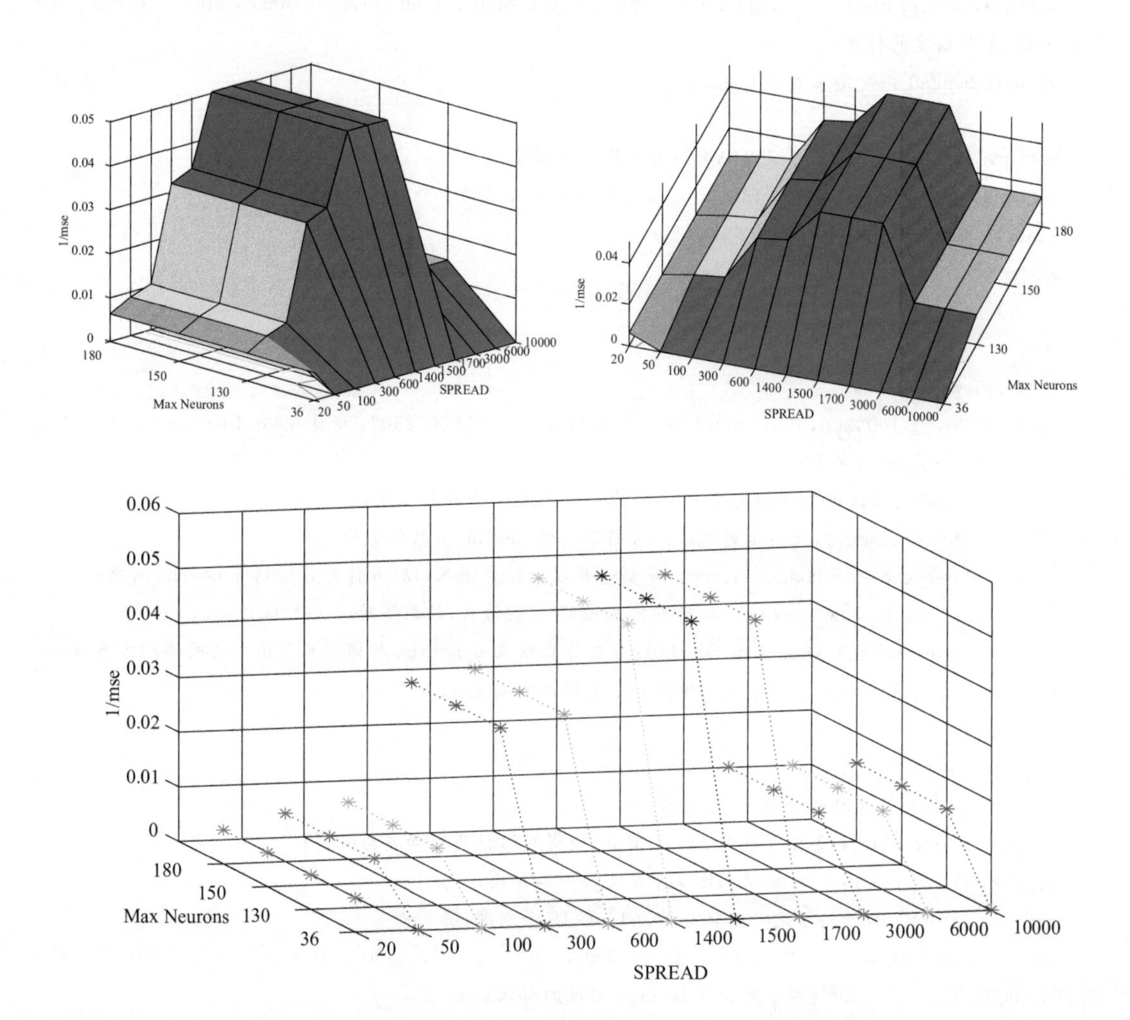

图5-5 不同SPREAD、MN参数组合下newrb网络的性能

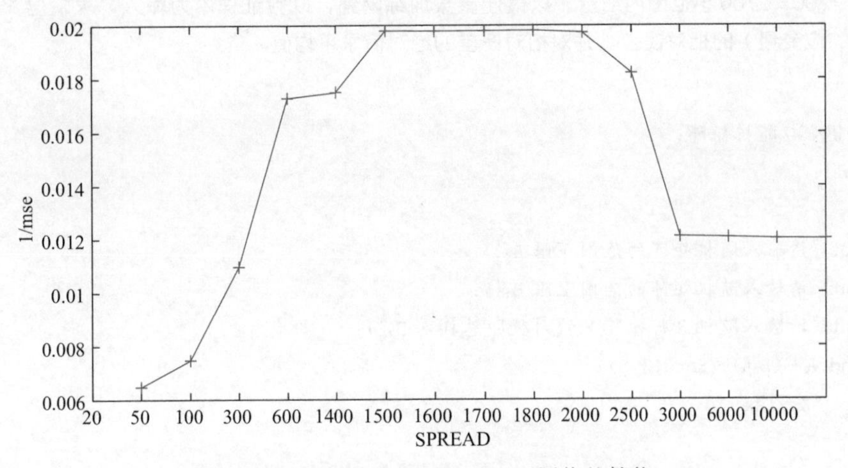

图 5-6　不同 SPREAD 下 newrbe 网络的性能

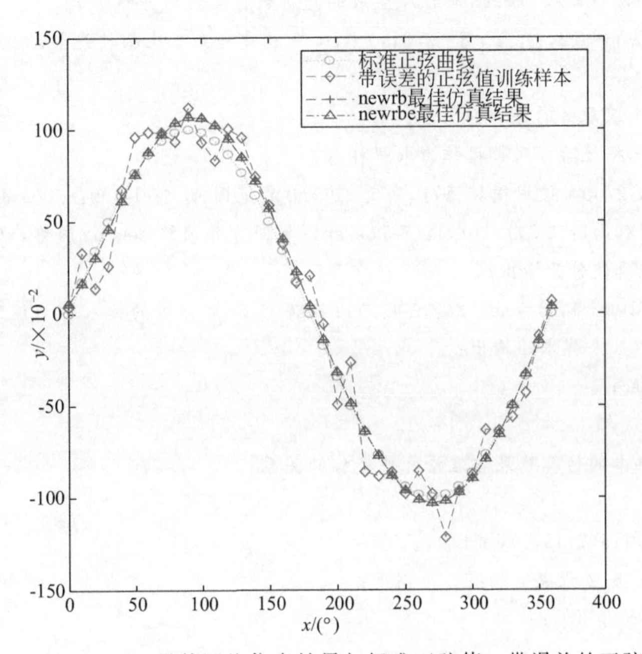

图 5-7　newrb、newrbe 最佳网络仿真结果与标准正弦值、带误差的正弦值的比较

【例 5-7】 创建一个随机的 3×50 数值矩阵，3 行分别为 x1、x2、x3，对这 3 行数据使用 3 次函数公式 Y= 2* X(1,:). ^3+ 5* X(2,:). ^2+ 8* X(3,:)+ 70 计算结果。 取前 45 组数据作为训练样本，训练 newrbe 网络，取最后 5 组数据作为求解样本。 用 5 个求解样本的仿真结果与理论真值之间的相对误差绝对值均值（mrea）作为指标，绘制二维图比较不同 SPREAD 下的网络的性能；绘制二维图比较 5 个求解样本的仿真结果与理论真值。

解题思路：本例是准确径向基的又一例子，先用 creatX. m 创建一个 3 行 × S 列的随机矩阵，在 creatX 中设 X 的下限为 1，上限为 100，S 为 50（即 45 个已知样本，5 个验证样本）；可视为 3 个输入因子，S 个样本，为使不同 sp 有可比性，将创建的 X 矩阵写为 X. xlsx 文件；读出 X. xlsx 文件，赋给 X 变量；计算 3 次函数 2* X(1,:). ^3+ 5* X(2,:). ^2+ 8* X(3,:) + 70 的理论值赋给 T；定义 1 到 S－5 列为已知样本，S－4 列到 S 列（共 5 列）为验证样本。不归一化，用已知样本训练 newrbe 准确径向基网络，以验证样本的 X 作为输入，用训练好的径向基网络求解 Y；求解 Y 时，以不同的 sp 值测试：先大范围 0:5000 测试，然后在最佳值附近 1200~2700 小范围内细查。以最佳参数训练网络，以验证样本为输入，求输出 Y 与后 5 列 T（验证样本的应变量）的相对误差，并对相对误差的绝对值求平均值。

编程代码：

```
%创建 3×50 随机矩阵；
clear all;
clc;
A=input('请输入随机矩阵的范围下限 A:');
B=input('请输入随机矩阵的范围上限 B:');
S=input('请输入随机 3 行矩阵 X 的列数即总样本 S:');
X=round(A+(B-A)*rand(3,S))
xlswrite('X.xlsx',X)
%%
%创建网络并训练、仿真
X=xlsread('X.xlsx');%从 creatX.m 程序生成的随机数据里读取并赋给 X;
T=2*X(1,:).^3+5*X(2,:).^2+8*X(3,:)+70;%构建一个三次函数关系,用这个构建的关系计算理论真值目标;
[R,S]=size(X);%获取 X 的行和列数量;
T5=T(1,S-4:S);%将最后 5 列数据作为求解样本;
for sp=1200:100:2700%使用循环语句,划定 SPREAD 的范围为 1200:100:2700;每次使用 1 个 SPREAD;
    net=newrbe(X(:,1:(S-5)),T(1,1:(S-5)),sp);%创建并训练 newrbe 网络,以 1-45#已知训练样本作为输入,以 1-45 理论真值作为输出;
    Y((sp-1200)/100+1,:)=net(X(:,S-4:S));%以 46-50#样本的输入作为网络输入,使用训练好的 newrbe 网络仿真求解这 5 个样本的输出;
end%下一个 SPREAD;
%%
%绘制 5 个求解样本的仿真结果与理论真值目标的关系;
figure(1);
plot(1:5,T5,'bo',1:5,Y(15,:),'r+');
set(gca,'xtick',1:5)%设置 x 轴有 5 个刻度;
xlabel('求解样本的序号');
ylabel('y 值')
legend('理论真值目标','求解样本的仿真结果')
%%
%绘制不同 SPREAD 下的 5 个求解样本的平均相对误差二维图;
re=100*(Y-T5)./T5%求取仿真结果与理论真值之间的相对误差
mre=mean(abs(re),2)%求取 5 个仿真样本的平均相对误差 mre(%);

m_sp=[1200:100:2700];%x 轴刻度标签生成数值矩阵;
xtl=mat2cell(m_sp,[1],[16]);%数值矩阵转元胞数组;
s_xtl=string(xtl{1,1})%元胞转字符串数组;

figure(2);
plot(1:16,mre,'b:+');%以 16 个 SPREAD 作为 x 轴,以 5 个仿真样本的平均相对误差 mre(%)作为纵坐
```

标绘制2维图;

```
    xlabel('SPREAD');
    ylabel('5个仿真样本的平均相对误差 mre(%)')
    set(gca,'xtick',1:16);%设置x轴的刻度数量;
    set(gca,'xticklabel',xtl{1,1});%设置x轴的刻度标签为xtl元胞数组的{1,1}元胞的具体值;
```

运行结果: 运行结果见图5-8、图5-9。

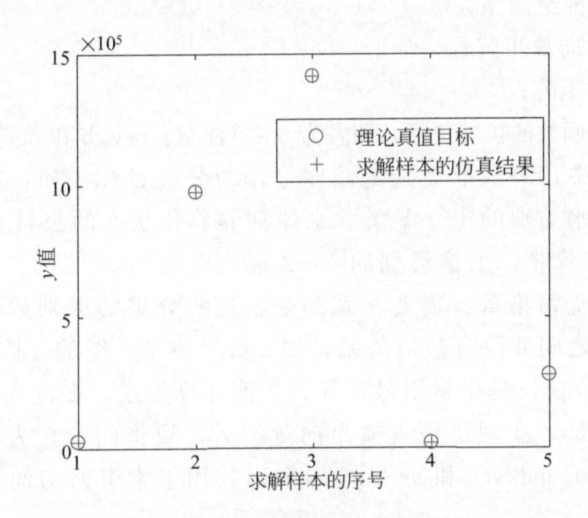

图5-8 5个求解样本的仿真结果与理论真值目标的关系

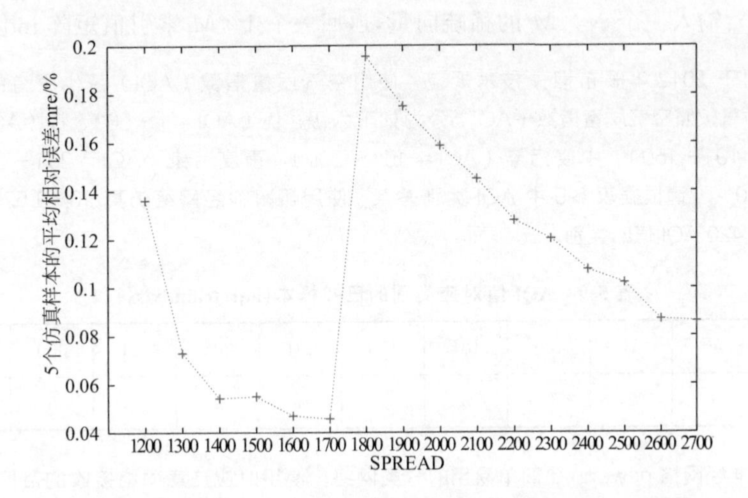

图5-9 不同SPREAD下的5个求解样本的平均相对误差

应用总结: 理论上只要sp足够合适,就可以无限逼近函数。因此sp的取值非常重要,可以先在大尺度大范围内找,然后在找到的sp附近的小范围内细查;评价网络可靠性,除了前面几例经常使用的训练样本输入进行仿真求mse外,还可手工设置部分已知样本作为验证样本,仿真后求取与已知理论结果的相对误差,在目标无0值的前提下,这种能直接考核相对误差的方法比较直观;元胞数组内容与字符串数组、矩阵等之间的转换、get(gca,'xtick',[ ])、get(gca,'xticklabel',{ })等语句可以灵活控制程序,灵活定制坐标系的显示。newrbe精确径向基网络有较强实用性,应掌握。

5.3.4 newpnn概率神经网络

newpnn是径向基网络中的一类重要网络，适用于分类。当扩展速度SPREAD接近0时，newpnn可以作为一个最近邻域分类器。newpnn的语法格式为：

```
net=newpnn(X,T,SPREAD)
```

其中：

net：返回的概率神经网络。

X：$R\times Q$维输入向量矩阵；

T：$S\times Q$维目标矩阵；

SPREAD：径向基函数的扩展速度，缺省为0.1（注意：newrb和newrbe的缺省值是1.0）；

在环保实际工作中，一般取类别的顺序号作为分类目标，如：地表水环境质量Ⅰ～Ⅴ类、劣Ⅴ类，地下水类别的Ⅰ～Ⅴ类，水体富养养化状态的极贫营养、贫-中营养、中营养、中-富营养、富营养，土壤类别的1～3级，空气AQI的优、良、轻度污染、中度污染、重度污染、严重污染等。需要注意的是，这些分类的类别数据，通常呈现的是数字序号，但这些序号之间并没有数值关系，如3级并不是1级的3倍，Ⅳ类也不是Ⅱ类的2倍。因此，这些序号仅仅是个索引号，并无数值计算关系，在进入网络训练之前，必须把序号索引值转为向量，在网络仿真输出向量值后，须将向量转为序号，才能容易被读出识别。Matlab提供了ind2vec和vec2ind两个函数用于索引值与向量值之间的转换，语法格式如下：

ind2vec(indices)：输入$1\times M$索引值矩阵indeces，返回一个$N\times M$的稀疏(sparse)向量。

vec2ind(vec)：输入一个$N\times M$的稀疏向量，返回一个$1\times M$索引值矩阵indeces。

【例5-8】我国于2012年颁布相关技术规范，使用空气质量指数（AQI）替代原有的空气污染指数（API）。空气质量按照空气质量指数（AQI）分为如下六级：优（AQI＝1～50）、良（AQI＝51～100）、轻度污染（AQI＝101～150）、中度污染（AQI＝151～200）、重度污染（AQI＝201～300）、严重污染（AQI＝301～500）。请根据表5-9中AQI-类别关系，使用概率神经网络仿真10,49,52,90,149,123,195,163,295,203,450,420 AQI值的类别。

表5-9 AQI值对应类别的已知样本(aqi_train.xlsx)

AQI值	1	50	51	100	101	150	151	200	201	300	301	500
AQI类别	1	1	2	2	3	3	4	4	5	5	6	6

解题思路：概率神经网络newpnn是简单易用的分类网络，使用时应注意网络接收的目标参数t是索引值（1～6类），应使用ind2vec函数将原始的类别索引值转换为稀疏向量，在网络仿真得到稀疏向量输出后，应使用vec2ind函数转换为类别索引值。

编程代码：

```
clc;clear all;


data=xlsread('aqi_train.xlsx',2);%从Excel中读取数据；
x=data(1,:);%第1行(AQI值)作为输入数据x；
t=data(2,:);%第2行(AQI类别索引值)作为目标数据t；
```

```
tvec=ind2vec(t); % 将类别数据(类别顺序索引值)转换为稀疏向量;
X=[10,49,52,90,149,123,195,163,295,203,450,420]; % 将这 12 个 AQI 数据作为输入;

net=newpnn(x,tvec,3); % 建立 newpnn 概率神经网络,并以已知的 AQI 值作为输入,以已知的 AQI 类别索引值作为目标,训练网络。经反复测试,SPREAD 范围为 3-19 均能仿真得到正确结果,超出这个范围,部分结果错误;
y_vec=net(X); % 以 12 个 AQI 数据作为输入,用训练好的网络仿真求解,得到 AQI 类别的稀疏向量;
y_ind=vec2ind(y_vec) % 将仿真得到的稀疏向量转换为类别数据(类别顺序索引值);
```

运行结果：

```
y_ind=
     1     1     2     2     3     3     4     4     5     5     6     6
```

5.3.5 newgrnn 泛化回归神经网络

newgrnn 是径向基网络中的一类重要网络，又称广义回归神经网络，适用于函数逼近。其语法格式为：

```
net=newgrnn(X.T,SPREAD)
```

其中：

X：$R \times Q$ 维输入向量矩阵；

T：$S \times Q$ 维目标矩阵；

SPREAD：径向基函数的扩展速度，缺省为 0.1（注意：newrb 的缺省是 1.0）；

net：返回的概率神经网络。

【例 5-9】 长期堆置的固体废物堆体，其样品密度与深度有一定关系，但这个关系呈非线性。表 5-10 是实测的一组某固废密度-深度数据，请使用广义回归网络拟合出该固废密度-深度曲线，并比较不同 SPREAD 下的区别。

表 5-10 实测的一组某固废密度-深度数据

深度/m	0	0.5	1.5	2.5	3.5	4.5	5.5	6.5	7.5	8.5	9.5	10.5	11.5
密度/(g/cm^3)	3.520	3.720	3.900	4.070	4.126	4.170	4.190	4.220	4.240	4.243	4.248	4.260	4.252

解题思路：广义回归神经网络 newgrnn 适用于函数逼近，在使用时和所有径向基网络一样，网络性能取决于训练样本的数量和质量、 SPREAD 的大小。所以在这类网络训练时，一般要使用循环语句来设置不同的 SPREAD 反复测试，先粗选，后细选，得到最优化的 SPREAD 取值，然后再用这个取值进行训练、仿真。结果可以 mse 等性能函数和绘图来比较、展示。

编程代码：

```
clear all;clc;

data=xlsread('depth_density.xlsx','B2:C14'); % 从 Excel 文件里读取深度-密度数据;
depth=data(:,1)'; % 创建 depth 变量并赋值;
density=data(:,2)'; % 创建 density 变量并赋值;

%%
```

```
%粗查最佳 SPREAD
for sp=250:250:5000 %用循环语句,以 250:250:5000 对 sp 循环赋值;
    net=newgrnn(depth,density,sp); %使用当前 sp 作为 SPREAD,depth 作为输入,density 作为目标建立并训练广义回归神经网络;
    crr=(sp-250)/250+1; %用等差数列公式求取当前 sp 的数组索引值;
    y(crr,:)=net(depth); %以 depth 作为输入,用训练好的广义回归网络仿真求解;
    mse_dd(crr)=mse(y(crr,:),density); %求取仿真值和目标值之间的 mse 用于评价网络的可靠性;
end
%%
figure(1) %为粗选 SPREAD,绘制 SPREAD-MSE 图形;
plot(1:20,mse_dd); %切换了 20 个 SPREAD 值,绘出这 20 个 MSE;
axis([0,21,min(mse_dd),max(mse_dd)]); %定义横轴、纵轴范围;
xlabel('SPREAD'); %定义横轴标签;
ylabel('MSE'); %定义纵轴标签;
set(gca,'xtick',1:2:20); %定义横轴刻度为 1:2:20,范围为 1-20,每 2 格显示一个刻度 ;
set(gca,'xticklabel',{250:500:5000}); %定义横轴刻度标签;

%%
%细查最佳 SPREAD
for spdt=1:10:301 %用循环语句,以 1:10:301 对 SPREAD 循环赋值;
    netdt=newgrnn(depth,density,spdt); %使用当前 SPREAD,depth 作为输入,density 作为目标建立并训练广义回归神经网络;
    crrdt=(spdt-1)/10+1; %用等差数列公式求取当前 sp 的数组索引值;
    ydt(crrdt,:)=netdt(depth); %以 depth 作为输入,用训练好的广义回归网络仿真求解;
    mse_dd_dt(crrdt)=mse(ydt(crrdt,:),density); %求取仿真值和目标值之间的 mse 用于评价网络的可靠性;
end

figure(2) %为细选 SPREAD,绘制 SPREAD-MSE 图形;
plot(1:31,mse_dd_dt); %切换了 31 个 SPREAD 值,绘出这 31 个 MSE;
%axis([0 32 min(mse_dd_dt) max(mse_dd_dt)]) %定义横轴范围;
xlabel('SPREAD'); %定义横轴标签;
ylabel('MSE'); %定义纵轴标签;
set(gca,'xtick',1:3:31); %定义横轴刻度为 1:3:31,范围为 1-31,每 2 格显示一个刻度 ;
set(gca,'xticklabel',{0:30:300}); %定义横轴刻度标签;

%%
%使用最佳 SPREAD 仿真更多数据,以期得到拟合平滑曲线
sp_fit=[0.3 0.5 0.7 0.8 0.9 1 2 3]; %在细选 SPREAD 的基础上,进一步优化,找出最佳 SPREAD;
x_fit=min(depth):(max(depth)-min(depth))/50:max(depth); %创建加密的深度序列;
for i=1:8 %分 8 次分别用 0.3 0.5 0.7 0.8 0.9 1 2 3 作为 SPREAD;
    net_fit=newgrnn(depth,density,sp_fit(i)); %创建和训练广义回归网络;
        y_fit(i,:)=net_fit(x_fit); %以加密的深度序列作为输入,仿真求解密度;
end
```

```
figure(3) % 绘制、比较不同 SPREAD 下，广义回归网络拟合的深度-密度曲线
plot(depth,density,'r+',x_fit,y_fit(3,:),'m.-',x_fit,y_fit(5,:),'b-',x_fit,y_fit(6,:),'k:');
legend('原始数据','SPREAD=0.7 的拟合线','SPREAD=0.9 的拟合线','SPREAD=1 的拟合线'); % 定义图例;
xlabel('固废堆体深度(m)'); % 定义横轴标签;
ylabel('固废密度(g/cm3)'); % 定义横轴标签;
set(gca,'xtick',0:13); % 定义横轴刻度;
set(gca,'xticklabel',{0:13}); % 定义横轴刻度标签;
```

运行结果：

运行结果见图 5-10、图 5-11。

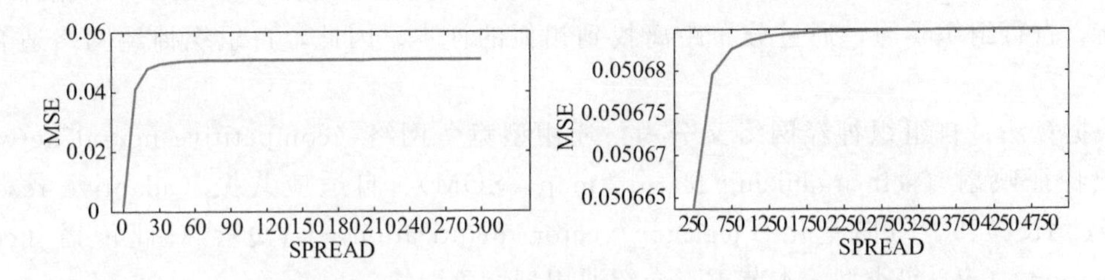

图 5-10　粗选和细选扩展速度时的 SPREAD-MSE 关系图

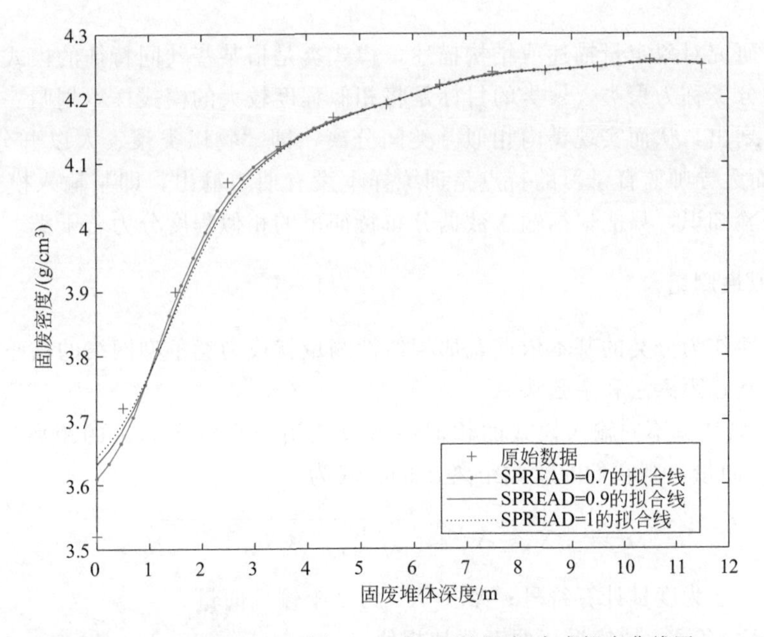

图 5-11　细选得到的不同 SPREAD 下的深度-密度拟合曲线图

应用总结：径向基网络的优点是函数逼近，只要有足够的计算资源和样本资源，RBF 可以以任意精度逼近任意连续型函数；扩展速度 SPREAD 是 RBF 的重要参数，但没有固定选取规则，在网络训练时可以作出 SPREAD 序列-MSE 的比较图以找到优化的扩展速度参数。

5.4 自组织网络

5.4.1 概述

动物神经系统中有一种抑制现象，一个神经元兴奋时周围邻近的神经元细胞受到抑制，这个现象就像一种竞争关系。信息传入后，只有一个细胞能得到兴奋，剩下邻近所有细胞都将受到抑制，这个兴奋细胞在竞争中获胜，其他细胞失败而受到抑制。

自组织神经网络（自组织网络）就是模拟这种动物神经系统机理而发展起来的一类网络。不同于前面介绍过的网络，这是一类具有输入层和竞争层 2 层结构的网络，没有隐藏层。竞争层各神经元对输入层的信息竞争响应，获胜者代表输入模式的某种分类。它的特点就是无导师监督学习，即无需具备已知的输入-目标对应关系的样本，网络可根据样本的数据分布，自行组织学习，通过分布距离找到相似的样本。因此，自组织神经网络适合模式分类。

根据算法，自组织神经网络又分为：通用型竞争网络（competitive neural network）、自组织特征映射（self-organizing feature map，SOM）、自适应共振（adaptive resonance theory，ART）、学习向量化（learning vector quantization，LVQ）、对偶传播（counter propagation，CP）等类型，本节重点介绍通用型竞争网络。

5.4.2 通用型竞争网络

模式是对研究对象定量描述或结构描述，模式类是指某些共同特征的模式的集合。无导师监督学习的分类称为聚类，聚类的目标是将相似程度较大的模式样本划归一类，将相似程度较小的样本划出，从而实现类内相似、类间分离，即“物以类聚、人以群分、近墨者黑、近朱者赤”。而无导师监督学习的特点是训练样本没有期望输出，即某输入模式应划归哪一类并无任何经验知识，只能根据输入数据分布特征里的相似程度分为若干类。

5.4.2.1 相似性测量

既然相似性作为分类的基本依据，那相似性测量就成为竞争型网络的核心算法，常用的相似性测量有欧式距离法和余弦法。

① 欧式距离法。不同输入模式的相似性可以使用 2 个输入向量的距离来表征，X_1 和 X_2 为 2 个输入向量，则它们的欧式距离 d 的公式为：

$$d = \| X_1 - X_2 \| = \sqrt{\sum_{i=1}^{n} (X_{1i} - X_{2i})^2} \tag{5-2}$$

式中，$\| \quad \|$ 为度量计算符号；X_1，X_2 为 2 个输入向量。

d 越小，X_1 和 X_2 越接近，两者就越相似。

② 余弦法。在同一坐标系中，2 个模式向量越接近，它们的夹角就越小，其余弦值就越大。2 个模式向量相等时，其夹角为 0，余弦值等于 1。在聚类中可以对夹角做出规定，当比较向量之间的夹角不超过某一夹角值时就可分为同一类别，因此夹角就称为分类依据。

不同输入模式的相似性可以使用 2 个输入向量的距离来表征，X_1 和 X_2 为 2 个输入向量，则它们的夹角余弦值为：

$$d(X_1, X_2) = \cos\alpha = \frac{X_1 X_2^T}{\|X_1\| \|X_2\|} \tag{5-3}$$

α 越小，X_1 和 X_2 越接近，两者就越相似。当 $\alpha=0$，$d(X_1, X_2)=\cos\alpha=1$。

5.4.2.2 竞争型网络的 Matlab 实现

Matlab 提供了 newc 和 competlayer 等函数实现竞争型网络的创建和训练。因为需要输入复杂的参数，newc 已被 R2010b NNET 7.0 宣布过时，最后用于 R2010a NNET 6.0.4，Matlab 推荐使用 competlayer 来代替 newc。competlayer 的语法格式如下：

```
net=competlayer(NC,kLR,CLR)
```

其中：

NC：要分类的类别数量，缺省值为 5；

kLR：Kohonen 权值学习速率，缺省值为 0.01；

CLR：Conscience 偏置（阈值）学习速率，缺省值为 0.001；

net：返回的竞争层。

【例 5-10】 风速、风向、气温、湿度、气压被称为“气象常规 5 参数”，CO、SO_2、NO_2、O_3、PM_{10}、$PM_{2.5}$ 被称为“空气常规 6 项”。气象 5 参数和空气常规 6 项都是空气自动站必备监测项目，也是研究、预报空气质量的重要参数。气象 5 参数之间、空气 6 项之间、气象和空气参数之间都存在复杂、微妙的因果和相关关系。气象条件是污染物成因至关重要的因素，研究气象条件的类型与污染类型的相关性是污染气象学、空气质量预报的一种重要过程。表 5-11 给出某空气自动站 1 个月共 744h 的气象常规 5 参数，请使用竞争型网络将该站点 1 个月的气象要素分为 10 类并简要分析这 10 类气象条件的基本分布特征。

表 5-11　某空气自动站 1 个月气象常规 5 参数的小时数据

城市	站点名称	时间	气压/hPa	气温/℃	湿度/%	风向/(°)	风速/(m/s)
××市	××站	2017-08-01 01:00	600.6	19.9	4	228.6	1
××市	××站	2017-08-01 02:00	600.6	20.2	4	220.8	1
××市	××站	2017-08-01 03:00	600.5	20.3	4	214.1	1.2
…	…	…	…	…	…	…	…
××市	××站	2017-09-01 00:00	601.9	19.9	79	216.5	1.2

解题思路： 题目要求将气象条件分为 10 类，但并未说明分类依据，这正好符合竞争型网络的特点无导师监督学习，根据输入数据分布特征里的相似程度（距离）分为指定的类别数。分成的类别用索引号加以区别。索引号并无数值关系，要寻找基本分布规律特征，可将数据可视化，使用二维绘图，将 5 维数据按相似性分类后在二维空间中查看分布特征。

编程代码：

```
clc;clear all;

meteo5=xlsread('meteo5_31d24h.xlsx','','D2:H745');%从 Excel 文件读取原始气象数据;
meteo5=meteo5';%将日常记录习惯转置为属性在行、样本在列;
save meteo5;%保存 m 文件所在路径下的 meteo5.mat 文件

%建立竞争型神经网络,并仿真,得到分类结果;
net=competlayer(10);%创建一个竞争型神经网络,分类数量为 10 类;
```

```
net=init(net);%初始化网络;
net=train(net,meteo5);%以原始气象5参数作为输入,执行无导师监督下训练;
view(net);%查看网络结构;
y_vec=net(meteo5);%以原始气象5参数作为输入,用无导师监督下训练好的网络进行仿真,输出稀疏向量;
y_ind=vec2ind(y_vec);%将稀疏向量转换为类别索引;

%%
%数据索引值(及数据的顺序号)即小时序号,数据小时值除于24,取整可得到日期,取模可得到当日所在时段;
for i=1:10;%创建10次循环;
    y=find(y_ind==i);%查找第i类的所有元素,并将元素索引(即5参数气象数据组顺序号)赋值给y;
    yd=floor(y/24+1);%气象数据组序号/24后,用floor取整+1,得到日期数;
    yh=mod(y,24);%气象数据组序号取模,得到时间(小时);
    eval(['y',num2str(i),'d=yd']);%使用eval函数,创建日期的动态变量名,并对其赋值;
    eval(['y',num2str(i),'h=yh']);%使用eval函数,创建时间(小时)的动态变量名,并对其赋值;
end

%%
figure(1);%绘制二维图:以横轴为日期,纵轴为时间(小时);
plot(y1d,y1h,'bo',   y2d,y2h,'b+',y3d,y3h,'b*',y4d,y4h,'b.',y5d,y5h,'bx',y6d,y6h,'bs',y7d,y7h,'bd',y8d,y8h,'b^',y9d,y9h,'bp',   y10d,y10h,'bv')
%以不同的图例,在日期-时间平面中分别显示10个不同类别的实际位置;
legend('第1类','第2类','第3类','第4类','第5类','第6类','第7类','第8类','第9类','第10类');%定义图例;
xlabel('2017年8月日期');%定义横轴标签;
ylabel('时间');%定义纵轴标签;
set(gca,'ytick',0:24);%定义纵轴刻度数量;
set(gca,'yticklabel',{0:24});%定义纵轴刻度标签;
```

运行结果:

运行结果见图5-12、图5-13。

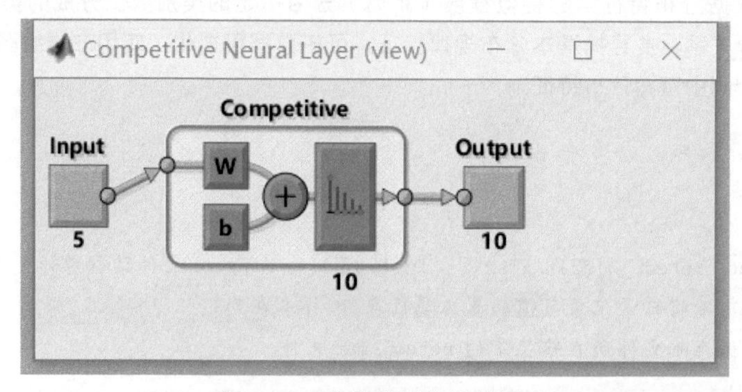

图5-12 竞争型网络结构图

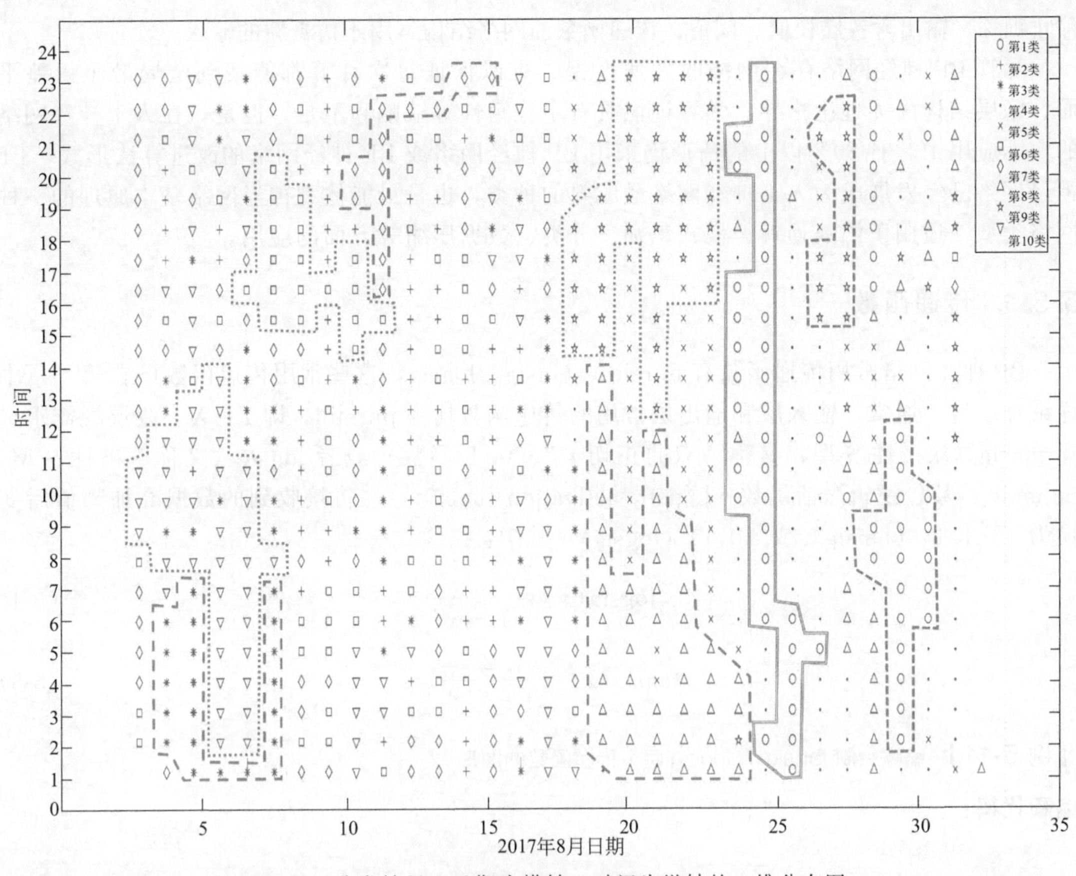

图 5-13　分类结果以日期为横轴、时间为纵轴的二维分布图

应用总结：由图 5-13 可看出，在本月中，气象 5 参数的第 1、3、5、6、7、8、9、10 类具有一定程度的按日期分布规律、在某 1 天或几天内按时间的分布特征规律（图中虚线范围内）。

5.5　BP 神经网络

BP 为 back propagation（反向传播）的缩写，是使用最广泛、最重要的人工神经网络之一，于 20 世纪 80 年代由美国认知心理学家 David Rumelhart 和心理与认知神经科学家 James McClelland 为首的科学家提出并发展起来。BP 神经网络的结构上具有输入、输出和多层隐含层。算法基础是信息正向传播、误差反向传播，BP 因此得名。

1986 年，David Rumelhart 和 James McClelland 出版了 *Parallel Distributed Processing: Explorations in the Microstructure of Cognition*（《并行分布式处理：认知微架构的探索》）一书。书中阐述了计算机仿真感知器，给计算科学家提供了第一个神经过程的可测试模型，用现在的技术来看即认知科学中的中央文本领域。该著作用统计学习和并行分布式处理方法阐述了连接模型，例如语言识别、可视化文字识别。BP 神经网络的输入层神经元接收外界传入的信息，传递给隐层神经元，隐层可以是一层或多层，进行信息的加工处理，处理后传递给输出层，输出层向外传递处理结果。同时，误差由输出层开始，按照梯度下降的方式修正各层权值、阈值，逐层向隐层、输入层传递，完成一次迭代，进行下一个信息正向误差反向传递，不断调整各连接权值、各神经元阈值，直到误差达到预设的程度或预先设定的学习次数时停止训练。输出含各层权值、阈值、传递函数的网络结构，用于仿真新的输入。

尽管 BP 神经网络存在网络收敛速度慢、难以保证每次计算都能找到全局最小误差平面、隐层结构尚无理论指导、学习记忆具有不稳定性等缺陷和不足，但是，在人工神经网络的实际应用中，有 80%以上的情形仍采用 BP 神经网络或 BP 神经网络的改进算法形式，BP 神经网络已经发展成为人工神经网络最成熟的种类，也是最能体现神经网络基本原理的一种网络类型，适用于函数逼近、模式识别、分类、数据压缩等方面的应用。

5.5.1 传递函数

BP 神经网络常用传递函数有 purelin、tansig、logsig，这些常用传递函数已在第 1 章中详细介绍过。通常，输入层和输出层常用的传递函数均为 purelin，即 $Y=X$，隐层视需求选择 tansig（双极性 S 型，又称“双曲正切型”、tanh 函数）或者 logsig（又称单极性 S 型、Sigmoid 函数、逻辑激活函数、logistic activation function），将接收到的数据叠加阈值后变换为（−1,1）（tansig）或（0,1）（logsig）。其中：

$$\text{logsig}(x)=\frac{1}{1+e^{-x}} \tag{5-4}$$

$$\text{tansig}(x)=\frac{2}{1+e^{-2x}}-1 \tag{5-5}$$

【例 5-11】 编程绘制 tansig、 logsig 两个传递函数的图形。

编程代码：

```
x=-5:0.125:5;
y=tansig(x);
y2=logsig(x);
plot(x,y,'r*:',x,y2,'go-');
axis([-5,5,-1.2,1.2]);
legend('y=tansig(x)','y=logsig(x)');
```

运行结果：

运行结果见图 5-14。

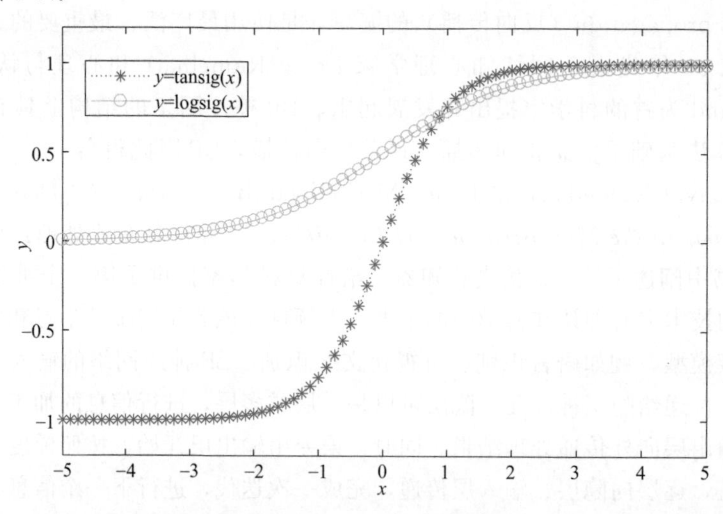

图 5-14 tansig、logsig 图形

5.5.2 训练函数与学习函数

BP神经网络中的部分网络创建函数如newcf、newff须定义训练函数和学习函数，若不定义，则按照缺省值。

训练函数和学习函数具有不同的作用。newcf、newff网络设置中两个都须定义或按照缺省设置。区别在于：训练函数确定整个网络权值和阈值矩阵调整的计算方法，确定的是全局权值和阈值，目标考虑的是最小整体误差，关注的是算法。而学习函数解决的是怎样确定调整量，确定的是如何调整局部权值和阈值，即提供更新、调整规则，目标是考虑最小单个神经元误差。训练函数与学习函数可以相同也可以不同，训练函数获取权值、阈值后，由学习函数进行调整，再由训练函数训练新的权值或阈值，再由学习函数再次调整更新，反复迭代，直至满足训练终止的条件。

Matlab神经网络工具箱提供了丰富的训练和学习函数：

(1) 训练函数

trainlm：Levenberg-Marquardt（莱文贝格-马夸特BP算法）训练函数；newcf、newff两个BP神经网络的缺省值。

trainbr：贝叶斯正则化规则法，对Levenberg-Marquardt算法进行修改，以使网络的泛化能力更好，同时降低了确定最优网络结构的难度（4.2节中有介绍）。

traingd：梯度下降的BP算法训练函数。

traingdm：梯度下降动量（gradient descent momentum）的BP算法训练函数。

traingda：梯度下降自适应学习速率的BP算法训练函数。

traingdx：梯度下降动量和自适应学习速率的BP算法训练函数。

trainbfg：拟牛顿反传训练函数，比trainlm慢但具有更高的内存使用效率，适合内存资源不足的计算硬件。

trainrp：弹性反传训练函数，比trainbfg慢但具有更高的内存使用效率，适合内存资源不足的计算硬件。

(2) 学习函数

learngdm：带动量项的BP梯度下降学习规则，权值、阈值的变化率计算依据各神经元的输入和误差，以及权值、阈值的学习速率和动量常数；newcf、newff两个BP神经网络的缺省值。

learngd：BP梯度下降学习规则，权值、阈值的变化率计算依据各神经元的输入和误差，以及权值、阈值的学习速率。

5.5.3 BP神经网络类型及语法格式

Matlab提供了丰富的BP神经网络创建函数。本节详细介绍newcf、cascadeforwardnet、newff、feedforwardnet。

① newcf。newcf创建级联前向反传网络，在R2010b NNET 7.0中宣布废弃，但仍然可以使用且很多文献和应用都在广泛使用，推荐替代函数为cascadeforwardnet。

```
格式1：net=newcf(PR,[S1 S2…S(N)],{TF1 TF2…TFN},BTF,BLF,PF);
格式2：net=newcf(P,T,S);
```

```
格式 3：net=newcf(P,T,[S1 S2…S(N-1)],{TF1 TF2…TFN},BTF,BLF,PF,IPF,OPF,DDF);
```

其中：

PR：R 组输入元素的最大值和最小值组成的 $R\times2$ 维矩阵；

P：R 维 Q_1 组样本输入向量构成的 $R\times Q_1$ 矩阵；

T：S_N 维 Q_2 组样本目标向量构成的 $S_N\times Q_2$ 矩阵；

Si：N 层（格式 1，含输出层）/$N-1$ 层（格式 2，仅隐层）隐含层及每层神经元数量结构表达式，缺省为 [ ]。输出层的神经元数量由目标 T 决定（$=T$ 的维度数$=S_N$）；

TFi：各隐含层传递函数，隐含层缺省为 tansig，输出层缺省为 purelin；

BTF：网络训练函数，缺省为 trainlm；

BLF：网络学习函数，缺省为 learngdm；

PF：性能函数，缺省为 mse；

IPF：输入数据预处理函数构成的单行元胞数组，缺省为 {'fixunknowns','remconstantrows','mapminmax'}；

OPF：输出数据后处理函数构成的单行元胞数组，缺省为 {'remconstantrows','mapminmax'}；

DDF：数据分配函数，使用元素索引随机分配目标到训练、验证、测试 3 个数据集，缺省为 dividerand，即按照 0.7、0.15、0.15 的比例将输入-输出样本随机拆分为训练、验证、测试 3 个数据集；

net：返回的一个 N 层（$N-1$ 层隐层、1 层输出层）级联前向反传网络。

须注意的是：用格式 1 语法，要将输出层纳入作为 S_i 的最后一层，也要定义 S_i 的最后一层输出层的传递函数 purelin。建议按照 MathWorks 的建议，使用格式 2、3 代替格式 1 或者直接使用 cascadeforwardnet。

② cascadeforwardnet。cascadeforwardnet 是在 R2010b NNET 7.0 中推荐替代 newcf 的级联前向反传网络，比原 newcf 简单易用，语法格式为：

```
net=cascadeforwardnet(hiddenSizes,trainFcn)
```

其中：

hiddenSizes：N 层隐含层及每层神经元数量结构的单行向量表达式，缺省为 [10]，即共 1 个隐层含 10 个神经元；

trainFcn：训练函数，缺省为 trainlm；

net：返回的一个 $N+1$ 层（N 层隐层、1 层输出层）级联前向反传网络。

③ newff。newff 创建前向反传网络，在 R2010b NNET 7.0 中宣布废弃，但仍然可以使用且很多文献和应用都在广泛使用，推荐替代函数为 feedforwardnet。

```
格式 1：net=newff(PR,[S1 S2…S(N)],{TF1 TF2…TFN},BTF,BLF,PF );
格式 2：net=newff(P,T,S);
格式 3：net=newff(P,T,S,TF,BTF,BLF,PF,IPF,OPF,DDF);
```

其中：

PR：R 组输入元素的最大值和最小值组成的 $R\times2$ 维的矩阵；

P：R 维 Q_1 组样本输入向量构成的 $R\times Q_1$ 矩阵；

T：S_N 维 Q_2 组样本目标向量构成的 $S_N\times Q_2$ 矩阵；

Si：$N-1$层隐含层及每层神经元数量结构表达式，缺省为［］，输出层的神经元数量由目标T决定；

TFi：各隐含层传递函数，隐含层缺省为tansig，输出层缺省为purelin；

BTF：网络训练函数，缺省为trainlm；

BLF：网络学习函数，缺省为learngdm；

PF：性能函数，缺省为mse；

IPF：输入数据预处理函数构成的单行元胞数组，缺省为｛'fixunknowns','remconstantrows','mapminmax'｝；

OPF：输出数据后处理函数构成的单行元胞数组，缺省为｛'remconstantrows','mapminmax'｝；

DDF：数据分配函数，使用元素索引随机分配目标到训练、验证、测试3个数据集，缺省为dividerand，即按照0.7、0.15、0.15的比例将输入-输出样本随机拆分为训练、验证、测试3个数据集；

net：返回的一个N层（$N-1$层隐层、1层输出层）前向反传网络。

需要注意的是：用格式1语法，要将输出层纳入作为最后一层S_N，也要定义最后一层S_N输出层的传递函数purelin。建议按照MathWorks的建议，使用格式2、3代替格式1或者直接使用feedforwardnet。

④ feedforwardnet。feedforwardnet是在R2010b NNET 7.0中推荐替代newff的前向反传网络，比原newff简单易用，语法格式为：

```
net=feedforwardnet(hiddenSizes,trainFcn)
```

其中：

hiddenSizes：N层隐含层及每层神经元数量结构的单行向量表达式，缺省为［10］，即共1个隐层含10个神经元；

trainFcn：训练函数，缺省为trainlm；

net：返回的一个$N+1$层（N层隐层、1层输出层）前向反传网络。

【例5-12】 已知输入矩阵$P=[1\ 2\ 3\ 4\ 5]$，输出矩阵$T=[1.9\ 4.2\ 5.7\ 8.4\ 9.6]$。分别用newcf、cascadeforwardnet、newff、feedforwardnet 4个函数各创建一个3层隐层，各层神经元数量分别为3、4、2的BP神经网络并查看其结构图。

解题思路：按照4个BP函数语法，已经可以创建函数，Matlab提供了view(net)语句可以查看网络结构图。

编程代码：

```
clear all;clc;
P=[1 2 3 4 5];%给出输入矩阵;
T=[1.9 4.2 5.7 8.4 9.6];%给出输出矩阵;


net_cf1=newcf(minmax(P),[3 4 2 1],{'tansig','tansig','tansig','purelin'});%使用格式1语法,S要
将输出层纳入作为最后一层SN,也要定义最后一层SN输出层的传递函数purelin;
net_cf1=train(net_cf1,P,T);%以P作为输入,T作为目标训练网络;
```

net_cf2=newcf(P,T,[3 4 2],{'tansig','tansig','tansig'});%按照格式2、3语法,S仅定义隐层结构及隐层传递函数,若传递函数不定义则使用缺省tansig;

net_cf2=train(net_cf2,P,T);%以P作为输入,T作为目标训练网络;

net_cas=cascadeforwardnet([3 4 2]);%按照语法,S仅定义隐层结构及隐层传递函数,若传递函数不定义则使用缺省tansig;

net_cas=train(net_cas,P,T);

net_ff1=newff(minmax(P),[3 4 2 1],{'tansig','tansig','tansig','purelin'});%使用格式1语法,S要将输出层纳入作为最后一层SN,也要定义最后一层SN输出层的传递函数purelin;

net_ff1=train(net_ff1,P,T);%以P作为输入,T作为目标训练网络;

net_ff2=newff(P,T,[3 4 2]);%按照语法,S仅定义隐层结构及隐层传递函数,若传递函数不定义则使用缺省tansig;

net_ff2=train(net_ff2,P,T);%以P作为输入,T作为目标训练网络;

net_feedfw=feedforwardnet([3 4 2]);%按照语法,S仅定义隐层结构及隐层传递函数,若传递函数不定义则使用缺省tansig;

net_feedfw=train(net_feedfw,P,T);%以P作为输入,T作为目标训练网络;

```
%分别查看6个网络结构;
view(net_cf1);
view(net_cf2);
view(net_cas);
view(net_ff1);
view(net_ff2);
view(net_feedfw);
```

运行结果:

运行结果见图5-15~图5-18。

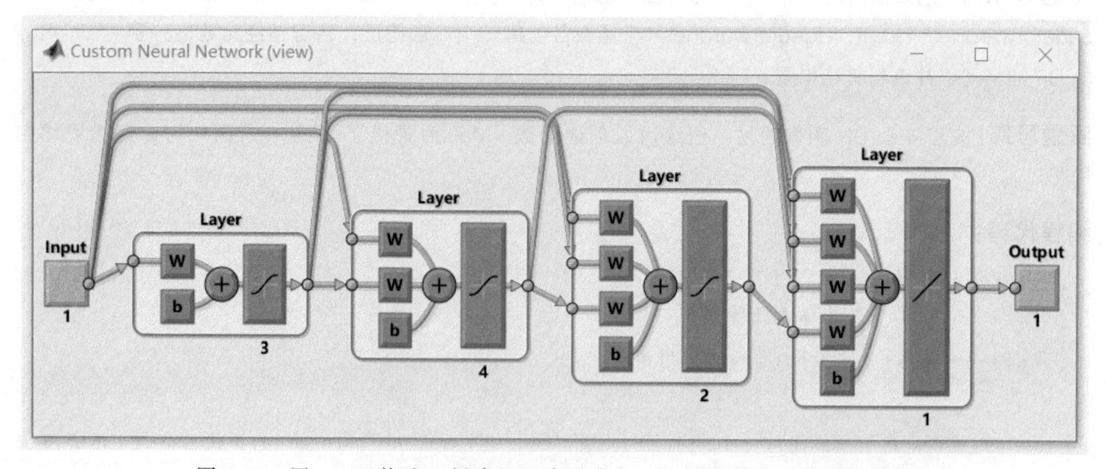

图5-15 用newcf格式1创建的3隐层[3 4 2]级联前向反传网络结构

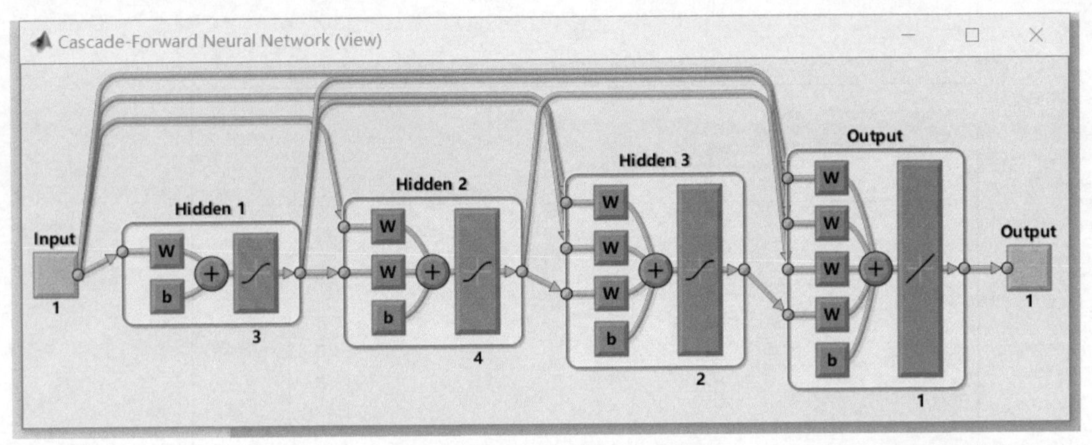

图 5-16　用 newcf 格式 2/3、cascadeforwardnet 创建的 3 隐层［3 4 2］级联前向反传网络结构

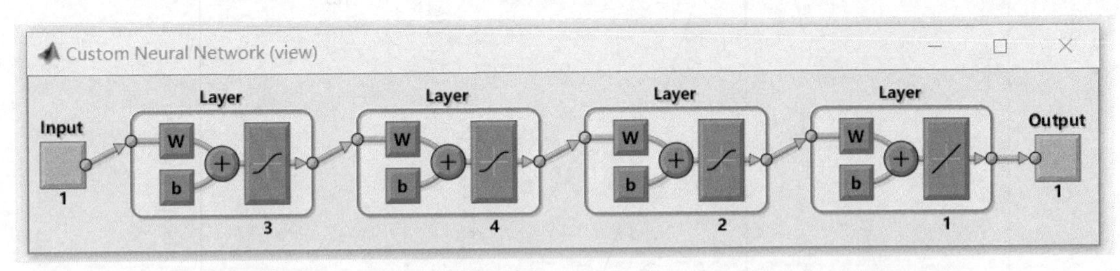

图 5-17　用 newff 格式 1 创建的 3 隐层［3 4 2］前向反传网络结构

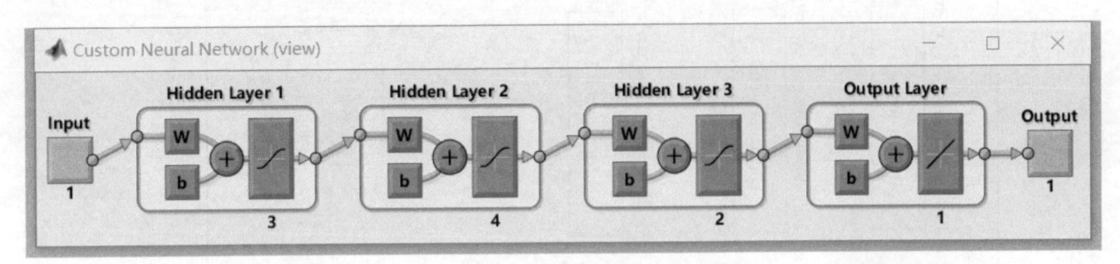

图 5-18　用 newff 格式 2、3，feedforwardnet 创建的 3 隐层［3 4 2］前向反传网络结构

应用总结：① 与前向反传网络相比，级联前向反传网络的结构要复杂一些，后面的隐层除了要接收前面相邻的隐层输出外，还要接收前面所有不相邻隐层及输入层的输出数据，这也是级联前向反传网络和普通前向反传网络在结构上的区别。

② 无论 newcf 还是 newff，格式 1 和格式 2、3 没有本质的区别，但层的命名不同，创建网络的语句须对各层的传递函数进行定义，且最后一层即为输出层，使用 purelin 作为传递函数。

5.5.4　BP 神经网络结构与内部计算传递的基本规则

5.5.4.1　网络结构

BP 是最典型的神经网络，具有输入、隐含、输出三类神经元构成的层，发出神经元对接收神经元的连接权值以示对接收神经元的重要性程度，传出之前使用传递函数进行信号变换，接收神经元有阈值来设置一个兴奋状态的门槛。在第 1 章、第 4 章介绍过神经网络的基本结构，本节进一步深入剖析一个典型的 BP 神经网络，详见图 5-19。

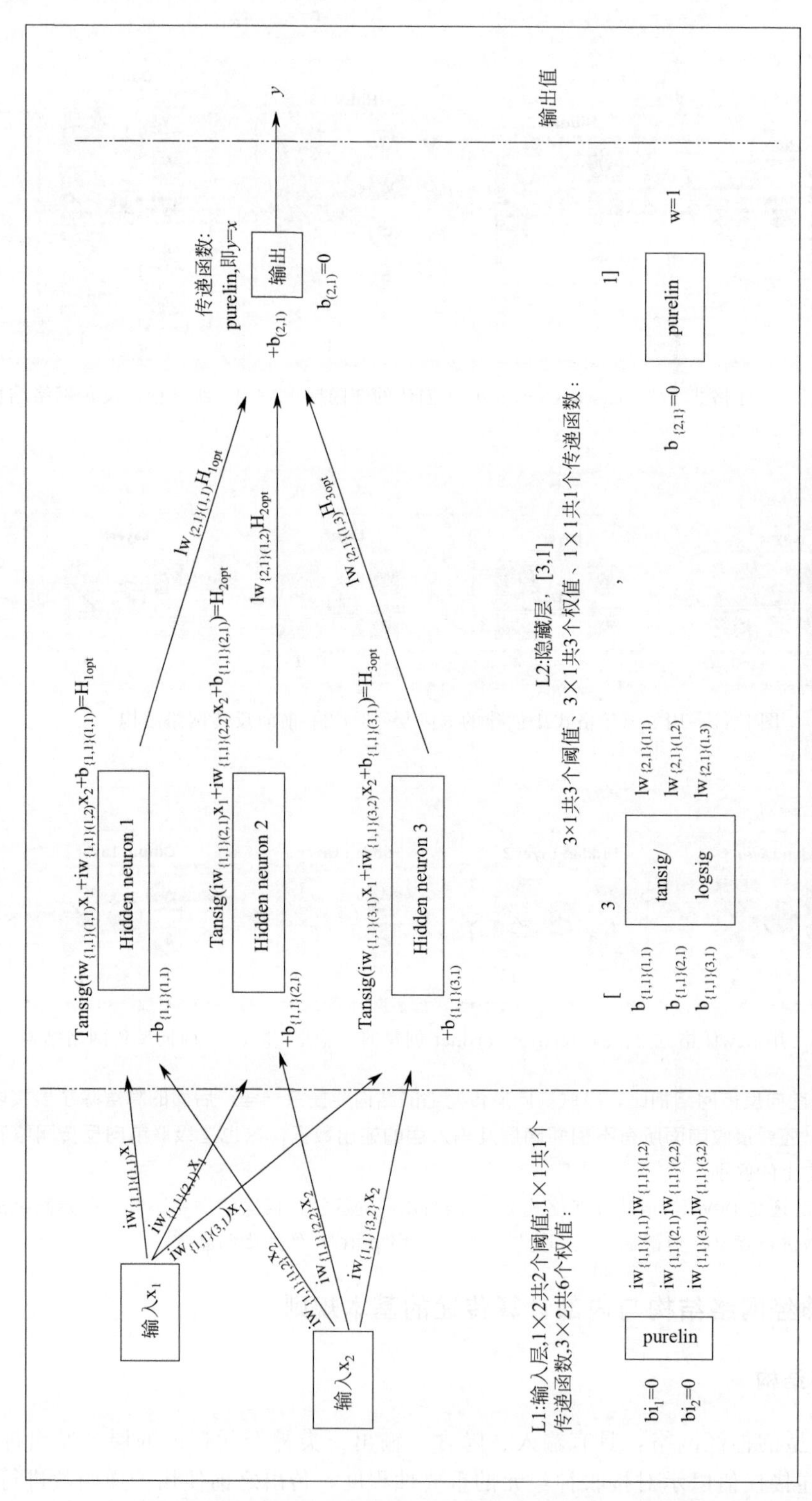

图 5-19 一个典型的 BP 神经网络结构

这是一个典型的BP神经网络的例子，结构如下：

① 1个输入层含有2个神经元（2维输入），阈值bi1=bi2=0，传递函数为purelin，也就是说没有计算意义。

② 2个隐含层，其中第1个隐含层含有3个神经元，传递函数为tansig，权值、阈值详见图5-19；第2隐含层有1个神经元，传递函数为purelin，权值、阈值详见图5-19。

5.5.4.2 网络内部信号数据计算传递的基本规则

① 每个神经元相对于接收神经元的都有自己的权值，即每个神经元能够体现出对接收神经元的重要性，也即每次神经元之间的连接有特定的权值：连接有权值。

② 每个神经元在接收数据时都有自己的阈值，每个神经元对于收到的信号之和都有自己的敏感起点（兴奋或抑制）：接收后有阈值。

③ 同一层内各神经元具有相同的传递函数。激活兴奋后都有自己的传递函数对收到信号之和进行变换，变换后才传递出去（如tansig、logsig）：传出前先变换。

可总结为：每对连接都有权值，每个神经元都有自己的阈值，每层神经元有相同的传递函数，接收时要将接收数据之和叠加自己的阈值，然后用传递函数进行变换，变换后乘以自己对接收神经元的权值再传出去。

图5-19中，输入层神经元的阈值为0，传递函数为purelin（$y=x$），输出层的神经元的阈值为b_{opt}，传递函数为purelin（$y=x$）。

5.5.4.3 网络内部数据处理过程

按照上述规则，可以总结出BP神经网络内部数据处理计算过程及解析式：

```
Y=   lw{2,1}(1,1) H1opt
+ lw{2,1}(2,1) H2opt
+ lw{2,1}(3,1) H3opt
+ b{2}
=   net.lw{2,1}(1,1) * tansig(net.iw{1,1}(1,:) * x+net.b{1,1}(1,1))
  +net.lw{2,1}(1,2) * tansig(net.iw{1,1}(2,:) * x+net.b{1,1}(2,1))
  +net.lw{2,1}(1,3) * tansig(net.iw{1,1}(3,:) * x+net.b{1,1}(3,1))
  +net.b{2,1}(1,1)…
```

其中：

$$\mathrm{logsig}(x)=\frac{1}{1+\mathrm{e}^{-2x}}$$

$$\mathrm{tansig}(x)=\frac{2}{1+\mathrm{e}^{-2x}}-1$$

训练网络得到比较理想的性能后，通过提取输入层、隐层的神经元连接的权值，各神经元阈值，事先定义的各层传递函数，就可以得到上述解析式。这样就可以将BP神经网络模型用一套简单的解析公式代替，用于求解预测，可部署到无Matlab的普通办公电脑上开展模拟求解计算。

5.5.5 BP神经网络的底层工作原理

根据上述BP网络函数语法、计算传递基本规则，现举例说明BP神经神经网络的工作及计算过程原理。

【例 5-13】 下列数据是由已知关系 t= sin(x1)+ cos(x2)创建的，分别用 BP 神经网络的 newff 的格式 1 和格式 2/3 来创建、训练、仿真求解；使用图 5-19 中的隐层和输出层的结构（S= [3 1]：格式 1；S= [3]：格式 2/3），根据 BP 神经网络内部数据处理原理分别给出格式 1 和格式 2/3 的计算解析式并用解析式模拟求解，并比较解析式计算结果与网络模拟仿真结果。

x1	1	3	5	7	9	11	13	15
x2	0	2	4	6	8	10	12	14
t	1.8415	−0.2750	−1.6126	1.6172	0.2666	−1.8391	1.2640	0.7870

解题思路：使用结构相对简单的普通前向反传网络（newff、 feedforwardnet），根据前述 BP 神经网络基本结构及原理：

格式 1：设隐藏层的结构为 [3, 1]，即隐藏层有 2 层，第 1 隐层的神经元数量为 3，传递函数默认为 tansig；第 2 隐层的神经元数量为 1，传递函数默认为 purelin，权值均为 1。

格式 2/3：设隐藏层的结构为 [3]，即隐藏层有 1 层，神经元数量为 3，传递函数默认为 tansig；网络默认增设线性输出层。

根据下列规则得到解析计算公式：

每对连接都有权值，每个神经元都有自己的阈值，每层神经元有相同的传递函数，接收时要将接收数据之和叠加自己的阈值，然后用传递函数进行变换，变换后乘以自己对接收神经元的权值再传出去。

① 输入层可提取的参数包括：

a. 2×1 共 2 个阈值，分别为 $bi_1=0$， $bi_2=0$，在解析式中可以忽略；

b. 1×1 共 1 个传递函数 purelin，在解析式中可以忽略；

c. 3×2 共 6 个输入层权值： net. iw。其中：

net. iw{1,1}(1,1:2)：输入层的 2 个输入对隐 1 层第 1 个神经元的权值（1 接 1、 1 接 2）；

net. iw{1,1}(2,1:2)：输入层的 2 个输入对隐 1 层第 2 个神经元的权值（2 接 1、 2 接 2）；

net. iw{1,1}(3,1:2)：输入层的 2 个输入对隐 1 层第 3 个神经元的权值（3 接 1、 3 接 2）。

② 隐 1 层可提取的参数包括：

a. 3×1 共 3 个阈值，其中：

net. b{1,1}(1,1)：隐 1 层第 1 个神经元的阈值；

net. b{1,1}(2,1)：隐 1 层第 2 个神经元的阈值；

net. b{1,1}(3,1)：隐 1 层第 3 个神经元的阈值；

b. 1×1 共 1 个传递函数 tansig；

c. 1×3 共 3 个隐 1 层权值： net. lw。其中：

net. lw{2,1}(1,1)：隐 1 层第 1 个神经元对输出层的权值；

net. lw{1,1}(1,2)：隐 1 层第 2 个神经元对输出层的权值；

net. lw{1,1}(1,3)：隐 1 层第 3 个神经元对输出层的权值。

③ 输出层可提取的参数包括：

a. 1×1 共 1 个阈值， net. b{2,1}(1,1)；

b. 1×1 共 1 个传递函数 purelin，在解析式中可以忽略；

c. 1×1 共 1 个输出层对输出值的权值： 1.0，在解析式中可以忽略。

编程代码：

```
clc;clear all;%清空命令行窗口;清除工作空间中的变量

%rng(0);%固定初始权值,重复运行代码将得到相同的结果,如果网络性能不理想,
```

```
%则需注释本句,重新运行;如果效果理想了,则将工作区保存为 mat 文件,下次调
%入该 mat 文件后,不用训练网络,直接运行相关仿真求解的语句,就可得到和上次
%mat 里的 net 的仿真求解相同的结果

%定义已知输入样本 x1、x2、X
x1=1:2:15;
x2=0:2:14;
X=[x1;x2];
T=sin(x1)+cos(x2);%定义 T 与 x1、x2 之间的关系公式;

%归一化,尤其是针对 newff 格式 2、3,如果要用权值阈值解析式,训练前一定要
%归一化,否则权值阈值解析式将得不到网络仿真结果;如果用 newff 格式 1,因在
%网络创建函数中已定义输入 X 的最大最小值,可以不归一化,权值阈值解析式得
%到的计算结果=网络仿真结果;

%%1.使用 newff 格式 1(在 R2010bNNET7.0 中已宣布废弃但仍可使用),可不归一化:
net=newff(minmax(X),[3,1],{'tansig','purelin'});%已废弃的格式 1 定义 BP 神经网络类型及结构;
隐藏层为 1 层,神经元数量为 3 个,传递函数为 tansig;输出层为 1 层,传递函数为 purelin;

net.trainParam.epochs=1000;%定义网络迭代次数
net=init(net);%初始化网络权值阈值;
%net.trainfcn='trainbr';% Bayesian Regularization
net=train(net,X,T);%以 X 为输入,以 T 为目标,训练网络,可在命令行窗口中查看网络结构;
Y=net(X);%训练完毕后,以 X 为输入,仿真求解 Y 值;

close(figure(1));%关闭上一个绘图;
figure(1)
plot(T,'b:o');%以蓝色为颜色,以 O 作为目标 T 值数据点,以虚线连接各数据点;
hold on %等下一个画图;
plot(Y,'r-+')%以红色为颜色,以+作为仿真求解的 Y 值数据点,以实线连接各数据点;
legend('目标值 T','仿真求解值 Y');%定义图例;

%展示训练好的网络权值阈值及其维度;
net.iw %展示训练好的输入权值;
net.lw %展示训练好的层(隐层和输出层)权值;
net.b  %展示训练好的阈值;

x=[6.5;7.8];%取一个以前未出现过的新的输入样本

%根据训练得到的权值阈值,给出 newff 格式 1 的数学模型解析式:
y_equation_FMobs=…
                    net.lw{2,1}(1,1)*tansig(net.iw{1,1}(1,:)*x+net.b{1,1}(1,1))…
                   +net.lw{2,1}(1,2)*tansig(net.iw{1,1}(2,:)*x+net.b{1,1}(2,1))…
                 + net.lw{2,1}(1,3)*tansig(net.iw{1,1}(3,:)*x+net.b{1,1}(3,1))…
```

```
                    +net.b{2,1}(1,1)…
% 用提取的各神经元的阈值、传递函数、权值，通过公式求取未知样本 x 对应的 y 值；
% 省略号表示续行；使用了矩阵相乘，正好“权值 X 输入”的空间维数符合矩阵相乘的规则；

y_net_FMobs=net(x) % 通过训练好的神经网络模拟仿真求取未知样本 x 对应的 y 值；

t=sin(x(1))+cos(x(2)) % 展示 x 对应的目标值；

% % 2. 使用 newff 格式 2、3，必须归一化：
[Xm,psX]=mapminmax(X);
[Tm,psT]=mapminmax(T);

net=newff(Xm,Tm,[3]); % 用格式 2、3 定义、创建 BP newff 网络：隐藏层为 1 层，
% 神经元数量为 3 个，传递函数为 tansig；输出层不用定义，默认 1 层×1 个神经元，默认
% 传递函数分别为 purelin；

net.trainParam.epochs=1000; % 定义网络迭代次数
net=init(net); % 初始化网络权值阈值；
net=train(net,Xm,Tm); % 以归一化后的 Xm 为输入，Tm 为目标，训练网络，在命令行窗口中查看网络结构；
Ym=net(Xm); % 训练完毕后，以 Xm 为输入，仿真求解 Ym 值；
Y=mapminmax('reverse',Ym,psT); % 求出的 Ym 值是归一化后的值，需用原目标归一化时设置规则 psT
% 反归一化，得出模拟仿真的原始值 Y；

close(figure(2)); % 关闭上一个绘图；
figure(2)
plot(T,'b:o'); % 以蓝色为颜色，以 O 作为目标 T 值数据点，以虚线连接各数据点
hold on % 等下一个画图
plot(Y,'r-+') % 以红色为颜色，以+作为仿真求解的 Y 值数据点，以实线连接各数据点
legend('目标值 T','仿真求解值 Y'); % 定义图例；

% 展示训练好的网络权值阈值及其维度；
net.iw % 展示训练好的输入权值；
net.lw % 展示训练好的层(隐层和输出层)权值；
net.b  % 展示训练好的阈值；

x=[6.5;7.8]; % 取一个以前未出现过的新的输入样本
xm=mapminmax('apply',x,psX); % 新输入样本按原训练样本归一化时的设置规则 psX 进行归一化；

% 根据训练得到的权值阈值，给出 newff 格式 2、3 的数学模型解析式，与格式 1 比较，公式是相同的；
y_equation_m=…
            net.lw{2,1}(1,1)*tansig(net.iw{1,1}(1,:)*xm+net.b{1,1}(1,1))…
           +net.lw{2,1}(1,2)*tansig(net.iw{1,1}(2,:)*xm+net.b{1,1}(2,1))…
          + net.lw{2,1}(1,3)*tansig(net.iw{1,1}(3,:)*xm+net.b{1,1}(3,1))…
```

```
                    +net.b{2,1}(1,1)…
    ;
% 用提取的各神经元的阈值、传递函数、权值，通过公式求取未知样本 x 对应的 y 值；
% 省略号表示续行；使用了矩阵相乘，正好“权值×输入”的空间维数符合矩阵相乘的规则；

y_equation_FM23=mapminmax('reverse',y_equation_m,psT) % 反归一化；

y_net_m=net(xm); % 通过训练好的神经网络模拟仿真求取未知样本 x 对应的 y 值；

y_net_FM23=mapminmax('reverse',y_net_m,psT) % 模拟仿真值反归一化；

t=sin(x(1))+cos(x(2)) % 展示 x 对应的目标值；
```

运行结果：

```
%% 1. 使用 newff 格式 1 创建和训练后，提取的权值阈值：
net.iw=   2×1 cell 数组
    [3×2 double]
    []
net.lw=   2×2 cell 数组
                  []     []
    [1×3 double]    []
net.b=   2×1 cell 数组
    [3×1 double]
    [     0.9743]

y_equation_FMobs=      0.0707    %解析式计算结果
y_net_FMobs=      0.0707    %网络模拟仿真计算结果
t=0.2691    % 想一想为什么网络性能如此差？

%% 2. 使用 newff 格式 2/3 创建和训练后，提取的权值阈值：
net.iw=   2×1 cell 数组
    [3×2 double]
    []
net.lw=   2×2 cell 数组
                  []     []
    [1×3 double]    []
net.b=   2×1 cell 数组
    [3×1 double]
    [     0.9461]

y_equation_FM23=      1.3956    %解析式计算结果
y_net_FM23=      1.3956    %网络模拟仿真计算结果
t=0.2691    % 想一想为什么网络性能如此差？
```

相关结果见图 5-20、图 5-21。

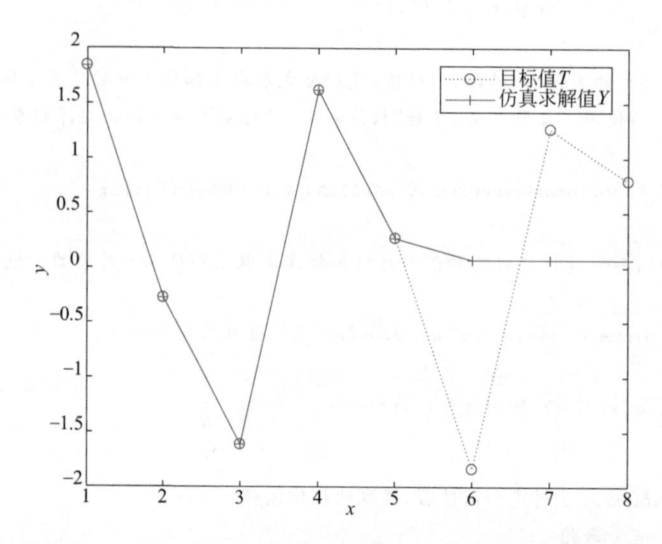

图 5-20 newff 格式 1 网络输入、输出及仿真求解结果绘图

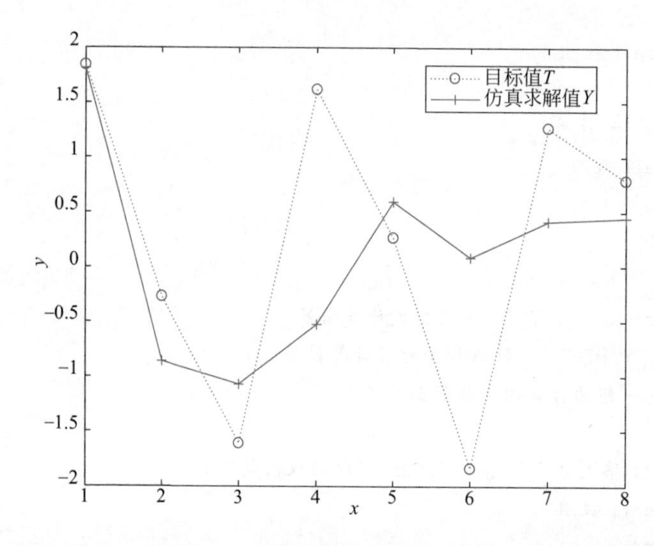

图 5-21 newff 格式 2/3 网络输入、输出及仿真求解结果绘图

应用总结：在本例中，隐层设置为 S = [3] 并不合理，因此，网络性能较差；S = [3] 设置是为了更容易说明网络结构与其内部计算规则的对应，并通过规则提取的权值、阈值编写解析式的方法。

为了说明权值、阈值矩阵的命名对应关系，各隐藏层传递函数，如何提取各层各神经元权值、阈值，在上述例子基础上再复杂化一点：设置 4 个隐藏层结构为[3,4,5,1]，即把上例中的：

```
net=newff(minmax(X),[3,1],{'tansig','purelin'})
```

改为：

```
net=newff(minmax(X),[3,4,5,1],{'tansig','tansig','tansig','purelin'})
```

把例 5-13 中的：

```
iw=net.IW{1,1};%提取网络的输入层权值,赋给 iw
lw=net.LW{2,1};%提取网络的隐藏层权值,赋给 lw
b1=net.b{1};%提取网络的隐藏层 1 的阈值,赋给 b1
b2=net.b{2};%提取网络的隐藏层 2 的阈值,赋给 b2
```

改为:

iw=net. IW{1,1};%提取网络的输入层权值,3×2矩阵:3个接收×2个发出神经元,赋给iw

lw21=net. LW{2,1};%提取网络的隐藏层权值,4×3矩阵:4个接收×3个发出神经元,赋给lw21,即隐2接隐1的权值矩阵

lw 32=net. LW{3,2};%提取网络的隐藏层权值,5×4矩阵:5个接收×4个发出神经元,赋给lw32,即隐3接隐2的权值矩阵

lw 43=net. LW{4,3};%提取网络的隐藏层权值,1×5矩阵:1个接收×5个发出神经元,赋给lw43,即隐4接隐3的权值矩阵

b1=net. b{1};%提取网络的隐藏层1的阈值,为3×1矩阵,赋给b1

b2=net. b{2};%提取网络的隐藏层2的阈值,为4×1矩阵,赋给b2

b3=net. b{3};%提取网络的隐藏层3的阈值,为5×1矩阵,赋给b3

b4=net. b{4};%提取网络的隐藏层4的阈值,为1×1矩阵,赋给b4

权值关系结构详见图5-22。

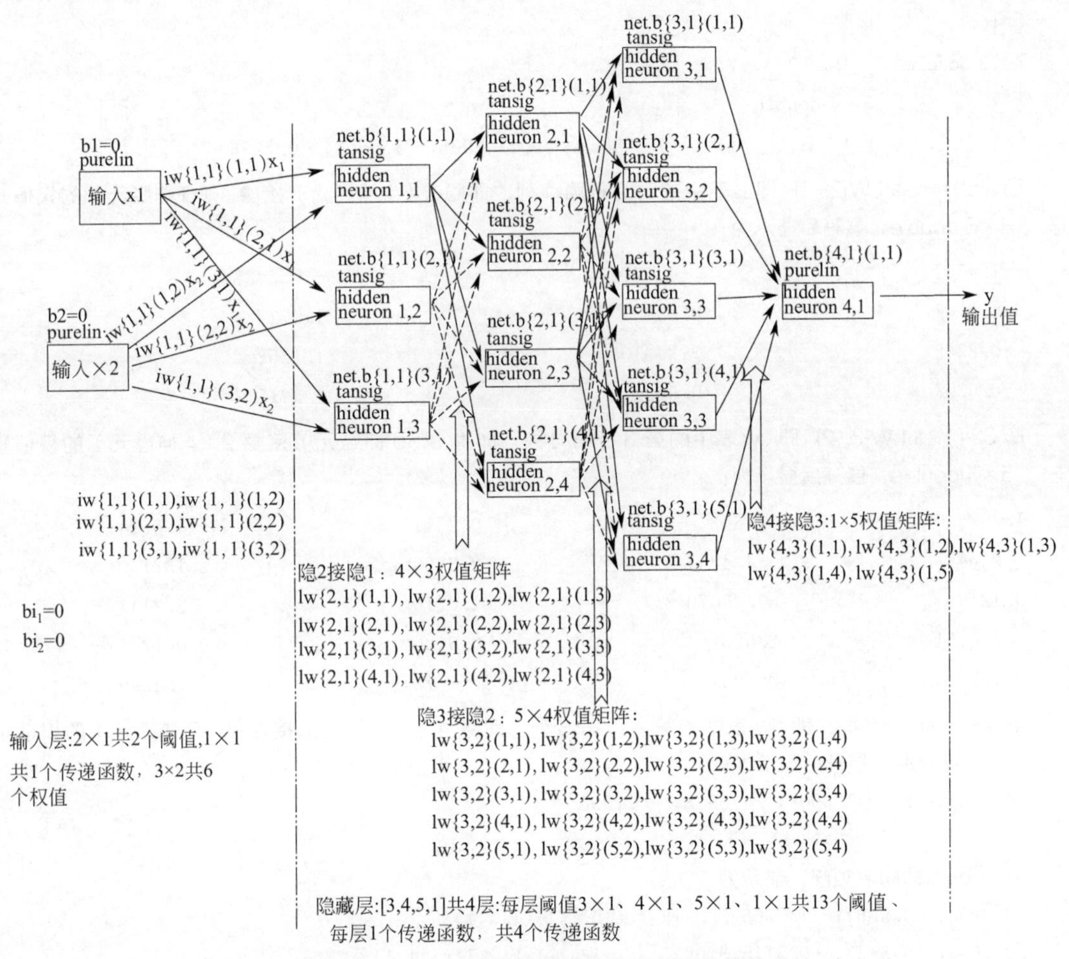

图5-22　一个4隐层的普通前向反传网络结构

运行代码后，可以在命令行窗口中用以下命令查看:

tiw=*net. iw*;%总的输入权值矩阵,赋给*tiw*

tlw=*net. lw*;%总的隐藏层权值矩阵,赋给*tlw*

tb=*net. b*;%总的域值矩阵,赋给*tb*

tiw（即 net. iw）显示为：

[-1.3681,-0.1842;1.6114,1.4758;-0.3036,0.5518]

[ ]

[ ]

[ ]

其中，iw= net. IW {1, 1} 即为输入层（2个神经元）至第1隐层（3个神经元）的权值，具体为：

-1.3681 即 net. IW{1,1}(1,1) （输入神经元 1→隐 1 神经元 1）	-0.1842 即 net. IW{1,1}(1,2) （输入神经元 2→隐 1 神经元 1）
1.6114 即 net. IW{1,1}(2,1) （输入神经元 1→隐 1 神经元 2）	1.4758 即 net. IW{1,1}(2,2) （输入神经元 2→隐 1 神经元 2）
-0.3036 即 net. IW{1,1}(3,1) （输入神经元 1→隐 1 神经元 3）	0.5518 即 net. IW{1,1}(3,2) （输入神经元 2→隐 1 神经元 3）

tlw（即 net. lw）显示为：

[ ]	[ ]	[ ]	[ ]
4×3 double	[ ]	[ ]	[ ]
[ ]	5×4 double	[ ]	[ ]
[ ]	[ ]	[0.8088,2.8590,1.6908,-1.5558,-0.7296]	[ ]

而 lw21= net. LW{2, 1} 即上表中的第2行第1列，即隐2（4神经元）接隐1（3神经元）的权值矩阵：4×3 double，展开后显示为：

-1.4742	-0.9974	-0.3437
-0.2762	0.0380	1.9727
-0.8342	-3.3108	4.1352
-0.0307	0.6032	4.5915

lw 32= net. LW{3, 2} 即 tlw 表中的第3行第2列，即隐3（5神经元）接隐2（4神经元）的权值矩阵：5×4 double，展开后显示为：

1.3086	0.1843	0.3511	-1.5514
-0.5457	-1.4247	2.8466	2.1327
0.1219	-0.5070	1.0216	-2.7141
-1.0454	2.0237	0.6106	0.0517
-1.2852	0.5034	-0.7579	-1.2399

lw 43= net. LW{4,3} 即 tlw 表中的第4行第3列，即隐4（1神经元）接隐3（5神经元）的权值矩阵：1×5 double，展开后显示为：

[0.8088,2.8590,1.6908,-1.5558,-0.7296]

tb= net. b 即阈值矩阵，显示为：

[0.2903;-3.5867;-1.7765] 即：net. b{1,1}(1:3,1)

[2.7008;-0.3453;-0.3115;3.0926] 即：net. b{2,1}(1:4,1)

[-2.3052;0.9922;-0.5921;-0.8613;-2.3322] 即：net. b{3,1}(1:5,1)

[0.3644] 即：net. b{4,1}(1,1)

即 b{1,1}为隐1层的3个神经元的阈值3×1矩阵；

即 b{2,1}为隐2层的4个神经元的阈值4×1矩阵；

即 b{3,1}为隐3层的5个神经元的阈值5×1矩阵；

即 b{4,1}为隐 4 层的 1 个神经元的阈值 1×1 矩阵。

由上述 iw、lw 权值矩阵可以看出：

输入层权值元胞数组的角标命名方式：输入层一般只有一层，即 IW{1,1}。

隐藏层权值元胞数组的角标命名方式：net. LW{隐层接受层序号,隐层传出层序号}。

{2,1}第 2 隐层 4 神经元接收第 1 隐层 3 神经元的 4×3=12 个权值的矩阵；

{3,2}第 3 隐层 5 神经元接收第 2 隐层 4 神经元的 5×4=20 个权值的矩阵；

{4,3}第 4 隐层 1 神经元接收第 3 隐层 5 神经元的 1×5=5 个权值的矩阵。

阈值元胞数组的角标命名方式：net. b{隐层序号,1}。

5.5.6　BP 神经网络隐层设计的一般性原则

在建立和训练 BP 神经网络的过程中，当训练集确定之后，输入层神经元（节点）数量和输出层神经元数量随之而确定：输入层节点数=输入维数，输出层节点数=输出维数。但是还有一个十分重要的问题：怎样确定隐层数、隐层结点数。

可以对同一网络和训练数据集设置较少、适中和较多的隐层数和隐层节点数来进行实验，结果表明：如果隐层数和结点数过少，网络不能具有必要的学习能力和信息处理能力；若过多，网络输出的可靠性也不理想，这是因为网络结构的复杂性被增加，即在 w/b-mse 曲面中没有找到全局极小点，仅找到局部极小点，在很多神经网络的文献中称为“陷入局部极小点”。网络结构复杂的缺点还有使网络的学习速度变得很慢，对硬件、算力资源消耗需要增大。因此，优化隐层数和结点数是建立和训练神经网络的关键之一。但至今，神经网络算法科学家们还没有非常明确的优化规则，各类相关文献也仅提供了如下一些优化隐层结点数 S 的一般性原则（m 为输入层结点数，n 为输出层的节点数）：

（1）Gorman 法：$S=\log_2 m$；

（2）Kolmogorov 法：$S=2m+1$；

（3）部分文献认为：$S=\mathrm{sqrt}(0.43mn+0.12nn+2.54m+0.77n+0.35)+0.51$；

（4）部分文献认为：$S=\mathrm{sqrt}(m+n)+a$（$a=1-10$）；

（5）部分文献提出：$S=3(m=2,n=1)$；$S=7(m=20,n=1)$；

（6）部分文献提出：$S=\mathrm{sqrt}(m(n+3))+1$。

由于网络训练与权值 w 和阈值 b 的随机初始化有关，因此每次训练得到的网络均不同，性能也不同。为优选节点数，可以进行多次训练后求平均误差代表该节点数下的网络性能。一般情况下，按照径向基网络优选 SPREAD 参数的“先粗选后精选”的原则，不断摸索调试，得出最佳节点数。粗选时应注意找出节点数－mse 曲线先减小后增大的倒抛物线形状的趋势线，然后在底端附近进行调试精选。

5.5.7　提高 BP 泛化能力

5.5.7.1　BP 神经网络的优势和缺陷

BP 神经网络模拟人脑储存信息的方式，即把网络信息储存在神经元及其连接上，将权值、阈值、传递函数分布于整个网络。人脑神经元之间的脉冲信号速度低于现代计算机的速度，但在很多问题上可以做出快速的判断和处理，这是因为人脑神经元及神经纤维是一个适合并行处理信息的结构系统。BP 神经网络的结构也是模仿人脑，具有并行处理信息的能力，这样能提高网络的计算速度；人脑如果受到不严重的损伤，仍然可以进行大部分的思维，即部分损伤不影响整体思维。BP神经网络也具有这样的特点，因为网络是高度连接在一起的，部分神经元的误差并不会产生严重的整体误差，这与计算机的普通计算容错性几乎为零的特点完全不同；BP具有一定的自组织、自适应能力，能够通过既定的训练方法、学习方法来反复迭代。不断改变权值阈值以找出权值阈值-误差曲面中的局部最优点，具有不断学习完善的功能。这些特点都使得BP具有不可替代的优势。在人工神经网络应用中，BP的使用率超过了80%，成为人工神经网络中最典型的种类，也是最能体现人工神经网络精华的种类。

但BP神经网络也存在追求训练误差最小化与泛化能力之间的矛盾、网络收敛速度慢、难以保证全局最小误差平面每次计算都能被找到、隐层结构尚无成熟理论指导、学习记忆具有不稳定性等缺陷和不足。非线性映射功能越强，再现已知样本的输出就越准确，网络性能参数就越好，但对于新输入样本的仿真结果不一定好，这种现象称为“过适配”或“过拟合”(overfitting)。反之，非线性映射功能越弱，再现已知样本的输出就越差，网络性能参数就越差，对于新输入样本的仿真结果也不一定好，这种现象称为“欠适配”或“欠拟合”(underfitting)。

5.5.7.2 BP神经网络的泛化能力

用BP建模仿真时，经常会碰到一个情况：训练完毕后，将已知样本的输入作为仿真求解的输入，反演得到的输出与已知样本的输出（目标值）很接近甚至是相等，mse、sse、mae、sae等性能函数也能够体现出很小的值，绘制图形也能看出输出值几乎位于目标值上，所有种种迹象几乎可以得出一个结论：看上去网络性能非常好。但是如果使用已知样本中从未出现过的输入和目标数据进行验证，得到的仿真求解输出结果与目标数据的误差却普遍很大，也就是说，网络用于求解未出现过的新输入的推广能力较差。

泛化能力（generalization）指经训练后的神经网络对未在训练集中出现的新输入样本做出正确的映射的能力。网络的学习不只是单纯的记忆已学习的输入，而是要通过训练样本学习到隐藏着的内在规律，使用规律对未训练过、未出现过的输入也能给出正确的映射。

BP神经网络的特点之一是权值阈值的随机初始化，之后用梯度下降算法寻找最佳权值阈值组合使得误差最小，这样的机制产生了BP神经网络固有的上述缺陷。尤其是对训练误差最小化的过度追求会导致泛化能力的下降，这种情况下的输入-输出图形可以看出：训练样本的仿真反演值基本位于目标值上，实现了满足输出值与目标值的最小误差的目的，因此输出值的连线很不平滑，拐点较多，起伏突然。较为通俗地讲：只照顾了已知样本，对于未出现过的未知输入没有保障。因此，BP神经网络建立后，应采用必要的手段使得训练误差最小化和泛化能力保持在一定的平衡水平上，才能实现网络的推广能力，维持对未知样本的相对较低的误差。

5.5.7.3 控制网络规模提高泛化能力

为方便表述，将网络隐层数量和每层神经元数量统称为网络规模。网络规模越大，非线性映射功能就越强，再现已知样本的输出就越准确，网络性能参数就越好，但对于新输入样本的仿真结果不一定好，这种现象称为“过拟合”。反之，控制网络规模，就可以一定程度减小过拟合现象。

【例 5-14】 在标准正弦曲线 1 个周期内等间距采样 37 组数据，叠加振幅为 ± 0.1 区间的随机噪声误差，作为训练样本。在相对较大和较小的网络规模下用 newff 创建 BP 神经网络，分别训练后反演仿真并进行网络性能比较，并对反演结果绘图进行比较。

解题思路：按照“控制网络规模，就可以一定程度减小过拟合现象”的原理，设置较大规模网络的隐层结构为 [60 5]（即含 2 个隐层，分别含有 60 和 5 个神经元），较小规模网络的隐层结构为 [4]（含 1 个隐层，共 4 个神经元）；随机噪声误差可使用 rand 函数产生 0 ~ 1 间随机数并 - 0.5 后乘 0.2 得到所需振幅范围 [- 0.1， 0.1]；分别创建隐层结构为 [60 5] 和 [4] 的 BP 神经网络并用上述叠加随机噪声误差的数据集进行训练，之后用等间距的已知样本输入作为输入反演仿真，并求出平均方差进行比较，绘制二维图比较两种网络规模下的反演泛化能力。

编程代码：

```
clear all;clc;
x=[0:10:360];%定义已知输入 x;
t=sind(x);%标准正弦曲线
noise=(0.5-rand(1,37))*0.2;%产生分布均匀的 37 个 0-1 间的随机数,转变为-0.1-0.1 区间,作为随机噪声;
y=t+noise;

net1=newff(x,y,[60 5]);
net1=init(net1);
net1=train(net1,x,y);
y1=net1(x);
perf1=mse(y1,t)

net2=newff(x,y,4);
net2=init(net2);
net2=train(net2,x,y);
y2=net2(x);
perf2=mse(y2,t)

plot(x,t,'go',x,y,'ro',x,y1,'r+:',x,y2,'b--');
xlabel('X');ylabel('Y')
legend('标准正弦曲线','带噪声的正弦曲线','[60 5]隐层仿真结果','[4]隐层仿真结果')
```

运行结果：

```
perf1=0.0088([60 5]隐层网络的 mse)
perf2=0.0127([4] 隐层网络的 mse)
```

绘图结果详见图 5-23。

应用总结：① 由网络性能结果可以看出，[60 5] 隐层网络的均方差 perf1（0.0088）小于 [4] 隐层网络的 perf2（0.0127），看上去似乎 [60 5] 隐层网络的性能要优于 [4] 隐层网络。但需要注意的是，这个 perf 仅是 37 个已知样本的反演结果与已知样本目标值的均方差，并非更多的未出现过的样本的仿真结果与标准正弦曲线的均方差，所以这 37 个样本的反演误差并不能代表网络的总体性能。

② 通过不同网络规模下的反演仿真结果二维图可以看出，[60 5] 隐层网络反演结果的大多数数据点均与目标 y 值接近或吻合，而恰恰是因为这个“不顾一切”地迁就、接近和吻合，造成了过拟合，整个曲线

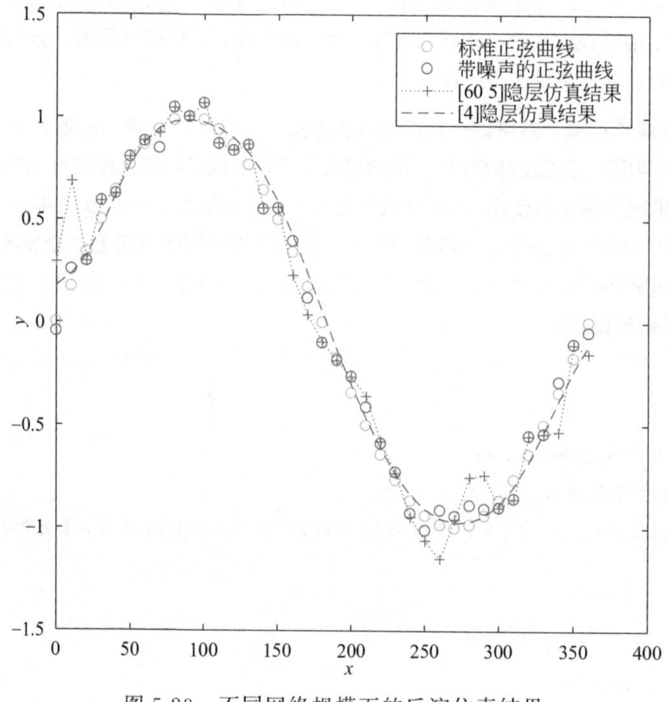

图 5-23 不同网络规模下的反演仿真结果

拐点较多，转折角度较小，不平滑，推广泛化能力较差；而 [4] 隐层网络反演结果的大多数数据点均与目标 y 值不接近、不吻合，恰恰是因为这个与目标的不接近不吻合使得它们与标准正弦值 t 的接近。这个既兼顾所有已知样本数据值又兼顾曲线平滑的网络规模具有的兼顾平衡的权值阈值，从很大程度减少了过拟合，整个曲线拐点较少，转折角度较小，曲线较为平滑，推广泛化能力较好。

5.5.7.4 使用归一化提高泛化能力

归一化也是一类提高网络泛化能力的重要手段，第 2 章详细介绍了归一化函数的用法、归一化及反归一化的作用，归一化处理能把数据映射缩放到指定的区间，可消除各维数据数量级的差别，避免因为输入输出数据数量级别差异而造成网络的预测误差。

“BP 神经网络类型及语法格式”中介绍了 BP 神经网络函数的使用语法，从 newcf、newff、cascadeforwardnet、feedforwardnet 4 个 BP 神经网络创建函数的语法中可以看出：newcf、newff 如果不使用格式 1，函数是自带数据自动归一化功能的，而 cascadeforwardnet、feedforwardnet 无论使用何种格式均自带数据自动归一化功能。因此，BP 神经网络不需要手工归一化和反归一化，但 Matlab 里的部分老旧的神经网络函数仍需进行归一化和反归一化处理。

5.5.7.5 提前终止训练提高泛化能力

在 BP 神经网络的训练中，网络自动默认将已知样本数据集分为训练（training set）、验证（validation set）和测试（testing set）子集，3 个子集数据各有不同的目的、作用。

Matlab 提供了 trainRatio、valRatio、testRatio 3 个语句用于划分 3 个子集的比例，Matlab 缺省按 70∶15∶15 的比例将已知样本划分为训练、验证、测试子集，即缺省比例为：

```
net.divideParam.trainRatio=70/100;
net.divideParam.valRatio=15/100;
net.divideParam.testRatio=15/100;
```

可以手工修改上述比例。划分子集后，Matlab 将从已知样本中按设定的比例随机抽取样本并划分到 3 个子集中，3 个子集没有交集。

创建网络后，训练集用于训练参数，而验证集是在每个迭代（epoch）完成后，用来测试一下当前模型的准确率。正如前面提到的，BP 神经网络的非线性映射功能就很强，大量的训练集数据的使用，能够很好地重现已知样本的输出，但对于新输入样本的仿真结果不一定好，出现了“过拟合”。这时验证子集就发挥作用了，因为验证子集和训练子集没有交集，网络训练中通过训练子集的误差反传来重新调整网络的权值阈值矩阵，需要用验证子集来进行检验，确保网络性能对于未知输入的准确可靠。

Matlab 在训练 BP 神经网络的过程中有一个机制：监控验证子集的误差。在训练的早期，训练子集、验证子集的误差随着迭代次数的增大而减小，减小到一定程度后，因训练迭代次数的增加训练子集的误差仍在减小，但验证子集误差反而增大，当验证子集误差连续增大的迭代次数超过一定数量时，就停止训练，并输出验证子集误差连续增大之前的网络，这种忽略训练子集误差减小，因验证子集误差增大而停止训练的机制就是提前终止法。如果没有这样的机制，仅考察训练误差，因训练误差不断减小带来的错觉会导致一直持续训练，这种训练将明显导致过适配、过拟合，而有了观察验证误差连续增大而提前终止训练的机制，可以在很大程度上防止过适配、过拟合。

Matlab 提供了 net.trainParam.max_fail 语句来定义验证子集误差连续增大的最大迭代次数，缺省值为 6 次。

神经网络参数包括普通参数和超级参数。普通参数是可以被梯度下降所更新的，也就是训练集所更新的参数，即权值、阈值。而超级参数包括网络隐含层层数、各隐层神经元数量（网络节点数）、迭代次数、学习率等，均不在梯度下降的更新范围内。所以，正如前述章节所提到的，超级参数的选取应通过大量的先粗选后精选的实验不断摸索、优化。人工神经网络未来的发展方向之一是开发新的算法可以用来搜索模型的超级参数，而且目前已经有一些成功案例，但对于环境技术人员而言，多数情况下还是需要自己人工优化调整。

所以，从训练内部来讲，验证集不参与梯度下降的过程，即验证集没有经过训练，正因为如此，验证机制才起到了防止过拟合的关键作用。

验证子集误差不理想而人工调整超级参数，所以验证子集其实是从外部参与了训练，所以还需要一个完全没有经过训练的集合，那就是测试子集，来衡量网络的可靠性，测试子集既不参与梯度下降，也不参与控制超级参数，其作用在于当模型最终训练完成后，测试和评价网络的准确率和可靠性。

当然，如果测试集准确率很差，任何人都还是会去调整模型的超级参数，从这个宏观角度看，测试子集其实也参与训练了。

5.5.7.6 贝叶斯正则化训练提高泛化能力

英国数学家贝叶斯（Thomas Bayes）指出：事件 A 在事件 B（发生）的条件下的概率，与事件 B 在事件 A 的条件下的概率是不一样的。然而，这两者是有确定的关系，这个关系就是贝叶斯法则，可表述为：后验概率=（相似度×先验概率）/ 标准化常量，即后验概率与先验概率和相似度的乘积成正比。贝叶斯正则化算法是通过修正神经网络的训练性能函数来提高其推广能力的，即在典型目标函数中增加一项，包含网络权值的平方和均值，与传统的 trainlm 相比，目标函数被调整为：

$$E=K_1E_D+K_2E_w \tag{5-6}$$

式中，E 为目标函数，误差平方和；K_1、K_2 为比例系数，对于贝叶斯正则化算法，可以在网络训练过程中自适应地调整获取。

$$\begin{cases} K_1=\dfrac{\gamma}{2E_w(W)} \\ K_2=\dfrac{N-\gamma}{2E_D(W)} \end{cases} \tag{5-7}$$

$$E_D=1/2\parallel \varepsilon(W^K+Z(W^{K+1}-W^K))\parallel^2+\lambda\parallel W^{K+1}-W^K\parallel^2 \tag{5-8}$$

$$E_w=\frac{1}{N}\sum_{j=1}^{N}w_j^2 \tag{5-9}$$

式(5-7)～式(5-9) 中，γ 为神经网络的有效参数个数；W 为网络各层的权值阈值向量；K 为迭代次数；Z 为ε 的雅可比（Jacobian）矩阵；λ 为迭代变量，在迭代过程中变量 λ 起控制搜索方向和步长作用；N 为输出维数；j 为输出的某维，即输出层的神经元序号；w_j 为网络权值。

由上述贝叶斯正则目标函数公式可看出，通过采用新的性能指标函数，可以在保证网络训练误差尽可能小的情况下使网络具有较小的权值，即使得网络的有效权值尽可能少，相当于自动缩小了网络的规模。

Matlab 提供了 trainbr 训练函数：贝叶斯规则法，是对 Levenberg-Marquardt 算法进行优化修改，以使网络的泛化能力更好，同时降低了确定最优网络结构的难度，缺点是对内存等算力资源的消耗比 trainlm 大，速度比 trainlm 慢。

【例 5-15】 同例 5-14，在标准正弦曲线 1 个周期内等间距采样 37 组数据，叠加振幅为的 ± 0. 1 区间的随机噪声误差，作为训练样本。使用相同网络规模 newff 创建 BP 神经网络，分别用缺省的 trainlm 和 trainbr 训练后反演仿真并进行网络性能、耗时比较，并对反演结果绘图进行比较。

解题思路：按照“贝叶斯正则化训练提高泛化能力，可以一定程度减小过拟合现象”的原理，用例 5-14 中较大规模网络的隐层结构为 [60 5]（即含 2 个隐层，分别含有 60 和 5 个神经元）创建 BP 神经网络；随机噪声误差可使用 rand 函数产生 0～1 间随机数并 - 0. 5 后乘 0. 2 得到所需振幅范围；用上述叠加随机噪声误差的数据集作为已知样本的输入、输出，分别使用 trainlm 和 trainbr 训练 BP 神经网络，使用 tic…toc 语句计时，之后用等间距的已知样本输入作为输入反演仿真，并求出平均方差进行比较，绘制二维图比较两种网络规模下的反演泛化能力。

编程代码：

```
clear all;clc;


x=[0:10:360];%定义已知输入 x;
t=sind(x);%标准正弦曲线
noise=(0.5-rand(1,37))*0.2;%产生分布均匀的 37 个 0-1 间的随机数,转变为-0.1-0.1 区间,作为
随机噪声;
y=t+noise;
```

```
tic; % 计时开始;
net1=newff(x,y,[60 5]); % 根据 newff 语法格式,未定义训练函数,缺省为 trainlm;
net1=init(net1);
net1=train(net1,x,y);
y1=net1(x);
perf1=mse(y1,t)
tm1=toc; % 计时停止;
disp(strcat('[60 5]隐层、缺省训练函数 trainbr 耗时:',num2str(tm2),'秒'))
 %%
tic; % 计时开始;
net2=newff(x,y,[60 5],[ ],'trainbr'); % 根据 newff 语法格式,定义训练函数为 trainbr;
net2=init(net2);
net2=train(net2,x,y);
y2=net2(x);
perf2=mse(y2,t)
tm2=toc; % 计时停止;
strcat('[60 5]隐层、缺省训练函数 trainlm 耗时:',num2str(tm1),'秒')

 % 绘制:标准正弦曲线、带噪声的正弦曲线、[60 5]隐层 trainlm 仿真结果、[60 5]隐层 trainbr 仿真结果 4 条曲线;
plot(x,t,'go',x,y,'ro',x,y1,'r+:',x,y2,'b--');
xlabel('X');ylabel('Y')
legend('标准正弦曲线','带噪声的正弦曲线','[60 5]隐层 trainlm 仿真结果','[60 5]隐层 trainbr 仿真结果')
```

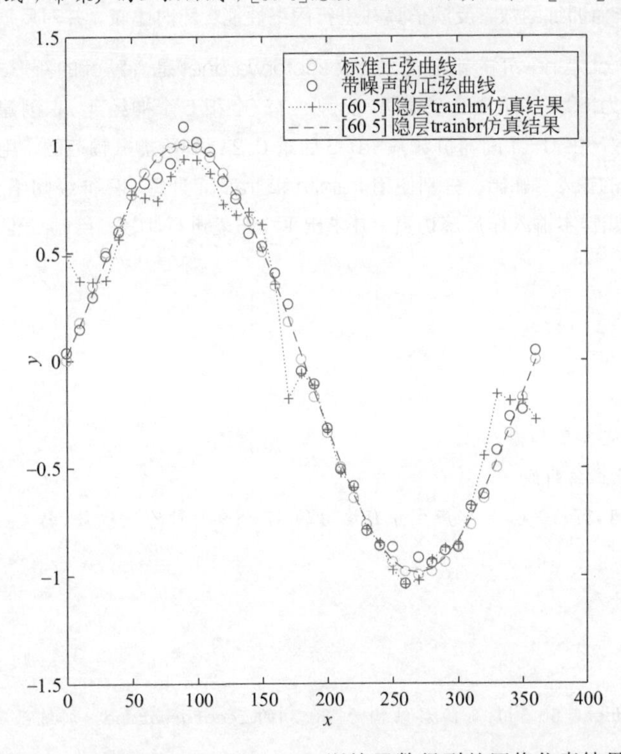

图 5-24　缺省 trainlm 和 trainbr 训练函数得到的网络仿真结果

运行结果：

```
perf1=0.0080
[60 5]隐层、缺省训练函数 trainlm 耗时:2.1861 秒'
perf2=4.1225e-04
[60 5]隐层、缺省训练函数 trainbr 耗时:26.8625 秒
```

绘图结果详见图 5-24。

应用总结：由网络性能结果可以看出：trainbr 网络的 perf2（4.1225×10^{-4}）显著低于 trainlm 网络的均方差 perf1（0.0080），经过 trainbr 训练的网络性能明显提升；

而通过不同训练函数的反演仿真结果二维图可以看出：trainlm 训练的网络反演结果的大多数数据点均与噪声的目标 y 值接近或吻合，但整个曲线拐点较多，转折角度较小、不平滑，造成了过拟合，推广泛化能力较差；而 trainbr 训练的网络反演结果的大多数数据点均与目标 y 值不接近、不吻合，恰恰是因为这个与目标的不接近、不吻合使得它们与标准正弦值 t 的接近，这个既兼顾所有已知样本数据值又兼顾曲线平滑的网络规模具有的兼顾平衡的权值阈值，从很大程度减少了过拟合，整个曲线拐点较少，转折角度较小，曲线较为平滑，推广泛化能力较好。

5.5.8 BP 神经网络应用实例

上节讨论提高泛化能力的方法时，比较过不同网络结构、节点数、训练方法如何影响网络性能的。本节比较使用不同的 BP 类型对同一数据集的仿真性能。

【例 5-16】同例【5-14】在标准正弦曲线 1 个周期内等间距采样 37 组数据，叠加振幅为的 ± 0.1 区间的随机噪声误差，作为训练样本。使用相同网络规模用 feedforwardnet 和 cascadeforwardnet 创建 BP 神经网络，缺省的 trainlm 作为训练函数，反演仿真并进行网络性能、耗时比较，并对反演结果绘图进行比较。

解题思路：feedforwardnet 是 newff 的新形式，cascadeforwardnet 是 newcf 的新形式。用【例 5-14】中较大规模网络的隐层结构为[60 5]（即含 2 个隐层，分别含有 60 和 5 个神经元），创建 BP 神经网络；随机噪声误差可使用 rand 函数产生 0~1 间随机数并 - 0.5 后乘 0.2 得到所需振幅范围；用上述叠加随机噪声误差的数据集作为已知样本的输入、输出，分别使用 trainlm 和 trainbr 训练 BP 神经网络。使用 tic…toc 语句计时，之后用等间距的已知样本输入作反演仿真，并求出平均方差进行比较，绘制二维图比较两种网络规模下的反演泛化能力。

编程代码：

```
clear all;clc;

x=[0:10:360];%定义已知输入 x;
t=sind(x);%标准正弦曲线
noise=(0.5-rand(1,37))*0.2;%产生分布均匀的 37 个 0-1 间的随机数,转变为-0.1-0.1 区间,作为随机噪声;
y=t+noise;

tic;%计时开始;
net1=feedforwardnet([60 5]);%隐层结构为[60 5]的 feedforwardnet,训练函数为 trainlm;
net1=init(net1);
net1=train(net1,x,y);
```

```
yl=netl(x);
perfl=mse(yl,t)
tml=toc;%计时停止;
disp(strcat('[60 5]隐层的 feedforwardnet,缺省训练函数 trainlm,耗时:',num2str(tml),'秒;'))
view(netl)
%%
tic;%计时开始;
net2=cascadeforwardnet([60 5]);%隐层结构为[60 5]的 cascadeforwardnet,训练函数为 trainlm;
net2=init(net2);
net2=train(net2,x,y);
y2=net2(x);
perf2=mse(y2,t)
tm2=toc;%计时停止;
disp(strcat('[60 5]隐层的 cascadeforwardnet,缺省训练函数 trainlm,耗时:',num2str(tm2),'秒;'))
view(net2)

%绘制:标准正弦曲线、带噪声的正弦曲线、[60 5]隐层 feedforwardnet 仿真结果、[60 5]隐层 cascadeforwardnet 仿真结果 4 条曲线;
plot(x,t,'go',x,y,'ro',x,yl,'r+:',x,y2,'b--');
xlabel('X');ylabel('Y')
legend('标准正弦曲线','训练用带噪声的正弦曲线','[60 5]feedforwardnet 仿真结果','[60 5]cascadeforwardnet 仿真结果')
```

运行结果:

```
perfl=    0.0066
[60 5]隐层的 feedforwardnet,缺省训练函数 trainlm,耗时:2.2704 秒;
perf2=    0.2102
[60 5]隐层的 cascadeforwardnet,缺省训练函数 trainlm,耗时:0.76125 秒;
```

绘图结果详见图 5-25～图 5-27。

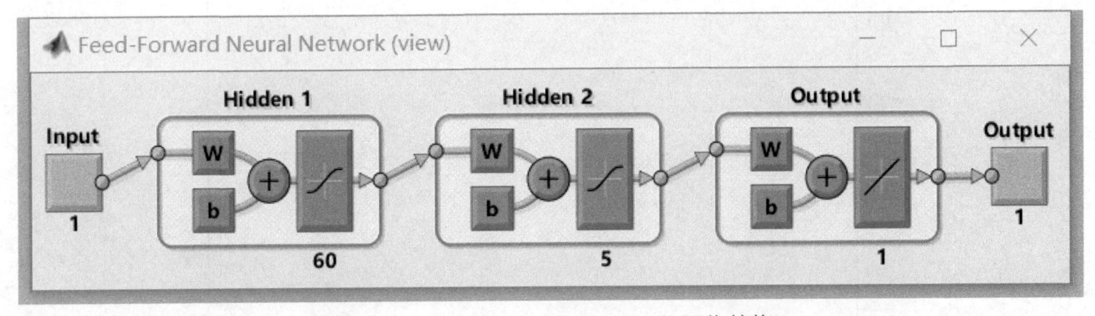

图 5-25　[60 5] feedforwardnet 的网络结构

应用总结:根据仿真结果数据和图形可以看出，结果非常不理想， feedforwardnet 出现了明显的“过拟合”，而 cascadeforwardnet 则是性能非常低，其原因在于上节讨论过的网络规模过大导致泛化能力差，因此减小网络规模至 [2]，重新尝试，编程代码如下。

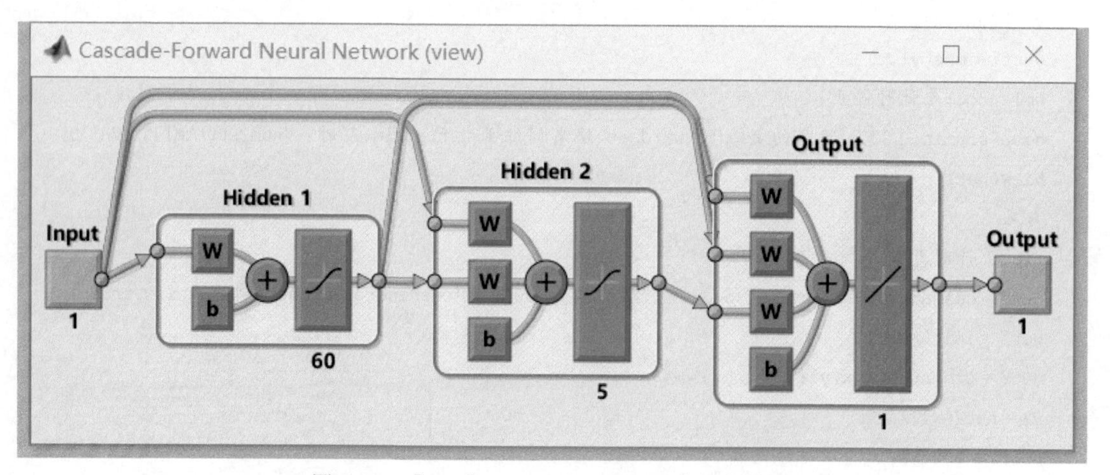

图 5-26 [60 5] cascadeforwardnet 的网络结构

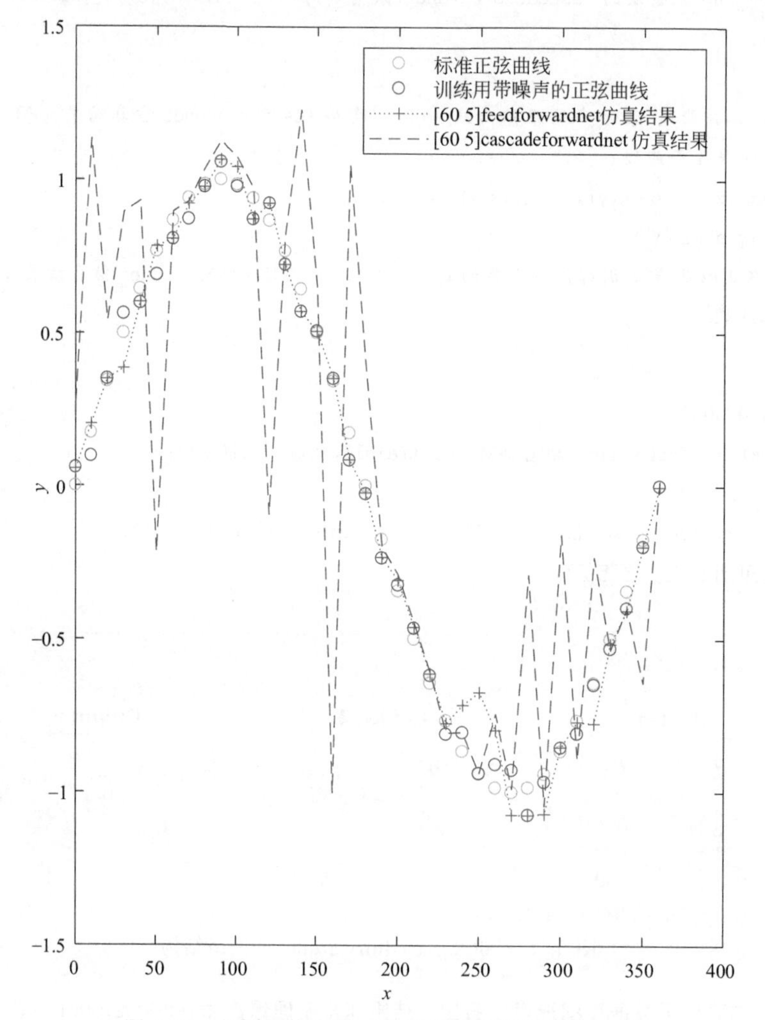

图 5-27 相同网络参数（普通参数和超级参数）下
feedforwardnet 和 cascadeforwardnet 的网络仿真结果比较

编程代码：

```
clear all;clc;

x=[0:10:360];%定义已知输入x;
t=sind(x);%标准正弦曲线
noise=(0.5-rand(1,37))*0.2;%产生分布均匀的37个0-1间的随机数,转变为-0.1-0.1区间,作为随机噪声;
y=t+noise;

tic;%计时开始;
net1=feedforwardnet([2]);%隐层结构为[2]的feedforwardnet,训练函数为trainlm;
net1=init(net1);
net1=train(net1,x,y);
y1=net1(x);
perf1=mse(y1,t)
tm1=toc;%计时停止;
disp(strcat('[2]隐层的feedforwardnet,缺省训练函数trainlm,耗时:',num2str(tm1),'秒;'))

%%
tic;%计时开始;
net2=cascadeforwardnet([2]);%隐层结构为[2]的cascadeforwardnet,训练函数为trainlm;
net2=init(net2);
net2=train(net2,x,y);
y2=net2(x);
perf2=mse(y2,t)
tm2=toc;%计时停止;
disp(strcat('[2]隐层的cascadeforwardnet,缺省训练函数trainlm,耗时:',num2str(tm2),'秒;'))

%绘制:标准正弦曲线、带噪声的正弦曲线、[2]隐层feedforwardnet仿真结果、[2]隐层cascadeforwardnet仿真结果4条曲线;
plot(x,t,'go',x,y,'ro',x,y1,'r+:',x,y2,'b--');
xlabel('X');ylabel('Y')
legend('标准正弦曲线','训练用带噪声的正弦曲线','[2]feedforwardnet仿真结果','[2]cascadeforwardnet仿真结果')
```

运行结果：

```
perf1=0.0420
[2]隐层的feedforwardnet,缺省训练函数trainlm,耗时:2.0933秒;
perf2=0.0016
[2]隐层的cascadeforwardnet,缺省训练函数trainlm,耗时:1.5831秒;
```

绘图结果详见图5-28。

应用总结：通过运行结果和图形可以看出：

① 经过缩小网络规模后，[2] 隐层的 cascadeforwardnet 的性能显著提升， mse 达到 0.0016，优于 [60 5] 隐层的 feedforwardnet 的 0.0066。

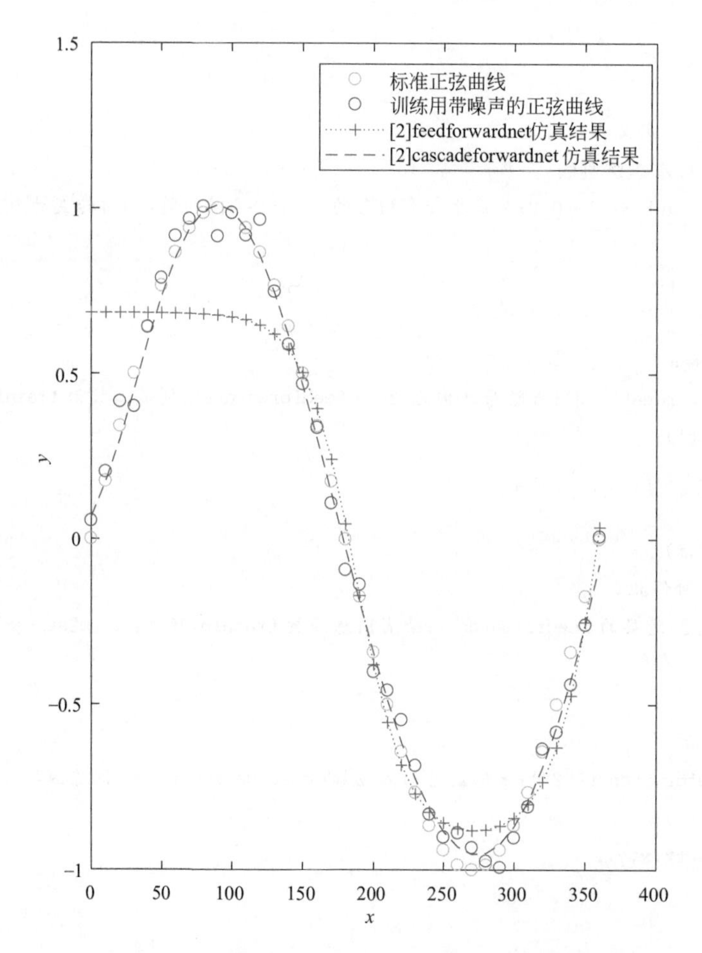

图 5-28 使用较简单网络结构［2］隐层在相同网络参数下
feedforwardnet 和 cascadeforwardnet 的网络仿真结果比较

② feedforwardnet 与 cascadeforwardnet 同属于改进后的 BP 神经网络，它们之间最大区别在于：cascadeforwardnet 的级联窜级结构使得包括输入层在内的所有层除了和相邻的下一级隐层/输出层建立连接外，还跨过相邻，与后面的其他所有隐藏层、输出层直接建立了连接，即直接信息正传和误差反传的渠道扩大到了后面所有相邻和不相邻的神经元节点。这样的结构，使得各神经元节点对网络的影响贡献从传统的固定连接扩大到所有连接，这样的机制更加符合自然界和社会领域各变量属性之间的相互作用、相互反馈的全方位的关系。

③ 从信息、误差传递途径的角度看， cascadeforwardnet 比 feedforwardnet 更有优势，但针对具体实际问题则不一定哪个一定比另一个优越，这取决于研究对象各变量属性之间相互作用的关系。总之，越接近研究对象的模型机制就越能仿真模型；绝大多数的具体环境问题研究对象属于灰箱甚至黑箱，很难从正面去理解其系统内部的机制，也正因为如此，才需要使用统计模型建模。在此情形下，应考虑多种网络类型、网络结构、普通参数、超级参数进行比较、粗选、细选，反复比选优化，才能优选出最接近研究对象客观机制的模型和参数。

5.6 静态网络可靠性评价

除了使用 mse、sse、mae、sae、相对误差、最小最大相对误差、相对误差绝对值均值等性能函数评价网络性能外，还可以使用下列函数绘制图形来查看网络性能。另外还可以通过点击训练窗口下半部分的按钮来显示部分函数的图形。

① plotperform。plotperform 函数通过训练函数 train 返回的训练记录 tr 画出网络性能曲线。曲线的横坐标为历次迭代（epoch），纵坐标为均方差（mean square error，mse）。网络性能曲线图中有 3 条曲线，分别表示每次迭代的训练、验证、测试的误差平方的均值。mse 通常随着迭代次数增加而减小，即网络性能更优，但也会出现到某个迭代后曲线开始上升，尤其是如果出现验证数据的 mse 开始增加，则说明网络开始过拟合训练数据集。plotperform 函数的使用语法如下：

```
[net,tr]=train(net,x,t);
plotperform(tr),
```

其中：net：命名的训练后的神经网络；

tr：训练记录，train 函数的返回变量；

x：输入向量；

t：输入向量所对应的目标值，即已知样本的输出值；

【例 5-16】中 net1＝feedforwardnet（［2］）训练完毕后，使用上述语句或点击训练窗口下半部分的“Plot→Performance”可得到图 5-29。

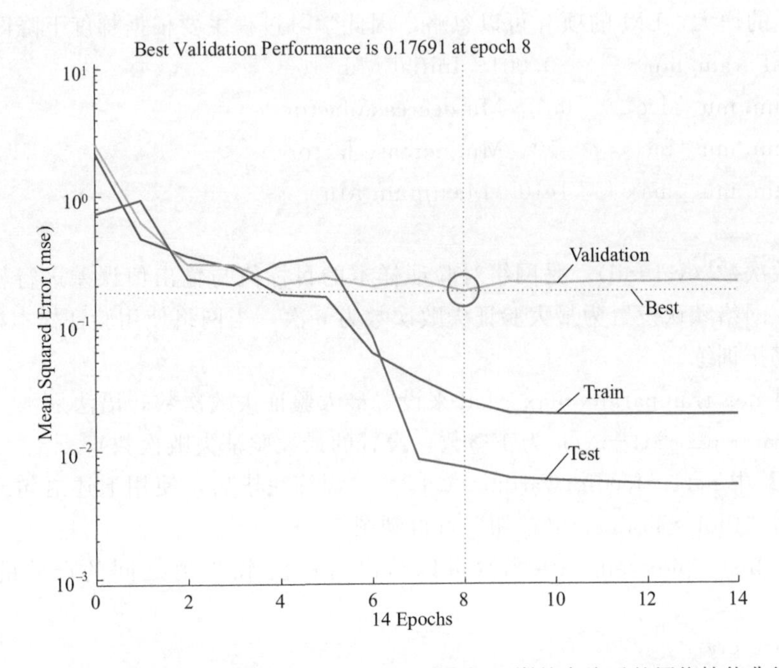

图 5-29　【例 5-16】中 net1＝feedforwardnet（［2］）训练完毕后的网络性能曲线图

由图 5-29 可以看出，共训练了 14 次迭代，训练样本集、测试样本集的 mse 在第 5 次迭代后一直减小，直至第 14 次迭代最小，而验证样本集在第 8 次迭代时到达最小，在往后的第 9～14 次迭代又逐渐加大，经过默认的 6 次验证失败后，训练没有达到既定的迭代次数或 mse 目标值，但训练函数默认防止过拟合机制生效，提前终止了训练，并将验证失败前的最小 mse 那次迭代（即第 8 次迭代）取得的权值阈值作为当前条件下的最优解：权值-阈值-mse 误差曲面的最低点。

② plottrainstate。plottrainstate 函数通过训练函数 train 返回的训练记录 tr，画出训练

状态。训练状态图分为 3 个，横坐标均为历次迭代，纵坐标分别为：误差曲面的梯度（gradient）、Mu 值、验证失败次数（val fail）。语法为：

```
[net,tr]=train(net,x,t);
plottrainstate(tr)
```

gradient 是误差曲面的梯度，当梯度达到某一个预设值时，误差曲面就进入了平坦面，这时网络就结束训练。

trainlm 函数使用的是 Levenberg-Marquardt 训练函数，Mu 是 trainlm 算法中的一个参数，这个算法会自动控制。当 Mu 太大时训练会自动停止。只要迭代使误差增加，Mu 也会增加，直到误差不再增加为止。但是，如果 Mu 太大，则会使学习停止，当已经找到最小误差时，就会出现这种情况，这就是为什么当 Mu 达到最大值时要停止学习的原因。

式(5-10)～式(5-12) 为更新参数的 L-M 规则：

Each variable is adjusted according to Levenberg-Marquardt,

$$jj=jX*jX \tag{5-10}$$

$$je=jX*E \tag{5-11}$$

$$dX=-(jj+I*mu)/je \tag{5-12}$$

随着 mu 的增大，LM 的项 jj 可以忽略。因此学习过程主要根据梯度下降即 mu/je 项：

```
net.trainParam.mu        0.001   Initial Mu
net.trainParam.mu_dec    0.1     Mu decrease factor
net.trainParam.mu_inc    10      Mu increase factor
net.trainParam.mu_max    1e10    Maximum Mu
```

验证失败次数（val fail），是网络对验证样本的目标值与输出值误差进行检验，当检验失败时计次，网络默认设置为最大验证失败次数为 6 次，当网络使用验证样本检验中连续失败 6 次，就停止训练。

可以通过 net.trainparam.max_fail 来设置最大验证失败次数，语法是：

net.trainparam.max_fail=n（n 为正整数，设置的最大验证失败次数）

【例 5-16】中 net1=feedforwardnet（[2]）训练完毕后，使用上述语句或点击训练窗口下半部分的“Plot→Trainstate 按钮”可得到图 5-30。

③ ploterrhist。plottrainstate 函数可以给出目标值-输出值之间的误差的柱状图，语法为：

```
e=gsubtract(t,y);
```

其中：

e：函数 gsubtract 的返回值，误差向量；

y：用训练后的网络进行仿真的输出值。

ploterrhist（e）：给出目标值-输出值之间的误差 e 的柱状图；

ploterrhist（e1,'name1'，e2,'name2'，…）：给出多组目标值-输出值之间的多对误差 e 的柱状图；

ploterrhist（…,'bins'，bins）：给出目标值-输出值之间的误差 e 的柱状图，误差值构成

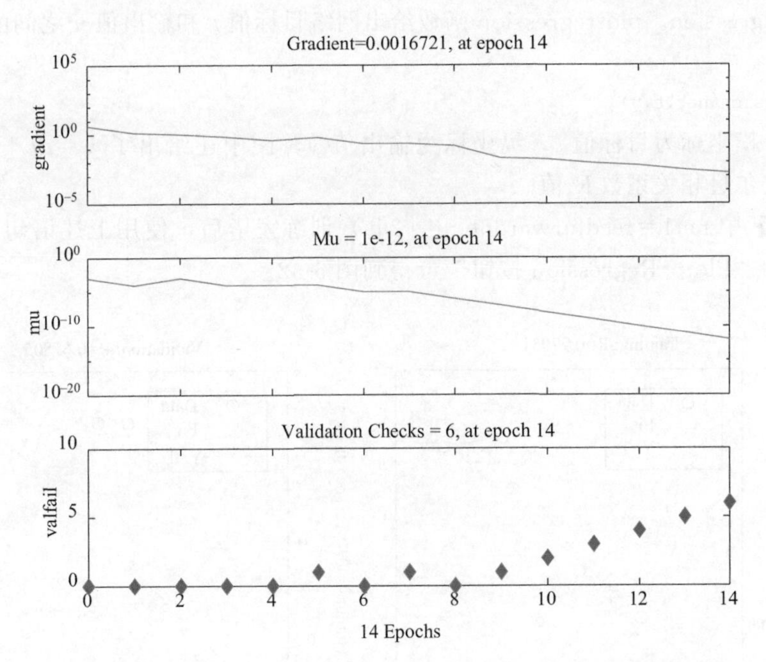

图 5-30　【例 5-16】中 net1＝feedforwardnet（［2］）训练完毕后的训练状态图

的柱子的名称及数量可以自定义，如果不定义，默认值为 20。其中：

bins：柱状图中误差的类别数量，取正整数

【例 5-16】中 net1＝feedforwardnet（［2］）训练完毕后，使用上述语句或点击训练窗口下半部分的“Plot→Error Histogram 按钮”可得到图 5-31。

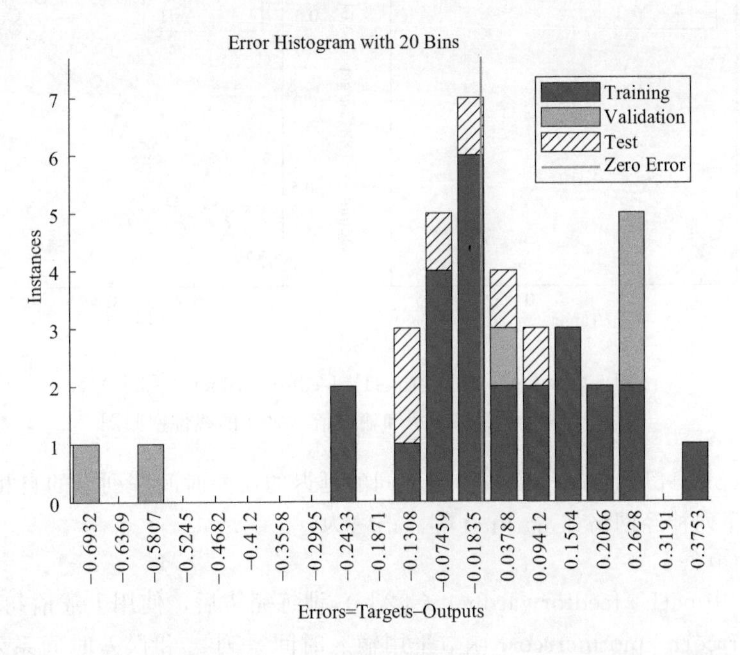

图 5-31　【例 5-16】中 net1＝feedforwardnet（［2］）训练完毕后的目标值-输出值之间的误差的柱状图

④ plotregression。plotregression 函数给出网络目标值 t 和输出值 y 之间的线性回归图。语法为：

```
plotregression(net,t,y)
```

在图中，横坐标为目标值 t，纵坐标为输出值 y，图中还给出了 $y=at+b$ 的一元线性回归公式和皮尔逊相关系数 R 值。

【例 5-16】中 net1＝feedforwardnet（［2］）训练完毕后，使用上述语句或点击训练窗口下半部分的“Plot→Regression 按钮”可得到图 5-32。

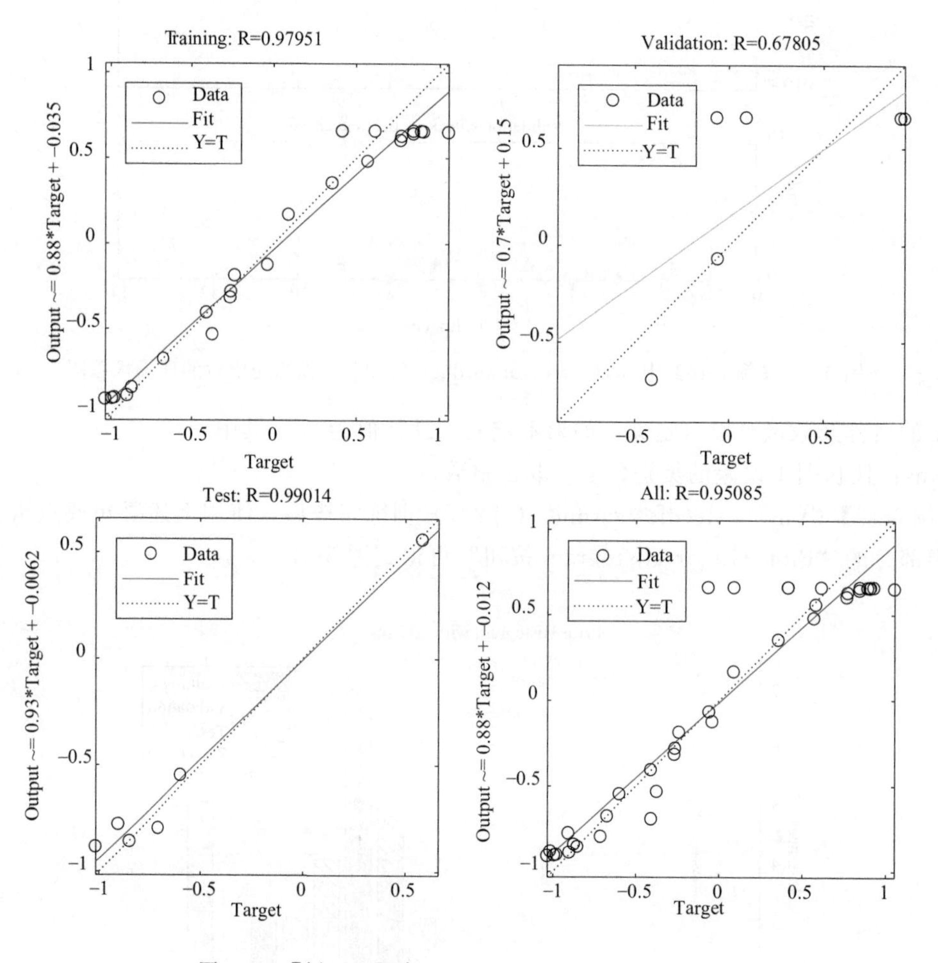

图 5-32 【例 5-16】中 net1＝feedforwardnet（［2］）训练完毕后的目标值 t 和输出值 y 之间的线性回归图

⑤ ploterrcorr。ploterrcorr 函数给出不同的延迟的误差时间序列上的自相关性，用于静态网络或时间序列神经网络如 narxnet 等。语法为：

```
ploterrcorr(e)
```

【例 5-16】中 net1＝feedforwardnet（［2］）训练完毕后，使用上述语句可得到图 5-33。

⑥ plotinerrcorr。plotinerrcorr 函数采用输入时间系列 x 和误差时间系列 e，给出不同的延迟的输入与误差的互相关性，用于静态网络或时间序列神经网络如 narxnet 等。语法为：

```
plotinerrcorr(x,e)
```

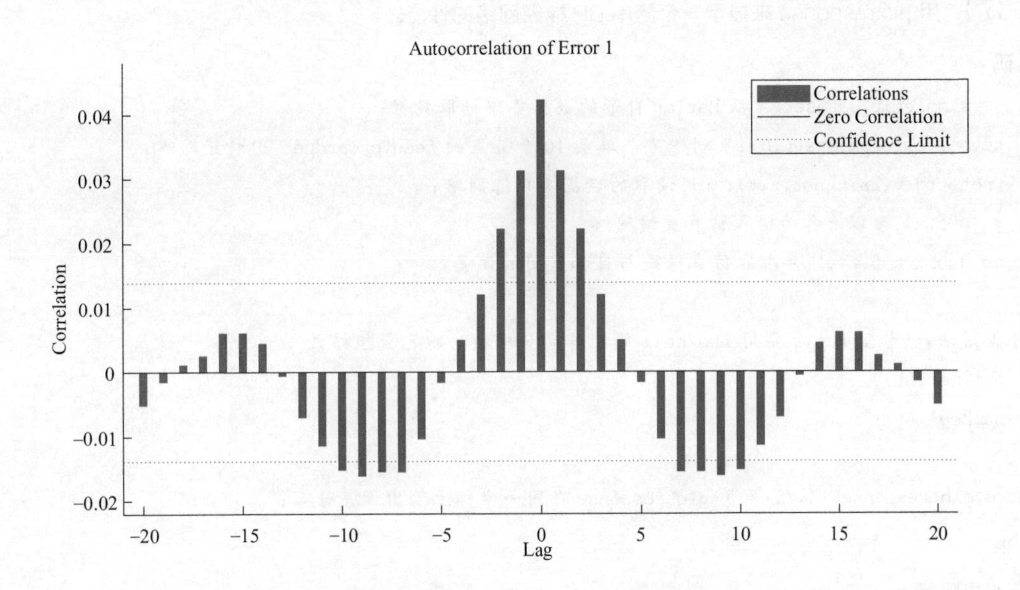

图 5-33　【例 5-16】中 net1＝feedforwardnet（［2］）
训练完毕后的不同的延迟的误差时间序列上的自相关性图

【例 5-16】中 net1＝feedforwardnet（［2］）训练完毕后，使用上述语句可得到图 5-34。

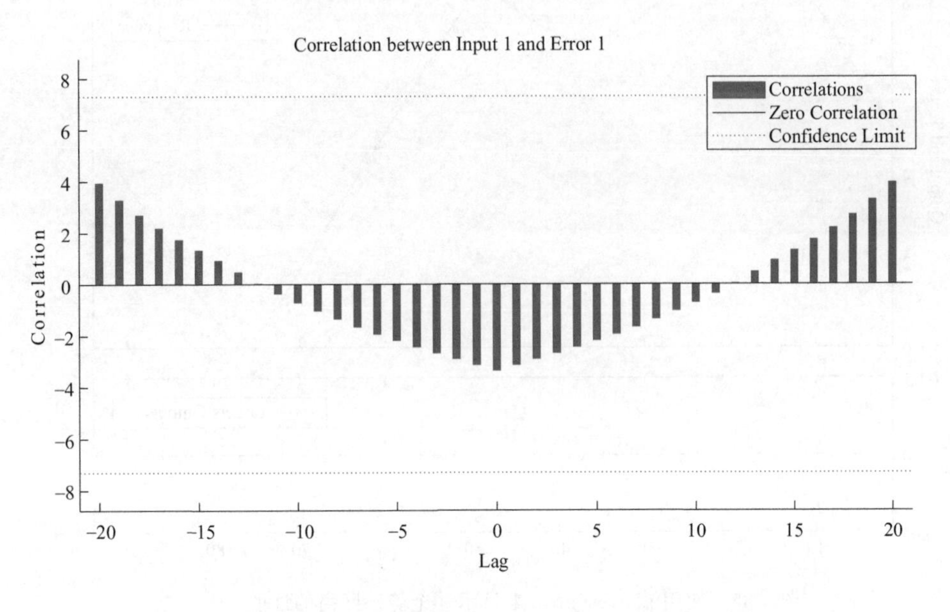

图 5-34　【例 5-16】中 net1＝feedforwardnet（［2］）
训练完毕后的不同的延迟的误差时间序列上的互相关性图

⑦ plotresponse。Plotresponse 函数采用目标时间系列 t 和输出时间系列（预测结果）y，给出它们在同一坐标上的误差。通常用于时间序列神经网络如 narxnet 等动态神经网络，但也可用于 BP 等静态网络。

用于静态网络该函数可以评价静态网络的性能。语法为：

`plotresponse(t,y)`（括号里的 t，y 要用 num2cell 将矩阵向量转换为胞元数组格式）

【例 5-17】 用 plotresponse 来显示一个简单 BP 神经网络的性能。

编程代码：

```
[x,t]=simplefit_dataset;%从 Matlab 自带的数据集中读取数据；
    net=feedforwardnet(10);%创建 1 个单层 10 个节点的 feedforwardnet BP 神经网络；
    [net,tr]=train(net,x,t);%用读取的数据集训练网络；
    y=net(x);%以 x 作为输入仿真反演网络；
    e=gsubtract(t,y);%求取仿真结果与目标值间的误差；

%根据语法,括号里的 t,y 要用 num2cell 将矩阵向量转换为胞元数组格式
T3=num2cell(t);
Y3=num2cell(y);

figure,plotresponse(T3,Y3)%用 plotresponse 在同一坐标上绘出误差分布；
```

运行结果：

运行结果见图 5-35。

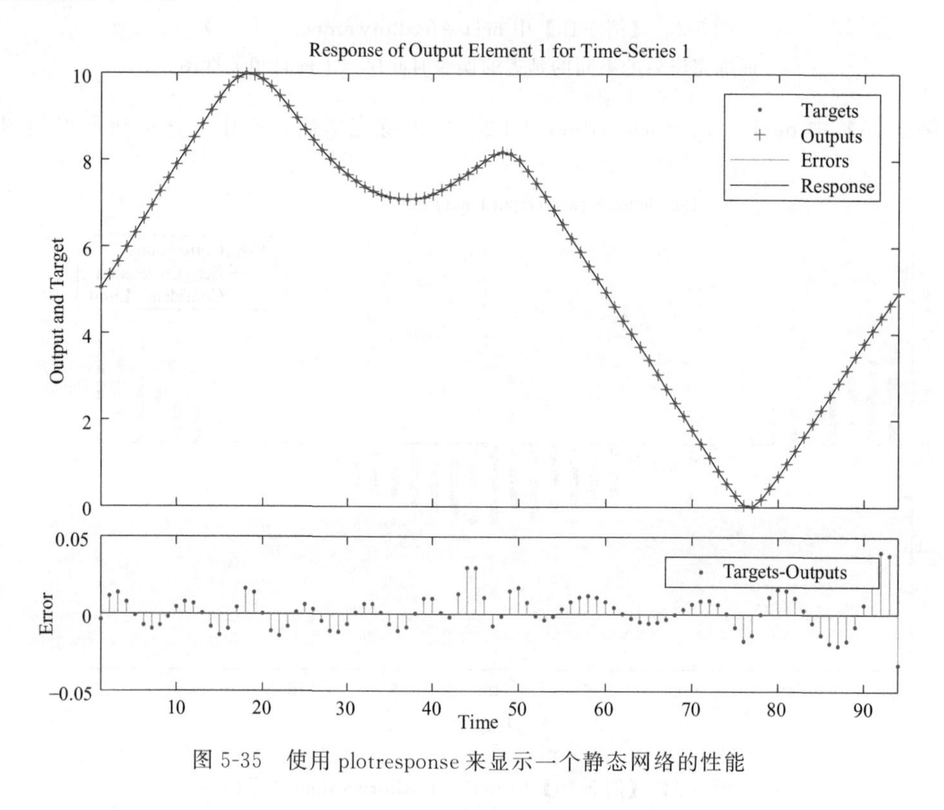

图 5-35 使用 plotresponse 来显示一个静态网络的性能

5.7 网络训练前数据处理技术路线和样本数据规划策略

第 2 章介绍了在神经网络训练前的多种数据处理方法，本章介绍了神经网络的创建过程，在此基础上，有必要了解如何选择数据处理多种方法的使用顺序、必要性和样本数据规划的策略。

不一定所有数据预处理方法都要使用，根据数据的条件，可选择性地组合处理方法，数据处理的一般顺序原则为：

① 根据研究和建模的目的，收集可能有用的数据。

② 根据环境科学理论、文献，对收集到的研究对象的属性进行筛选取舍。

③ 全面检查和梳理所有数据，如果存在无效、异常、缺失的数据，应分别给出识别特征（如括号注释、统计检验等），对不同的识别特征分别制定不同的应对方法，使用剔除、插值等方法对上述数据进行预处理；若存在明显随机噪声，可进行小波降噪。

④ 划分建模数据：根据数据规模，合理划分训练集、测试集、验证集、仿真集样本数据，确定输入、输出因子。

⑤ 如果属性因子数据的单位、数量级差异较大，有必要进行归一化或标准化处理，处理时要使用［y，settings］＝mapminmax（x）或［y，settings］＝mapstd（x）格式输出归一化/标准化设置规则'settings'，以供'apply'复用、'reverse'反归一化/反标准化使用。

⑥ 根据环境科学原理，如果纳入的属性存在明显的多重相关性，则要进行PCA；如果不确定是否存在多重相关性，可以通过双变量相关性分析，分析结果表明存在多重相关属性因子的，建议进行PCA；对于属性较少或无明显多重相关性的，可不进行PCA。

⑦ 创建神经网络，设置不同超级参数组合。

⑧ 训练、仿真。

a. 直接使用④得到的数据集训练、仿真，仿真结果就是模型求解结果；

b. 或使用⑤得到的归一/标准化后数据集训练、仿真，使用'reverse'、'settings'反归一化/反标准化操作仿真输出结果，得到模型求解结果。

⑨ 样本数据规划策略：使用⑥得到的前几项主成分数据集训练、仿真，如果使用原始数据PCA，仿真结果就是模型求解结果；如果经过了⑤再PCA，则要使用'reverse'、'settings'反归一化/反标准化操作仿真输出结果，得到模型求解结果，这是相对完整的技术路

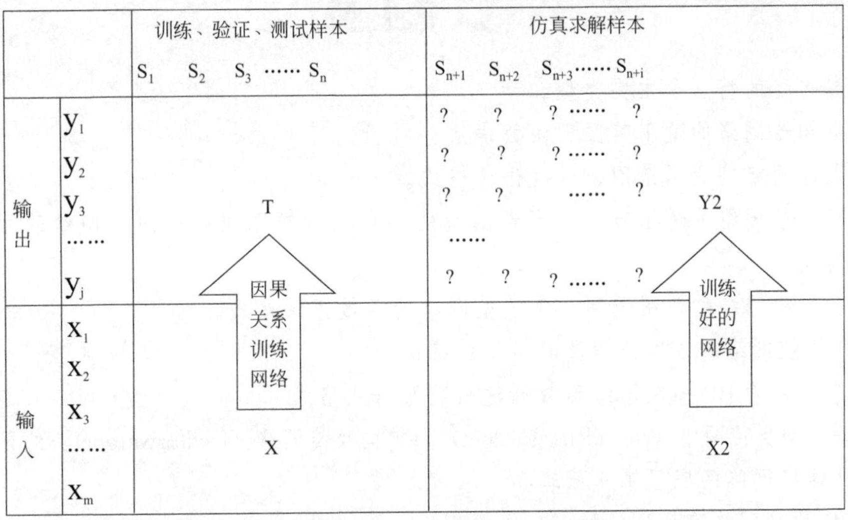

		训练、验证、测试样本 S_1 S_2 S_3 …… S_n	仿真求解样本 S_{n+1} S_{n+2} S_{n+3}…… S_{n+i}
输出	y_1 y_2 y_3 …… y_j	T ↑ 因果关系训练网络	? ? ? …… ? ? ? ? …… ? ? ? …… ? …… ? ? ? …… ? Y2 ↑ 训练好的网络
输入	x_1 x_2 x_3 …… x_m	X	X2

图5-36 神经网络训练、仿真用样本数据划分示意

X、T、X2：可以是经剔除、插值补齐后的原始数据、归一/标准化后数据、PCA后数据中的1～3种的组合。

Y2：仿真输出结果，视X、T、X2的是否经归一/标准化，进行反向处理。

线。样本数据划分示意详见图 5-36。

① 静态网络无反馈记忆功能，输出与时间不直接相关，只依赖于当前的输入。主要用于因果关系比较单纯、明显的系统，已知样本的输出结果不构成预测样本的原因。

② 感知器网络的适用范围、创建、训练及仿真函数语法格式。

③ 线性网络的适用范围、创建、训练及仿真函数语法格式。

④ 径向基网络的适用范围、高斯函数的公式及函数图像；径向基网络的主要子类及其创建、训练、仿真语法格式。

⑤ 自组织网络的适用范围及分类，竞争型网络的创建、训练及仿真函数语法格式。

⑥ BP 神经网络的适用范围及其常见训练函数。

⑦ 4 个主要的 BP 神经网络函数创建、训练及仿真函数、语法格式。

⑧ 级联前向反传网络（cascadeforwardnet）与前向反传网络（feedforwardnet）的异同。

⑨ BP 神经网络的底层工作原理，根据原理及训练结果中提取的权值、阈值写出算法解析式。

⑩ BP 神经网络隐层设计的一般性原则。

⑪ 提高 BP 神经网络的泛化能力的措施。

⑫ 静态网络可靠性评价的方法和函数。

1. 简述静态网络的特点和主要类型。
2. 请简述感知器网络的适用范围、函数语法格式。
3. 请简述线性网络的适用范围、函数语法格式。
4. 请简述径向基网络的适用范围、高斯函数的公式及函数图像；径向基网络的主要子类及其语法格式。
5. 请简述自组织网络的适用范围，竞争型网络的函数语法格式。
6. 简述 BP 神经网络的适用范围及其常见训练函数。
7. 写出 4 个主要的 BP 神经网络函数创建函数及语法格式。
8. 简述级联前向反传网络（cascadeforwardnet）与前向反传网络（feedforwardnet）的异同。
9. 简述 BP 神经网络的底层工作原理。
10. 简述 BP 神经网络隐层设计的一般性原则。
11. 设计一个 BP 神经网络，要求：1 个输入层含有 2 个神经元（2 维输入），阈值 bi1=bi2=0，传递函数为 purelin；2 个隐含层，其中第 1 个隐含层含有 3 个神经元，传递函数为 tansig；第 2 隐含层 1 个神经元，传递函数为 purelin。请根据 BP 神经网络的底层工作原理写出该神经网络的解析式。

12. 下列数据是由已知关系 t=sin(x1)+cos(x2) 创建的，分别用 BP 神经网络的 newff 的格式 1 和格式 2/3 来创建、训练、仿真求解；使用图 5-19 中的隐层和输出层的结构（S=[3 1]：格式 1；S=[3]：格式 2/3），根据 BP 神经网络内部数据处理原理分别给出格式 1 和格式 2/3 的计算解析式并用解析式模拟求解，并比较解析式计算结果与网络模拟仿真结果。

x1	1	3	5	7	9	11	13	15
x2	0	2	4	6	8	10	12	14
t	1.8415	−0.2750	−1.6126	1.6172	0.2666	−1.8391	1.2640	0.7870

13. 简述提高 BP 神经网络的泛化能力的措施。
14. 简述静态网络可靠性评价的方法和函数。

第6章

动态神经网络模型

6.1 动态神经网络分类

前文介绍过依据算法的网络分类、依据是否有记忆和时间直接相关的网络分类。

静态网络普遍存在一个缺陷，虽然能够进行非线性拟合，但不具备反馈记忆功能。随着静态网络缺点的不断暴露，一类具有记忆功能、更加接近系统实际过程的网络出现，这就是反馈型网络，又称为自然记忆网络、循环网络。

反馈网络具有输入延迟和输出反馈的功能，具有动态特性（模型是动态微分方程），拥有记忆环节，能够对复杂的多输入/多输出系统进行逼近模拟，因此又称为动态神经网络。反馈网络运作时，其连接权值不是通过训练直接得到的，而是通过目标函数用 Hebb 解析算法计算得到的，系统运行达到稳定状态后，对应的输出就是优化问题的解。反馈网络有很多类型，常见的有：离散型 Hopfield 网络、连续型 Hopfield 网络、Elman 网络、Jordan 网络、Boltzmann machine 及变种、Echo State Network、narnet（nonlinear autoregressive time series network，非线性自动回归时间系列网络）、narxnet（nonlinear autoregressive time series network with external input，带外部输入的非线性自动回归时间系列网络）、timedelaynet（time-delay neural network，时间延迟神经网络）、distdelaynet（distributed delay neural network，分布式延迟神经网络）、lstm（long short term memory，长短时记忆系统）等。动态神经网络现在已经广泛地用于模式识别、语音识别、图像处理、信号处理、系统控制、AUV 自适应航向和机器人控制、故障检测、变形预报、最优化决策及求解非线性代数问题等方面。

（1）根据网络结构的分类

按照网络结构，反馈网络可分为全反馈、部分反馈及无反馈三类。

全反馈网络具有单层对称全反馈的结构，物理学家 J. J. Hopfield 教授于 1982 年首先提出将“能量函数”的概念引入网络，得出网络稳定性判据，使用 Hebb 规则训练的 Hopfield 网络可以向能量减小的方向变化而到达稳定状态，收敛于平衡点。Hopfield 网络就是一种典型的全反馈网络，全反馈网络的连接是全连接，网络结构过于复杂且没有隐层，使得网络的非线性性能变差，其实际应用受到了限制。

部分反馈网络是在全反馈网络的结构基础上进行简化，保留动态性质，其结构类似于多层前向型网络的基础上加入各种反馈，比较典型的有 Elman 网络、Jordan 网络、内回归网络、外回归网络等。

无反馈网络将过去的输入、输出作为网络的输入，下一步输出作为网络输出目标进行训练，网络结构本身是静态的，但通过延时输入，就把时域建模转换成了空间建模，具有利用现有输入输出数据，算法成熟的特点。

无论是无反馈、部分反馈还是全反馈，网络都是通过反馈能将前一时刻的数据保留，使其加入到下一时刻数据的计算，使网络不仅具有动态性而且保留的系统信息也更加完整。

（2）根据连接方式的拓扑结构分类

从连接方式的拓扑结构来看，反馈型网络可分为时间递归网络（recurrent neural network）和结构递归神经网络（recursive neural network），两者训练的算法不同，但属于同一算法变体。

时间递归网络的神经元间连接构成有向图，时间递归是按时间维度的展开，信息在时间维度从前向后传递和积累，后面层信息的概率建立在前面层信息的基础上，在神经网络结构上表现为后面神经网络的隐藏层输入是前面神经网络隐藏层的输出。

结构递归神经网络利用相似的神经网络结构递归构造更为复杂的深度网络。结构递归是按照空间维度展开，构成一个树状结构，某一部分的信息由它的子树的信息组合而来。

6.2　典型动态神经网络的结构

动态神经网络的种类很多，但都拥有一个普适性的结构，仍然由输入层、隐层、输出层构成，与静态网络相比，不同的是动态神经网络的信息流具有循环回路的结构，这种结构允许信息持久存在、反复输入，使得网络具有记忆功能。一个典型的动态神经网络的结构如图 6-1 所示。

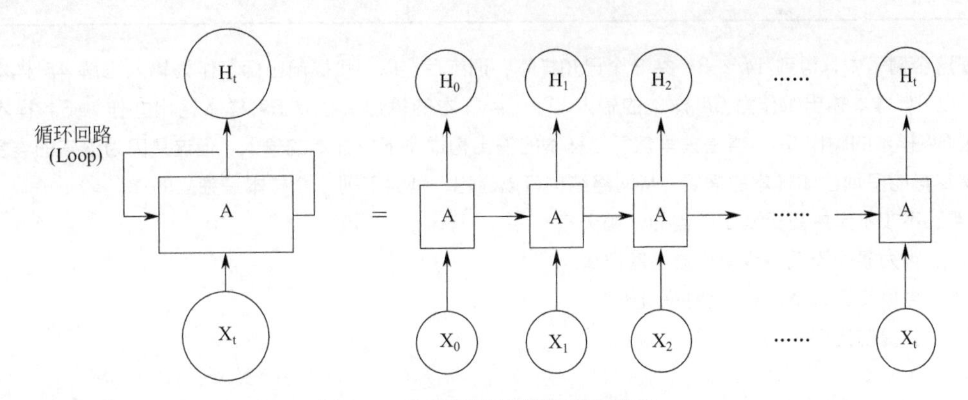

图 6-1　动态神经网络的基本结构

由图 6-1 可以看出，神经网络 A，具有一组输入 X_t 并输出一个值 H_t。展开后可以看到内部的信息流机制：循环回路允许信息从网络的一个步骤传递到下一个步骤。每个步骤可以展开为同一网络的多个拷贝，每个拷贝都会将消息传递给后继步骤，这个步骤可以是时间序列，也可以是空间序列。从第 2 个序列开始，每个序列不仅要采纳自己的输入 X，还要采纳上个序列的输出 H，作为另一个输入，而对于每一个序列来讲，纳入自己的输入和上个序列的输出进行处理后，不仅得到独立输出，还要将独立输出传递给下一序列，作为下一序列的输入之一。这种机制使得网络上，每个序列（样本）的输入、处理计算、输出信息在整个网络中得以互通有无和记忆，第 1 个序列的信息得以在最后 1 个序列中被利用，因此不仅考虑自己的输入，还要利用别的时间、空间样本信息作为输入，这是动态神经网络的基本特征。

语言预测等是动态神经网络的典型应用领域，以下是一个语言预测的例子：

【例 6-1】 如果规划一个网络结构，从 a~i 备选项中选择最合理、概率最高的选项填入句中的①、②、③部分：

不知不觉中夏天到了，因为暴雨天气，今早交通堵塞严重，我提前出门，①，②，③。

①的选项有：a. 但还是迟到了；b. 所以我提前到达；c. 路过了一家超市。

②的选项有：d. 只了解了部分会议内容；e. 对会议内容很清楚；f. 就进去闲逛了一上午。

③的选项有：g. 受到经理的严厉批评；h. 经理表扬了我；i. 买了一些日用品。

解题思路： 在本章以前，学过很多静态网络，典型静态网络结构的共同点是：使用已知样本的输入-目标关系来训练网络，训练过程就是一个不断调整权值阈值使得训练样本、验证样本的仿真求解值与目标值之间的误差最小，得到最优解，然后使用这个最优解去仿真预测新的输入所对应的输出，此过程训练的网络映射了输入输出之间的非线性关系，样本之间相互独立，即样本 1 的输入、输出与样本 2 的训练、输入、输出无关，各样本互相平行，无前后顺序的差异。如果用静态网络建立来求解，其样本构成详见表 6-1。

表 6-1 静态网络的样本数据

样本序号	样本输入	样本目标
1#	不知不觉中夏天到了	因为暴雨天气
2#	因为暴雨天气	今早交通堵塞严重
3#	今早交通堵塞严重	我提前出门
4#	我提前出门	①
5#	①	②
6#	②	③

在这个例子中，得到 1# ~3# 共 3 个已知样本，训练后，以“我提前出门”作为输入求解 4# 样本的输出①；以 4# 样本输出①作为 5# 样本的输入，求 5# 样本的输出②；以 5# 样本输出②作为 6# 样本的输入，求 6# 样本的输出③。看上去虽然每个样本的输出构成了下一样本的输入，但这是因为语言的连贯性质和构造尽可能多地已知样本的需要，从网络结构可以看出，其实下列 6 个样本是独立的：

1#：不知不觉中夏天到了→因为暴雨天气

2#：因为暴雨天气→今早交通堵塞严重

3#：今早交通堵塞严重→我提前出门

4#：我提前出门→①

5#：①→②

6#：②→③

而且在训练时,1# ~3# 已知样本顺序与训练出的网络结果无关。

再来看以动态神经网络求解这个相同问题，典型动态神经网络结构的共同点是：第 2 个序列开始，每个序列不仅要采纳自己的输入，还要采纳上个序列，作为另一个输入，而对于每一个序列来讲，纳入自己的输入和上个序列的内容进行处理后，不仅得到独立输出，还要将独立输出传递给下一序列，作为下一序列的输入之一。这种机制使得网络上，每个序列（样本）的输入、处理计算、输出信息在整个网络中得以互通有无和记忆，第 1 个序列的信息得以在最后 1 个序列中被利用，因此不仅考虑自己的输入，还要利用别的时间、空间样本信息，作为输入。如果用动态神经网络建立来求解，其样本构成详见表 6-2。

表 6-2　动态神经网络的样本数据

样本序号	来自样本自身的输入	来自上个样本序列的输入	样本目标
1#	不知不觉中夏天到了	—	因为暴雨天气
2#	因为暴雨天气	不知不觉中夏天到了	今早交通堵塞严重
3#	今早交通堵塞严重	不知不觉中夏天到了，因为暴雨天气	我提前出门
4#	我提前出门	不知不觉中夏天到了，因为暴雨天气，今早交通堵塞严重	①
5#	①	不知不觉中夏天到了，因为暴雨天气，今早交通堵塞严重，我提前出门	②
6#	②	不知不觉中夏天到了，因为暴雨天气，今早交通堵塞严重，我提前出门，①	③

注：①、②和③表示样本中的场景设置。

在这个例子中，得到 1# ~3# 共 3 个已知样本，由表 6-2 样本数据可以看出，从第 2 个样本开始，每个样本的输入有 2 个来源：不仅有自身当前的输入，还有以前样本的输入输出内容。从网络结构可以看出，其实下列 6 个样本并不独立，输入来源都依赖于以前样本并有明显的顺序相关性：

1#：不知不觉中夏天到了→因为暴雨天气

2#：不知不觉中夏天到了，因为暴雨天气→今早交通堵塞严重

3#：不知不觉中夏天到了，因为暴雨天气，今早交通堵塞严重→我提前出门

4#：不知不觉中夏天到了，因为暴雨天气，今早交通堵塞严重，我提前出门→①

5#：不知不觉中夏天到了，因为暴雨天气，今早交通堵塞严重，我提前出门，①→②

6#：不知不觉中夏天到了，因为暴雨天气，今早交通堵塞严重，我提前出门，①，②→③

而且在训练时,要严格按照各样本的先后顺序。

经过 1# ~3# 已知样本的训练，静态网络得到的非线性关系必定是单纯考虑输入作为直接原因、输出作为直接结果的因果关系，每个已知样本是平行的、独立的，顺序可以是随机的，如果做选择题，不难得出仿真求解结果应该是：

① 大概率：b. 所以我提前到达；中概率：c. 路过了一家超市。

② 大概率：e. 对会议内容很清楚；中概率：f. 就进去闲逛了一上午。

③ 大概率：h. 经理表扬了我；中概率：i. 买了一些日用品。

而经过 1# ~3# 已知样本的训练，动态神经网络得到的非线性关系是带有权值阈值、综合考虑自身输入和以前样本内容的输入，各样本具有敏感的时间先后顺序的因果关系，如果做选择题，不难得出仿真求解结果应该是：

① 大概率：a. 但还是迟到了。

② 大概率：d. 只了解了部分会议内容。

③ 大概率：g. 受到经理的严厉批评。

应用总结：由于结构和算法的不同，两种网络的仿真结果大相径庭，就这个例子可以看出，在样本具有时间顺序敏感的情形下，动态神经网络的网络收敛较好，性能较高，相比之下，静态网络收敛不好，性能不稳定。并不是所有情形下动态神经网络都优于静态网络，动态神经网络适合各属性因子间相互影响、不仅属性互为直接或间接因果关系，顺序样本也有因果关系，关系错综复杂，各样本具有较强的时间顺序的情形；静态网络适合各属性因子间相互影响的关系单纯、明显，各样本相互独立，互不形成因果的情形。

与静态网络相比，动态神经网络具有类似的方面，但更有完全不同的技术路线：动态神经网络同样使用已知样本的输入-目标关系来训练网络，训练过程就是一个不断调整权值阈值使得训练样本、验证样本的仿真求解值与目标值之间的误差最小，得到最优解，然后使用这个最优解去仿真预测新的输入所对应的输出，此过程训练的网络映射了输入输出之间的非线性关系，但样本之间不相互独立，具有关联关系，样本 2 不仅有自己本身的输入，样本 1 的输出也要作为样本 2 的输入之一纳入网络的内部计算，各样本前后顺序的排列决定了整个网络的运行机制。

6.3 动态神经网络的 Matlab 实现

Matlab 提供了以下一系列创建动态神经网络、为网络准备数据集、操作网络的函数：

① newhop。newhop 用于创建一个离散型 Hopfield 神经网络（discrete hopfield neural network，DHNN），网络中，采用的神经元是二值的。输出均用离散值 1 或 0 分别表示神经元处于激活或抑制状态。DHNN 主要用于模式记忆，但 Matlab 提供了另外一个更加稳健的模式识别网络 patternnet 来代替 newhop。newhop 语法格式如下：

```
net=newhop(T)
```

其中：

T：具有 Q 个目标向量的 R×Q 维矩阵，矩阵元素必须为－1 或 1；

net：返回的一个具有在 T 向量中稳定点的新 Hopfield 循环神经网络。

② newelm。newelm 用于创建一个 Elman 反传神经网络，Matlab 在 2010b NNET 7.0 中宣布过时，但在 R2017a 中仍可以使用。其语法格式为：

```
net=newelm(P,T,[S1…S(N-1)],{TF1…TFN},BTF,BLF,PF,IPF,OPF,DDF)
```

其中：

P：R×Q1 矩阵，带有 R 维输入 Q1 个样本向量组成的输入矩阵；

T：SN×Q2 矩阵，带有 SN 维输入 Q2 个样本向量组成的目标矩阵；

Si：第 S1 到 S(N－1) 层共 N－1 个隐层的神经元节点数量，缺省为 [ ]，输出层神经元节点数 SN 取决于目标向量 T；

TFi：第 i 层的传递函数，缺省是隐层为'tansig'，输出层为'purelin'；

BTF：反传网络训练函数，缺省为'traingdx'；

BLF：反传权值/阈值学习函数，缺省为'learngdm'；

PF：性能函数，缺省为'mse'；

IPF：输入处理函数构成的一行元胞数组，缺省为 {'fixunknowns','remconstantrows','mapminmax'}；

OPF：输出处理函数构成的一行元胞数组，缺省为{'remconstantrows','mapminmax'}；

DDF：数据划分函数，缺省为'dividerand'；

net：返回的 N 层 Elman 神经网络。

③ elmannet。elmannet 是新版 Matlab 提供用于创建 Elaman 神经网络的新函数，用于替代 newelm。其语法格式如下：

```
net=elmannet(layerDelays,hiddenSizes,trainFcn)
```

其中：

layerDelays：层延迟的行向量；

hiddenSizes：各隐层的神经元节点数构成的行向量；

trainFcn：反传训练函数；

net：返回的 N+1 层的 Elman 神经网络。

如果不定义任何参数，则 elmannet 使用如下缺省参数运行：

```
net=elmannet(1,10,'trainlm')
```

④ timedelaynet。timedelaynet 是 Matlab 提供的用于创建时间延迟神经网络的函数，使

用过去的时间序列 X 来预测另一时间序列的 Y 值。为了得到更好的结果，除非历史 Y 值不可用，Matlab 建议使用 narxnet 替代 timedelaynet。其语法格式如下：

```
net=timedelaynet(inputDelays,hiddenSizes,trainFcn)
```

inputDelays：输入延迟构成的行向量；

hiddenSizes：含 N 层的各隐层神经元节点数量构成的行向量；

trainFcn：反传训练函数；

net：返回的时间延迟网络。

如果不定义任何参数，则 timedelaynet 使用如下缺省参数运行：

```
net=timedelaynet(1:2,10,'trainlm').
```

⑤ distdelaynet。distdelaynet 是 Matlab 提供的用于创建分布式延迟神经网络的函数，在有足够的隐层神经元、足够的输入延迟和层延迟的情况下，2 层或多层分布式延迟神经网络能够通过历史输入学习预测任何动态输出。其语法格式如下：

```
net=distdelaynet(delays,hiddenSizes,trainFcn)
```

delays：N 个延迟行向量构成的一行元胞数组；

hiddenSizes：N-1 个隐层中各隐层的神经元节点数量；

trainFcn：反传训练函数；

net：返回的带 N 层分布式延迟神经网络。

如果不定义任何参数，则 distdelaynet 使用如下缺省参数运行：

```
net=distdelaynet(1:2,1:2,10,'trainlm');
```

⑥ removedelay。removedelay 是 Matlab 提供的用于移走动态神经网络反应延迟的函数，其语法格式如下：

格式 1：net=removedelay(NET)，返回一个动态神经网络，它的输出反应比原始网络早 1 步时间；

格式 2：net=removedelay(NET,N)，返回一个动态神经网络，它的输出反应比原始网络早 N 步时间。

无论哪种格式，减少的延迟数量 N 是通过从每一个输入权值延迟中减去 N 来实现的；如果网络具有反馈输出，那么 N 是从它的反馈延迟中被减去，以表明它产生的输出比之前的输入提早了 N 步。

⑦ preparets。preparets 是 Matlab 提供的为训练或仿真网络准备时间序列数据的函数。preparets 将时间序列数据转换为某个特定动态神经网络训练或仿真专用的数据，通过定义初始输入延迟和层延迟来转换、构造得到多个必要的时间步骤数据。其语法格式如下：

```
格式 1:[Xs,Xi,Ai,Ts,EWs,Shift]=preparets(net,X,T,{ },ew);
格式 2:[Xs,Xi,Ai,Ts,EWs,Shift]=preparets(net,Xnf,Tnf,Tf,ew);
```

其中：

X：输入 X，必须为元胞数组；

T：输出 T，必须为元胞数组；

ew：误差权值；

Xnf：非反馈输入，必须为元胞数组；

Tnf：非反馈目标，必须为元胞数组；

Tf：反馈目标，必须为元胞数组；

Xs：（被提取的）准备好的输入，为元胞数组；

Xi：（被提出的）初始输入延迟，为元胞数组；

Ai：（被提出的）初始层间延迟，为元胞数组，神经网络中层与层之间的延迟向量，比如定制网络的第 2 层与第 3 层之间 1：5 的延迟向量，如果是空矩阵则说明这个网络没有层间延迟；

Ts：（被提取的）准备好的目标，为元胞数组；

EWs：转换好的误差权值；

Shift：被用于填充输入延迟状态的每一个序列 X 和 T 的初始化时间步骤的数量，例如网络的最大输入延迟是 5，则 Shift=5，于是 X，T 和 ew 的前 5 个时间步骤将用于填充延迟状态。

Xs，Ts 与 EWs 将比 X，T 与 ew 少 5 个时间步骤，所以：

```
Xs{:,1}=X{:,6};
Ts{:,1}=T{:,6};
EWs{:,1}=ew{:,6};
```

举例说明 preparets 的用法，需要用到 Matlab 内含的例子数据集 simpleseries _ dataset。Matlab 在"安装目录\MATLAB\R2017a\toolbox\nnet\nndemos\nndatasets"下存放了一系列神经网络练习用的数据，其中 simpleseries _ dataset 是用于简单时间序列的数据集，在 Matlab 里用"主界面→Home→按钮栏→Open"下打开这个数据文件，观察其结构，为带有 2 个元胞数组变量的 mat 文件，这两个元胞数组变量分别为 simpleseriesInputs 和 simpleseriesTargets，分别是 1×100 cell 的元胞数组。具体内容详见表 6-3。

表 6-3 Matlab 内部例子数据集 simpleseries _ dataset 的具体内容

Workspace 里显示的名称	1	2	3	4	5	6	7	…	98	99	100
simpleseriesInputs：1×100cell	0.8147	0.9058	0.1270	0.9134	0.6324	0.0975	0.2785	…	0.4694	0.0119	0.3371
simpleseriesTargets：1×100cell	0.4074	0.0455	−0.3894	0.3932	−0.1405	−0.2674	0.0905	…	−0.0497	−0.2287	0.1626

【例 6-2】 根据 timedelaynet 和 preparets 的语法，使用 Matlab 内部例子数据 simpleseries_dataset，构造 1：5 的延迟数据集，用于将来 timedelaynet 的训练，构造完毕后观察 Xs，Xi，Ai，Ts 并将之与原始数据 simpleseriesInputs 和 simpleseriesTargets 进行比较。

解题思路：

根据 timedelaynet 的语法格式：net=timedelaynet(inputDelays,hiddenSizes,trainFcn)，题目要求构造 5 个延迟，根据 preparets 的语法，使用格式 1 构造 Xs，Xi，Ai，Ts，再与原始数据进行比较。

编程代码：

```
[X,T]=simpleseries_dataset;%从 Matlab 内部例子数据 simpleseries_dataset 中读取数据,将其内含的 2 个变量 simpleseriesInputs 和 simpleseriesTargets 的值分别赋给 X 和 T;
net=timedelaynet(1:5,[2 5 3]);%创建 5 个输入延迟、3 隐层神经元节点结构[2 5 3]的 timedelaynet 神经网络;
[Xs,Xi,Ai,Ts]=preparets(net,X,T);%使用 preparets 为网络 net 构造训练用数据 Xs,Xi,Ai,Ts;
```

运行后，得到的各变量展示在表 6-4（表格仅显示 4 位有效数字，变量在 Matlab 工作空间中其实是以缺省的双精度浮点即 16 位十进制存储的）中。

表 6-4 运行结果展示表格

Workspace 里显示的变量名称及值	1	2	3	4	5	6	7	…	93	94	95	96	97	98	99	100
simpleseriesInputs：1×100cell	0.8147	0.9058	0.1270	0.9134	0.6324	0.0975	0.2785	…	0.5308	0.7792	0.9340	0.1299	0.5688	0.4694	0.0119	0.3371
simpleseriesTargets：1×100cell	0.4074	0.0455	−0.3894	0.3932	−0.1405	−0.2674	0.0905	…	0.2384	0.1242	0.0774	−0.4021	0.2195	−0.0497	−0.2287	0.1626
net：1×1network																
X：1×100cell	0.8147	0.9058	0.1270	0.9134	0.6324	**0.0975**	**0.2785**	…	**0.5308**	**0.7792**	**0.9340**	**0.1299**	**0.5688**	**0.4694**	**0.0119**	**0.3371**
T：1×100 cell	0.4074	0.0455	−0.3894	0.3932	−0.1405	**−0.2674**	**0.0905**	…	**0.2384**	**0.1242**	**0.0774**	**−0.4021**	**0.2195**	**−0.0497**	**−0.2287**	**0.1626**
Xs：1×95 cell	**0.0975**	**0.2785**	**0.5469**	**0.9575**	**0.9649**	**0.1576**	**0.9706**	…	**0.4694**	**0.0119**	**0.3371**					
Xi：1×5 cell	0.8147	0.9058	0.1270	0.9134	0.6324											
Ai：4×0cell																
Ts：1×95 cell	**−0.2674**	**0.0905**	**0.1342**	**0.2053**	**0.0037**	**−0.4036**	**0.4065**	…	**−0.0497**	**−0.2287**	**0.1626**					
SHIFT：1×1double	5															

由表 6-4 运行结果可以看出：

Xs：（被提取的）准备好的输入就是原始输入的第 6～100 元素；

Xi：（被提出的）初始输入延迟就是原始输入的第 1～5 元素；

Ai：（被提出的）初始层间延迟为 4×0 cell，隐层、输出层共 4 层，之间没有层间延迟；

Ts：（被提取的）准备好的输出就是原始目标的第 6～100 元素；

EWs：转换好的误差权值；

Shift：被用于填充输入延迟状态的每一个序列 X 和 T 的初始化时间步骤的数量，网络的最大输入延迟是 5，则 Shift＝5。

```
Xs{1,:}=X{1,6:100};
Ts{1,:}=T{1,6:100};
Xi=X{1,1:5};
Shift=5
```

MathWorks 公司在 Matlab R2010b NNET 7.0 中宣布将 newelm 函数作废，elmannet 是新版 Matlab 提供用于创建 Elman 神经网络的新函数，用于替代 newelm。尽管新版 Matlab 中仍可以使用 newelm 和 elmannet 函数，但 MathWorks 公司建议：Elman 网络用于解决历史时序问题，但使用 narxnet、timedelaynet 或 distdelaynet 的性能比 Elman 网络更好。

针对 distdelaynet 和 timedelaynet，新版 Matlab 提出建议：

除了每个输入和层权值有一个延迟线性相关以外，distdelaynet 与前馈型网络（feedforward）相似，因此对时间输入系列具有有限的动态反应。distdelaynet 网络与 timedelaynet 也很类似。

在输入权值上有延迟的特点使得 timedelaynet 可以通过给定的历史时间序列 X 来学习预测 Y 序列，但为了得到更好的网络性能和预测结果，建议使用 narxnet 代替 timedelaynet。

因此，本章重点讲述 narxnet 和 narnet。

6.4 带外部输入的非线性自动回归网络

narxnet 是 Matlab 提供的动态时序网络最重要的解决方案之一，是 nonlinear autoregressive with external input（带外部输入的非线性自动回归网络，NARX）的缩写，narxnet 可以通过给定的历史时间序列来学习预测另一段时间的同样序列。反馈输入、另一段时间序列称为外部或外生（exogenous）时间序列。

6.4.1 narxnet 的创建

narxnet 用于创建一个 NARX 网络，其语法格式为：

```
net=narxnet(inputDelays,feedbackDelays,hiddenSizes,feedbackMode,trainFcn)
```

其中：

inputDelays：输入延迟行向量，可以是 0（无延迟）或正整数（缺省＝1：2）；

feedbackDelays：反馈输出延迟行向量，可以是 0（无延迟）或正整数（缺省＝1：2）；

hiddenSizes：含 N 层的各隐层神经元节点数量构成的行向量（缺省＝10）；

feedbackMode：反馈模式，'open'为开环，'closed'为闭环（缺省＝'open'）；

trainFcn：前馈型训练函数（缺省＝'trainlm'）；

net：返回的 NARX 神经网络。

6.4.2 闭环与开环

① 闭环。一旦动态神经网络被建立之后，可以通过闭环（closeloop）将开环网络转换为闭环形式，即将标记为开环的任意输出(NET. outputs{i}. feedbackMode='open')转变为闭环。closeloop 的语法格式如下：

```
closeloop(NET)
```

这是通过将开环网络的输出（如输入索引等于 NET. outputs{i}. feedbackInput）相关联的输入替换为内部层权值连接来实现的。

下面是一个创建好的 NARX 网络，具有标准的输入和由开环反馈输出得到的关联反馈输入：

```
[X,T]=simplenarx_dataset;
net=narxnet(1:5,1:5,10);
[Xs,Xi,Ai,Ts]=preparets(net,X,{},T);
net=train(net,Xs,Ts,Xi,Ai);
view(net)
Y=net(Xs,Xi,Ai)
netc=closeloop(net);
view(netc)
[Xc,Xic,Aic,Tc]=preparets(netc,x,{},t);
Yc=netc(Xc,Xic,Aic);
```

② 开环。开环（openloop）将闭环反馈神经网络转换为开环反馈神经网络，即将标记为闭环的任意输出（NET. outputs{i}. feedbackMode='closed'）转变为开环。openloop 的语法格式如下：

```
openloop(NET)
```

这是通过将来自闭环网络的输出的层连接替换为来自新输入的权值，并且用输出关联新输入（NET. outputs {i} . feedbackInput，设置为新输入的索引）来实现的。

下面是一个创建好的 NARX 网络，具有标准的输入和由开环反馈输出得到的关联反馈输入：

```
[X,T]=simplenarx_dataset;
net=narxnet(1:2,1:2,10);
[Xs,Xi,Ai,Ts]=preparets(net,X,{},T);
net=train(net,Xs,Ts,Xi,Ai);
view(net)
Y=net(Xs,Xi,Ai)
```

先将开环转换为闭环并仿真：

```
netc=closeloop(net);
view(netc)
[Xc,Xic,Aic,Tc]=preparets(netc,X,{},T);
Y=net(Xc,Xic,Aic)
```

将闭环转换为开环：

```
neto=openloop(netc);
view(neto)
```

下列语句可以将闭环网及其延迟状态转换为开环网及其延迟状态（输入延迟 Xi、层延迟状态 Ai)：

```
[NET,Xi,Ai]=openloop(NET,Xi,Ai)
```

【例 6-3】 Matlab 在“安装目录\ MATLAB\ R2017a\ toolbox\ nnet\ nndemos\ nndatasets”下存放了一系列神经网络练习用的数据，其中 simpleseries_ dataset 是用于简单时间序列的数据集，请创建 NARX 网络，按有反馈输出、 5 个输入延迟、 5 个输出延迟，使用该数据集训练网络后，查看缺省的开环网络结构，以原延迟输入作为输入，仿真求解输出，并求出输出性能；然后将网络闭合，查看闭环网络结构，以原延迟输入作为输入，仿真求解输出，并求出输出性能；比较开环与闭环的结构、网络性能。

解题思路： Matlab 里“主界面→Home→按钮栏→Open”下打开 simpleseries_ dataset 数据文件，为带有两个元胞数组变量的 mat 文件，这两个元胞数组变量分别为 simpleseriesInputs 和 simpleseriesTargets，分别是 1× 100 cell 的元胞数组，这是符合 preparets 函数要求的元胞数组，不需要使用 tonndata 函数转换；题中要求按照有反馈输出，就要使用 preparets 函数的格式 2 来为即将训练的 NARX 网络准备数据集；题中要求按照 5 个输入延迟、 5 个输出延迟，即原始输入 X 的 1: 5 对应原始输出 T 的第 6 个时间序列值、原始输入 X 的 2: 6 对应原始输出 T 的第 7 个时间序列值……原始输入 X 的 95: 99 对应原始输出 T 的第 100 个时间序列值。编程代码如下:

```
[X,T]=simpleseries_dataset;
net=narxnet(1:5,1:5,10);
[Xs,Xi,Ai,Ts]=preparets(net,X,{},T);
net=train(net,Xs,Ts,Xi,Ai);
view(net)
Y_open=net(Xs,Xi,Ai);
perf_open=perform(net,Ts,Y_open)

netc=closeloop(net);
view(netc)
[Xs,Xi,Ai,Ts]=preparets(netc,X,{},T);
Y_close=netc(Xs,Xi,Ai);
perf_close=perform(netc,Ts,Y_close)
```

运行结果：

```
perf_open=0.0188
perf_close=0.0724
```

网络结构见图 6-2、图 6-3。

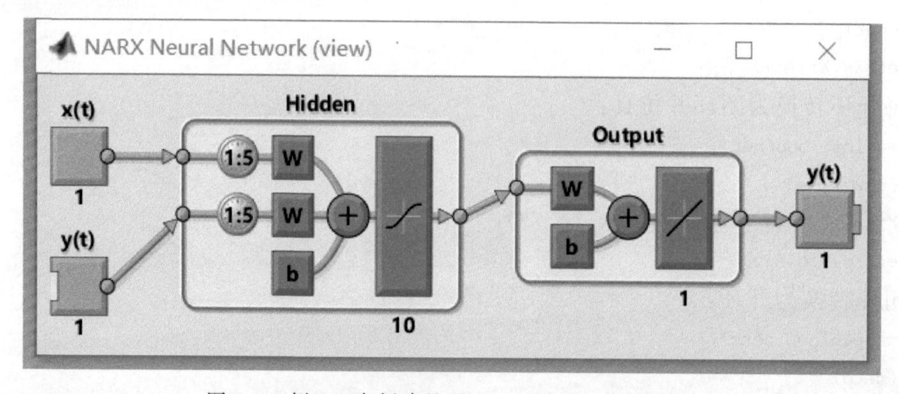

图 6-2 例 6-3 中创建的 narxnet 开环网络结构图

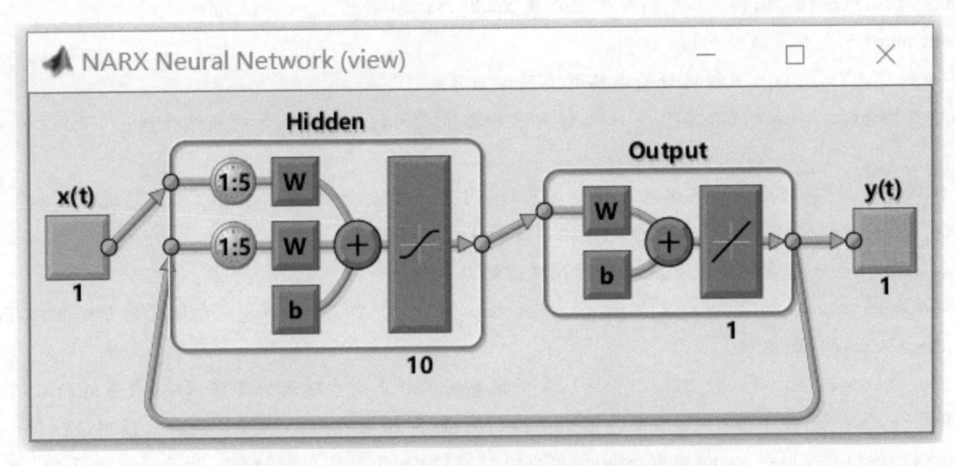

图 6-3 例 6-3 中创建的 narxnet 闭环网络结构图

6.4.3 一步预测

开环神经网络是缺省的网络模式，它随着系统同时产生输出。在输入输出之间的最小延迟是 1，如果希望往下一步预测，则可通过 removedelay 函数消除这个延迟，就返回得到下一步时间序列的预测，即对开环网络移走延迟可以实现向后一步时间序列的预测。

【例 6-4】 使用【例 6-1】中的数据集，创建 NARX 网络，按有反馈输出、5 个输入延迟、5 个输出延迟，使用该数据集的 1:90 元素训练网络后，查看缺省的开环网络结构，用 preparets 准备网络用的输入、目标、输入延迟、层延迟状态作为输入，仿真求解输出，并求出网络性能；使用 removedelay 移走一步延迟，查看移走一步延迟的开环网络结构，仿真求解下一步时间（即第 91）序列输出，并求出输出性能，并与第 91 序列 T 值做比较。

解题思路： removedelay 和 preparets 函数的用法同上例。Matlab 里“主界面→Home→按钮栏→Open”下打开 simpleseries_dataset 数据文件，为带有两个元胞数组变量的 mat 文件，这两个元胞数组变量分别为 simpleseriesInputs 和 simpleseriesTargets，分别是 1×100 cell 的元胞数组，这是符合 preparets 函数要求的元胞数组，不需要使用 tonndata 函数转换；题中要求按照有反馈输出，就要使用 preparets 函数的格式 2 来为即将训练的 NARX 网络准备数据集；题中要求按照 5 个输入延迟、5 个输出延迟，即原始输入 X 的 1:5 对应原始输出 T 的第 6 个时间序列值、原始输入 X 的 2:6 对应原始输出 T 的第 7 个时间序列值……原始输入 X 的 85:89 对应原始输出 T 的第 90 个时间序列值。根据学习的函数，编程代码如下：

```
clear all;clc;

[x,t]=simplenarx_dataset; % 从 simplenarx_dataset.mat 文件中元胞变量中赋值给 x、t 元胞;
X=x(1:90); % 取 x 的前 90 个元素作为输入;
T=t(1:90); % 取 t 的前 90 个元素作为目标;

%% 创建并训练 narx 开环网;
neto=narxnet(1:5,1:5,10); % 创建开环的 narx 网络 neto;
[Xs,Xi,Ai,Ts]=preparets(neto,X,{},T); % 准备 narx 网络 neto 使用的提取的输入、输入延迟、层延迟、提取的目标;
```

```
neto=train(neto,Xs,Ts,Xi,Ai); % 使用上述 Xs,Xi,Ai,Ts 训练 narx 网络 neto;
view(neto) % 查看网络结构图;
Y=neto(Xs,Xi,Ai); % 用训练好的网络仿真反演自己;
perf_Y=perform(neto,Y,T(6:90)) % 求仿真值和真值之间的 MSE 来表示的网络性能;

% 开环一步预测:移走开环网络的 1 步延迟后,不用另行训练,但要再准备输入输出延迟数据;
neto_1s=removedelay(neto); % 移走开环网络的 1 步延迟;
view(neto_1s) % 查看移走 1 步延迟后的开环网络结构图;
[Xs_ols,Xi_ols,Ai_ols,Ts_ols]=preparets(neto_1s,X,{},T); % 为移走一步延迟的开环 NARX 网络 neto_1s 准备 Xs,Xi,Ai,Ts 数据;
Y_ols=neto_1s(Xs_ols,Xi_ols,Ai_ols); % 用训练好的移走 1 步延迟的开环网络、准备好的数据仿真预测;将得到 86 个元素,其中第 86 元素即为下一步的预测值,即原始的第 91 元素 t(91)的预测值;
disp(strcat('t(91)=',num2str(fromnndata(t{91})))) % 显示原 t(91)的值,因变量 t 为元胞,为方便显示须转换为矩阵;
disp(strcat('t(91)的预测值 Y_ols{86}=',num2str(fromnndata(Y_ols{86})))) % 显示原 t(91)的预测值,因变量 Y_ols(86)为元胞,为方便显示须转换为矩阵;
re_ols=(fromnndata(Y_ols{86})-fromnndata(t{91}))/fromnndata(t{91}) * 100 % 求预测值与真值之间的相对误差;
perf_Y_ols=perform(neto_1s,Y_ols{86},t{91}) % % 求仿真值和真值之间的 MSE 来表示的网络性能;
```

运行结果:

```
perf_Y=8.8108e-06

t(91)=1.4513
t(91)的预测值 Y_ols{86}=1.4525

re_ols=0.0872
perf_Y_ols=1.6021e-06
```

网络结构图如图 6-4 和图 6-5。

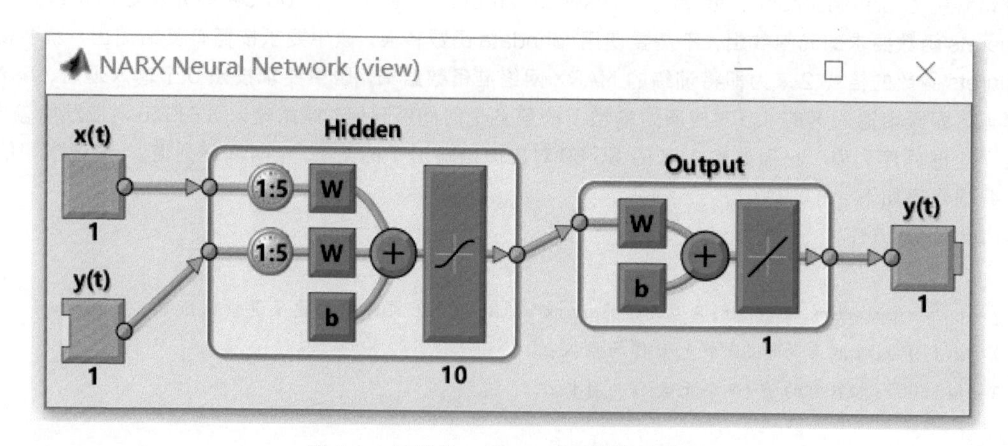

图 6-4 创建的 narxnet 开环网络结构图

在统计学中，样本指总体中抽取的所要考查的元素总称。在这里，需要对一些概念进行说明：在动态神经网络里，根据样本的用途，将样本分为实体样本和网络样本。实体样本指来自观测的结果，如监测数据、观测数据等。

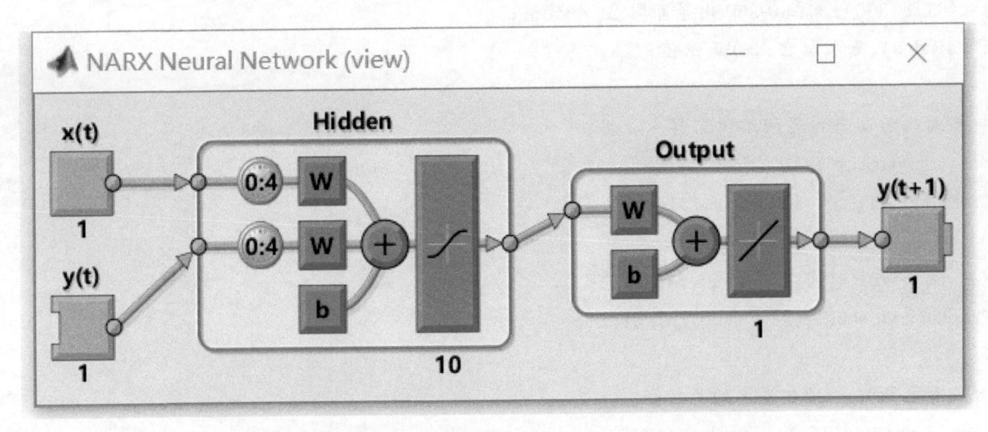

图 6-5　创建的移走 1 步延迟后的 narxnet 开环网络结构图

在动态神经网络的一步预测中，网络样本又分为网络训练提取样本、网络预测提取样本。将实体样本进行预处理后，按动态神经网络的规范要求格式转换为元胞数组后，经过 preparets 准备的提取的输入 Xs，是直接供训练动态神经网络使用的样本，称为网络训练提取样本；训练完毕后，用 removedelay 创建一步延迟网络，preparets 为该一步延迟网络准备的提取的输入 Xs_one，是直接供该一步延迟网络预测使用的样本，称为网络预测提取样本。

① Xs、 Xi、 delay 之间的数量关系：

网络训练提取样本数量（Xs 的列数量）= 实体样本数量（X 的列数量）－输入延迟数量

一步延迟网络预测提取样本数量（Xs_one 的列数量）= 实体样本数量（X 的列数量）－输入延迟数量+ 1

= 网络训练提取样本数量（Xs 的列数量）+ 1

一步延迟网络预测结果数量（Y2_one 的列数量）= 一步延迟网络预测提取样本数量（Xs_one 的列数量）

由此可以看出：一步延迟网络预测结果数量（Y2_ one 的列数量）、一步延迟网络预测提取样本数量（Xs_ one 的列数量）比网络训练样本数量（Xs 的列数量）多 1 个，而多出的最后这一个，即 Y2_ one (end) 就是向后预测一步的结果。

② Xs、 Xi、 Xdelay 之间的内容关系：

通过 Matlab 的变量空间也可以看出 Xs、 Xi、 Xdelay 之间的内容关系为： Xdelay 定义了输入延迟的数量， Xi 的列数量就是 Xdelay 的数量。在 narxnet 中，把延迟的一段输入命名为初始输入延迟 Xi，并把它拿走，剩余的输入样本 X 和对应的目标 T 构成新的元胞数组即为“准备好的提取的输入” Xs。

为进一步理解上述样本的数量和内容关系，可通过下例进一步观察和理解：

【例 6-5】 在 0° ~ 360° 内等距构造 21 个数据，求取其对应的正弦值；顺序取 1 ~ 16 数据对作为已知实体样本，用开环一步延迟方法预测第 17# 样本的正弦值，在预测过程中，取不同的输入延迟，求出相应的网络训练提取样本数量、初始输入延迟样本数量、网络预测提取样本数量、网络预测结果数量、开环一步延迟预测值及其对应的目标值，并比较它们的数量关系、内容，认识不同输入延迟开环对一步网络预测性能的影响。

解题思路：本例是在本节理论的基础上进一步实践，目的是深入理解动态神经网络样本准备、不同类型样本之间的关系，加深学习开环一步延迟方法。根据题目要求，按下列三个步骤实现：①构造并格式化样本；②创建并训练开环网络；③创建开环一步延迟网络、准备样本数据、实施预测，求取各类样本数量并进行数量和内容的比较。编程代码如下：

```
clear all;clc;

%%(1)构造并格式化样本
```

```
x=(0:18:360);%在0-360内等距取21个数值;
t=sind(x);%求取它们的正弦值;

%格式化为动态神经网络所需样本数据;
X1=tonndata(x(1:16),true,false);
T1=tonndata(t(1:16),true,false);

X2=tonndata(x(17:21),true,false);
T2=tonndata(t(17:21),true,false);

%显示要预测的17#样本的目标值;
disp(strcat('t(17)=',num2str(t(17))))

%%(2)创建并训练开环网络
for xdelay=2:14;%使用循环语句,设置不同的输入延迟;
        net=narxnet(1:xdelay,1:xdelay);%创建开环网络;
        [xs,xi,ai,ts]=preparets(net,X1,{},T1);%为开环网络准备数据;
        net=train(net,xs,ts,xi,ai);%以准备好的数据训练开环网络;

        %%(3)创建开环一步延迟网络、准备样本数据、实施预测,求取各类样本数量并进行数量和内
容的比较
        nets=removedelay(net,1);%创建开环一步延迟网络;
        [xs_one,xi_one,ai_one,ts_one]=preparets(nets,X1,{},T1);%为开环一步延迟网络准备
数据;
        Y2=nets(xs_one,xi_one,ai_one);%用准备好的数据、开环一步延迟网络反演预测;
        [row,col]=size(Y2);%求取预测结果的数量;
        [row_xs,col_xs]=size(xs);%求取网络训练提取样本数量(Xs的列数量);
        [row_xs_one,col_xs_one]=size(xs_one);%求取一步延迟网络预测提取样本数量(Xs_one的
列数量);
        [row_xi,col_xi]=size(xi);%求取初始输入延迟Xi的数量;
        %展示上述样本数量关系、预测结果
        disp(strcat('xdelay=1:',num2str(xdelay),';      size of xs=',num2str(col_xs),';
size of xi=',num2str(col_xi),';      size of xs_one=',num2str(col_xs_one),';      size of Y2=',
num2str(col),';      Y2(end)=',num2str(cell2mat(Y2(end)))))
end
```

运行结果:

```
t(17)=-0.95106
xdelay=1:2;  size of xs=14;  size of xi=2;  size of xs_one=15;  size of Y2=15;  Y2(end)=-1.0616
xdelay=1:3;  size of xs=13;  size of xi=3;  size of xs_one=14;  size of Y2=14;  Y2(end)=-1.0304
xdelay=1:4;  size of xs=12;  size of xi=4;  size of xs_one=13;  size of Y2=13;  Y2(end)=-1.0219
xdelay=1:5;  size of xs=11;  size of xi=5;  size of xs_one=12;  size of Y2=12;  Y2(end)=-1.077
xdelay=1:6;  size of xs=10;  size of xi=6;  size of xs_one=11;  size of Y2=11;  Y2(end)=-0.99791
xdelay=1:7;  size of xs=9;  size of xi=7;  size of xs_one=10;  size of Y2=10;  Y2(end)=-1.3139
```

```
xdelay=1:8;  size of xs=8;  size of xi=8;  size of xs_one=9;  size of Y2=9;  Y2(end)=-1.0548
xdelay=1:9;  size of xs=7;  size of xi=9;  size of xs_one=8;  size of Y2=8;  Y2(end)=-0.9363
xdelay=1:10;  size of xs=6;  size of xi=10;  size of xs_one=7;  size of Y2=7;  Y2(end)=-0.93108
xdelay=1:11;  size of xs=5;  size of xi=11;  size of xs_one=6;  size of Y2=6;  Y2(end)=-1.005
xdelay=1:12;  size of xs=4;  size of xi=12;  size of xs_one=5;  size of Y2=5;  Y2(end)=-1.003
xdelay=1:13;  size of xs=3;  size of xi=13;  size of xs_one=4;  size of Y2=4;  Y2(end)=-1.0854
xdelay=1:14;  size of xs=2;  size of xi=14;  size of xs_one=3;  size of Y2=3;  Y2(end)=-1.0135
```

应用总结：在静态网络中，介绍过影响网络性能的几个方面。

① 适合的网络类型。不同的网络类型具有不同的适用性和优势，应选择待模拟系统的适用网络类型。

② 样本的质量和数量。数据质量越准确越可靠、样本数量越多，网络性能越好。

③ 输入因子的选择。对输出具有影响作用的输入因子纳入得越全，网络性能越好。

④ 网络结构。合适的网络结构，太多的隐层和神经元节点数量消耗过多的算力资源导致网络运行效率低，同时容易造成过拟合；太少太简单的隐层和神经元节点数量不能模拟输入-输出的固有模型。

⑤ 训练函数、网络参数。不同的训练函数具有不同的优缺点，不同的网络类型具有通用的或特有的网络参数，还包括普通参数和超级参数。应进行粗选→精选调试出最优化的网络参数。

⑥ 设置样本子集。划分出一定数量比例的训练、验证、测试子集和最大失败验证次数以提前终止训练，可以提高 BP 神经网络的泛化能力。

以上影响静态网络的各方面因素同样也适用于动态神经网络，除此之外，动态神经网络属于有记忆的反馈网络，记忆时间的长度体现在延迟长度上，延迟太短，网络对历史已知样本的输入-输出关系的记忆时间就短，只能模拟短期记忆效应，难以仿真输入-输出关系的长时间积累效应；延迟太长，网络对历史已知样本的输入-输出关系的记忆时间就长，可以模拟长期记忆效应，但消耗算力资源，所以选择合适的延迟就很重要，如果对灰箱系统有一定程度的理解，可从系统的物理特性来考虑延迟长度，如对于风速较大且稳定、风向相对固定的季节内区域环境空气 O_3 的预测，O_3 影响因子不可能长时间积累，延迟一般可考虑 7～14d，甚至 3d 左右。

【例 6-6】Matlab 自带了一些练习数据，其中“程序目录\MATLAB\R2017a\toolbox\nnet\nndemos\nndatasets”里有一个数据集“simplenarx_dataset.m”，是一个 2×100 的 cell 数组；以此数组的 2 行分别作为输入和目标数据，以前 90 列数据作为训练样本，以“1: 7, 1: 7, 10”作为参数，使用开环一步预测法，在不同预测样本输入长度下预测第 91～100 时间序列的目标值，并比较不同预测样本输入长度的预测结果。思考总结：①为什么 BP 神经网络在预测时只需预测样本的输入，而 NARX 网络在预测时，除了预测样本的输入外，还需预测样本的目标值；②本例的样本数据是否要做归一化。

解题思路：在开环一步预测时，可选用预测样本前的全部样本，也可以使用部分样本，也可以使用能保证延迟的最小样本数量：预测样本前 1～前 7 作为预测输入。在代码中设置多种预测样本数量方案并对预测结果进行比较。

编程代码：

```
clear all;clc;
    [x,t]=simplenarx_dataset;

    x1=x(1:90);
    t1=t(1:90);

    net=narxnet(1:7,1:7,10);
```

```
[X,Xi,Ai,T]=preparets(net,x1,{},t1);
net=train(net,X,T,Xi,Ai);
 % view(net)
Y=net(X,Xi,Ai);
perf=perform(net,Y,T);

nets=removedelay(net);
 % view(net);
 % %
for p=1:4   % 分别设置 4 种不同预测样本长度进行预测;
    switch p
        case 1
                prdsmp_s=1; % 第一组试验定义预测样本起始时间序列;
                prdsmp_e=90; % 第一组试验定义预测样本终止时间序列;
        case 2
                prdsmp_s=60; % 第二组试验定义预测样本起始时间序列;
                prdsmp_e=90; % 第二组试验定义预测样本终止时间序列;

        case 3
                prdsmp_s=80; % 第三组试验定义预测样本起始时间序列;
                prdsmp_e=90; % 第三组试验定义预测样本终止时间序列;

        case 4
                prdsmp_s=84; % 第四组试验定义预测样本起始时间序列;
                prdsmp_e=90; % 第四组试验定义预测样本终止时间序列;
    end
            for i=0:9
    [Xs,Xis,Ais,Ts]=preparets(nets,x(prdsmp_s+i:prdsmp_e+i),{},t(prdsmp_s+i:prdsmp_e+i));
    Ys=nets(Xs,Xis,Ais)
    YY(p,i+1)=Ys(end);
    end
end
    disp('accomplished successfully!')
```

运行结果:运行结果经整理后详见表 6-5。

表 6-5 NARX 网络开环一步预测样本数量对预测结果的影响比较 (net=narxnet (1: 7, 1: 7, 10);)

时间序号	91	92	93	94	95	96	97	98	99	100
目标值 t	1.4513	1.4507	1.3065	1.2884	1.0866	1.2412	1.1937	1.5528	1.5829	1.5820
[Xs, Xis, Ais, Ts]=preparets(nets, x(1:90+i), {}, t(1:90+i)) 从所有样本的开头至预测前一个样本作为预测输入	1.4561	1.4462	1.3045	1.2897	1.0913	1.2389	1.1975	1.5530	1.5836	1.5831

续表

时间序号	91	92	93	94	95	96	97	98	99	100
[Xs,Xis,Ais,Ts]=preparets(nets,x(60:90+i),{},t(60:90+i)) 从60～预测前1样本即[x,t](60:90)作为预测输入	1.4561	1.4462	1.3045	1.2897	1.0913	1.2389	1.1975	1.5530	1.5836	1.5831
[Xs,Xis,Ais,Ts]=preparets(nets,x(80:90+i),{},t(80:90+i)) 从80～预测前1样本即[x,t](80:90)作为预测输入	1.4561	1.4462	1.3045	1.2897	1.0913	1.2389	1.1975	1.5530	1.5836	1.5831
[Xs,Xis,Ais,Ts]=preparets(nets,x(84+i:90+i),{},t(84+i:90+i)) 从预测前1～前7样本即[x,t](84:90)作为预测输入	1.4561	1.4462	1.3045	1.2897	1.0913	1.2389	1.1975	1.5530	1.5836	1.5831

应用总结：使用开环一步预测法，在为开环一步网络准备预测输入输出样本时，输入的样本应选预测样本前1~预测样本前delay个，这样使得只有一组（1:delay）的x,t作为输入，也只有1组时间序列（列）输出，这个输出，就是预测样本的输出Y。通过本例case1~3可看出：预测样本输入多选并无用处，预测结果无变化，只会增加算力资源消耗。

6.4.4 多步预测

6.4.4.1 相关基础函数知识的准备

（1）rands　rands是神经网络算法中常用到的随机函数。

rands（S，R）接受神经元数量（行数量）和输入元素数量（列数量），返回S×R随机数矩阵，一般用在神经网络的权值和阈值的初始化时，范围是－1～1。其语法格式为：

```
rands(S,R)
```

其中：

S：神经元数量；

R：输入元素数量。

下面给出一个神经网络初始化权值的例子，使用4个神经元，7个输入元素：

```
w=rands(4,7)
```

运行结果为：

```
w=
    0.6294    0.2647    0.9150    0.9143    -0.1565   0.3115    0.3575
    0.8116    -0.8049   0.9298    -0.0292   0.8315    -0.9286   0.5155
    -0.7460   -0.4430   -0.6848   0.6006    0.5844    0.6983    0.4863
    0.8268    0.0938    0.9412    -0.7162   0.9190    0.8680    -0.2155
```

（2）tonndata与fromnndata

① tonndata。tonndata用于将数据转换为神经网络元胞数组格式，其语法格式为：

```
[y,wasMatrix]=tonndata(x,columnSamples,cellTime)
```

其中：

x：矩阵或元胞数组中的矩阵；

columnSamples：如果原始数据中的样本按列排列为 true，如果按行排列为 false；

cellTime：如果原始样本是元胞数组的列为 true，如果是矩阵则为 false；

y：返回值，原始数据转换成的标准神经网络元胞数组格式；

wasMatrix：返回值，如果原始数据是矩阵则为 true。

如果 columnSamples 为 false，则矩阵 x 或元胞数组中的矩阵 x 将被转置，所以行样本将转置为列详列存储；如果 cellTime 为 false，则矩阵样本将被分离到元胞数组的列，所以矩阵中原来代表时间的向量元胞数组的列代替；fromnndata 可使用返回值 wasMatrix 去实施逆向变换。

② fromnndata。fromnndata 将标准神经网络元胞数组数据转换为给定参数所定义的数据格式，无论结果是否为矩阵形式、样本向量的排列顺序是否在列，无论矩阵中列是否格式化为样本或时间序列。其语法格式为：

```
fromnndata(x,toMatrix,columnsample,cellTime)
```

其中：

toMatrix：是否转换最终结果为矩阵（如果数据有 1 个时间序列或者 cellTime 为 false 时，必须为 true）；

columnSamples：如果样本在矩阵列则为 true，如果在行则为 false；

cellTime：如果时间序列在元胞数组的列则为 true，如果在单一矩阵则为 false（如果数据只有单一时间样本则为 false）。

【例 6-7】 将一个代表 4 个输入元素 7 个时间步骤的 4×7 维矩阵转换为标准神经网络数据，为 1×7 维元胞，即 7 个时间序列样本，每个样本由 4×1 维矩阵构成，代表含 4 个输入因子的 1 个时间序列样本。然后反转数据，得到原来的 4 个输入元素 7 个时间步骤的 4×7 维矩阵。

解题思路：根据上述 rands、 tonndata、 fromnndata 函数的功能和语法，编程代码如下：

```
x=rands(4,7)
columnSamples=true; % 样本在列；
cellTime=false; % 时间序列由矩阵代表，而不是元胞；
[y,wasMatrix]=tonndata(x,columnSamples,cellTime)
x2=fromnndata(y,wasMatrix,columnSamples,cellTime)
```

运行结果：

```
x=
 0.9195    0.5025    0.7818   -0.7014    0.6286   -0.6068   -0.2967
-0.3192   -0.4898    0.9186   -0.4850   -0.5130   -0.4978    0.6617
 0.1705    0.0119    0.0944    0.6814    0.8585    0.2321    0.1705
-0.5524    0.3982   -0.7228   -0.4914   -0.3000   -0.0534    0.0994

y=  1×7cell 数组
[4×1 double]  [4×1 double]  [4×1 double]  [4×1 double]  [4×1 double]  [4×1 double]  [4×1 double]

wasMatrix=logical 1
```

```
x2=
    0.9195    0.5025    0.7818   -0.7014    0.6286   -0.6068   -0.2967
   -0.3192   -0.4898    0.9186   -0.4850   -0.5130   -0.4978    0.6617
    0.1705    0.0119    0.0944    0.6814    0.8585    0.2321    0.1705
   -0.5524    0.3982   -0.7228   -0.4914   -0.3000   -0.0534    0.0994
```

(3) network/sim 函数

network/sim 函数接受输入，仿真模拟得到输出预测值，其语法有如下 2 个格式：

① 静态网络格式：

```
Y=sim(NET,X)或 Y=NET(X)
```

其中：

NET：训练好的静态网络的名称；

X：输入；

Y：返回的仿真模拟得到的输出预测值。

② 动态神经网络格式：

```
[Y,Xf,Af]=sim(NET,X,Xi,Ai)或[Y,Xf,Af]=NET(X,Xi,Ai)
```

其中：

NET：训练好的动态神经网络；

X：输入；

Xi：初始输入延迟；

Ai：初始层延迟；

Y：返回的仿真模拟得到的输出预测值；

Xf：返回的最终输入延迟状态；

Af：返回的最终层延迟状态。

6.4.4.2 多步预测方法

时间序列和普通神经网络一样，延长输入矩阵，得到延长的输出矩阵，实现预测。本节使用 Matlab 自带的 maglev _ dataset. mat 数据文件为例，示范讲解如何进行多步预测(multistep neural network prediction)。maglev _ dataset. mat 文件位于：安装文件夹\toolbox\nnet\nndemos\nndatasets，已事先被格式化为动态神经网络的元胞数据格式，用 Matlab 打开 maglev _ dataset. mat 数据文件后可以看到里边有如下两个元胞数组变量：

```
maglevInputs:1×4001cell
maglevTargets:1×4001cell
```

① 建立开环模式。narxnet、narnet 等带反馈（输出）的动态神经网络，可以用 openloop、closeloop 函数在开环和闭环之间转变。闭环网络进行多步预测，换句话说就是在没有外部反馈（输出）时，使用内部反馈（输出）来延续（内部）预测。

```
[X,T]=maglev_dataset;
net=narxnet(1:2,1:2,10);
[x,xi,ai,t]=preparets(net,X,{},T);
net=train(net,x,t,xi,ai);
y=net(x,xi,ai);
view(net)
```

narxnet 开环网络结构图见图 6-6。

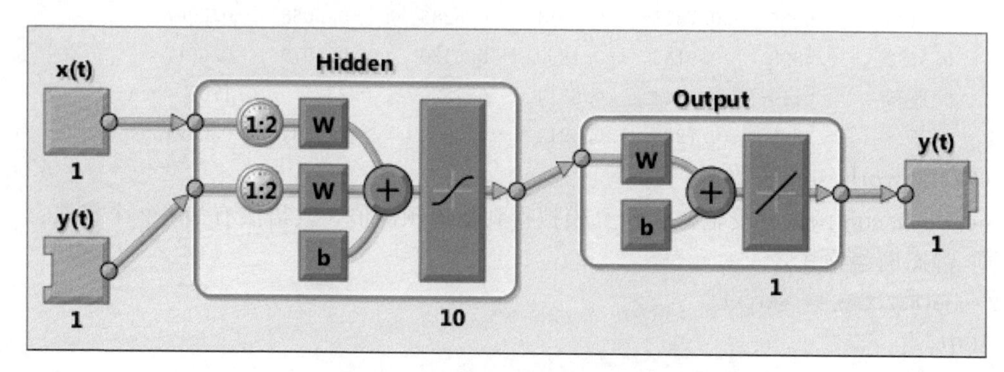

图 6-6　narxnet 开环网络结构图

② 在初始条件下的多步闭环预测（multistep closed-loop prediction from initial conditions）。在给定外部输入和初始条件下，当输入序列是时间序列时，网络可以执行多步预测。这就是网络仅在闭环形式下的预测仿真。

```
netc=closeloop(net);
view(netc)
```

narxnet 闭环网络结构图见图 6-7。

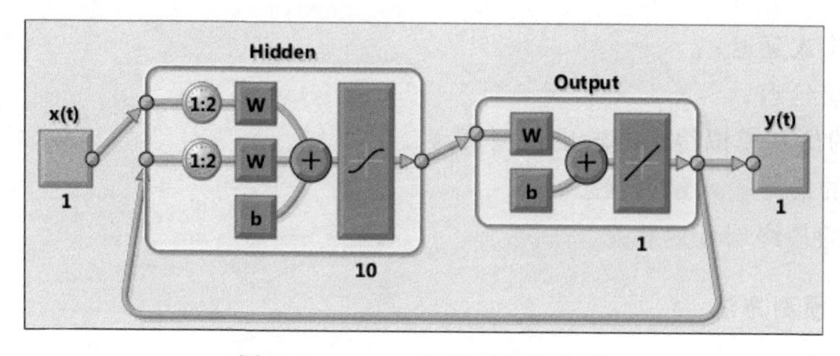

图 6-7　narxnet 闭环网络结构图

训练数据用于定义输入 x，初始输入延迟状态 xi、初始层延迟状态 ai，但它们也能用于定义了去做任何输入和初始状态下的多步预测：

```
[x,xi,ai,t]=preparets(netc,X,{},T);
yc=netc(x,xi,ai);
```

③ 跟随已知序列的闭环多步预测。在开环模式下，可以用已经训练好的网络+已知时间序列的已知值，去仿真当前，然后转换为闭环模式，延续仿真多步预测将来。使用 openloop 和 closeloop 函数来转变开环-闭环神经网络。以下是开环闭环函数的完整语法格式：

```
[open_net,open_xi,open_ai]=openloop(closed_net,closed_xi,closed_ai);
[closed_net,closed_xi,closed_ai]=closeloop(open_net,open_xi,open_ai);
```

假设已经拥有 Maglev's 行为的 20 个记录，使用已知的 20 个输入-目标数据，再往后预测 20 个步骤。首先，定义第一段 20 步的输入和目标，代表 20 个时间步骤，其中已知的输出被定义为目标 t1。下一段的另外 20 步的输入 x2 也定义了，使用网络去预测下一段 20 个输出的预测反馈（每一步的输出）去帮助网络执行下一步预测。

```
x1=x(1:20);
t1=t(1:20);
x2=x(21:40);
```

然后为开环网络准备数据，用准备好的数据、开环网络进行仿真。

```
[x,xi,ai,t]=preparets(net,x1,{},t1);
[y1,xf,af]=net(x,xi,ai);%用开环网络进行仿真,目的是求出开环网络的最终 xf 和 af。
```

现在，最终输入和最终层延迟状态被开环网络仿真过程返回。然后闭环，闭环时接受开环网络的最终输入延迟状态 xf 和最终层延迟状态 af，输出得到闭环网络 netc 及其初始输入延迟状态 xi 和初始层延迟状态 ai。

```
[netc,xi,ai]=closeloop(net,xf,af);%将开环网络转变成闭环网络,同时用开环网络的最终状态求xf、af 出闭环网络的初始状态 xi,ai。
```

以前使用 preparets 来定义初始输入和层状态。但是由于这两个参数已经在开环网络的仿真结束时获取了，现在就不需要使用 preparets 来为下一段 20 时间序列闭环预测来准备数据了。

```
[y2,xf,af]=netc(x2,xi,ai);
```

可以设置不同的、任意喜好的、无论多少步的 x2 来测试不同的情形。例如，用 10 个随机输入去预测 magnetic levitation system's behavior（磁悬浮系统行为）。

```
x2=num2cell(rand(1,10));
[y2,xf,af]=netc(x2,xi,ai);
```

④ 用开环仿真来跟随闭环仿真。在闭环仿真结束后，可以用开环来延续仿真。以下是闭环转化为开环（不必转回开环形式，因为一开始就已经有了开环网络）。

```
[~,xi,ai]=openloop(netc,xf,af);
```

现在可以用外部输入和开环反馈（输出）序列，并仿真开环网络。

```
x3=num2cell(rand(2,10));
y3=net(x3,xi,ai);
```

通过这种方法，可以在开环仿真和闭环仿真之间互相转化。其中一个实用的应用就是：对一个传感器进行时间序列预测，这个传感器的最后一个值通常是已知的，允许下一步的开环预测。但是，在某个情形下，传感器读值不可用了，或者读取错误，需要一个闭环预测步骤。预测可以在开环-闭环之间转化，取决于最后一步的传感器读值是否可用。

6.4.4.3　多步预测方法总结及实例

综上所述，多步预测的技术路线总结为如下 4 个步骤。

① 取得并格式化符合动态神经网络要求的数据；创建 NARX 网络，用 preparets 准备网络数据，为网络准备样本数据时应注意：目标值作为反馈输出，无论开环还是闭环均应按照 preparets（net，X1，{}，T1）格式；使用已知样本数据训练、验证、测试网络。

② 使用上述已训练好的开环网络自我仿真预测一次，用开环网络的已知样本的初始 x1i、a1i 求出开环网络的最终输入延迟 x1f、最终层延迟 a1f，这就是 NARX 实现多步预测的第一个重要核心步骤：[y1，x1f，a1f]=net(x1s，x1i，a1i)。

③ 闭环动作。以开环网络及其最终 x1f，a1f 作为闭环函数 closeloop 的输入，求取闭环网络的初始 x2i，a2i，这就是 NARX 实现多步预测的第二个核心步骤：[netc，x2i，a2i]=closeloop(net，x1f，a1f)。

④ 以求出的闭环网络的初始 x2i，a2i 作为初始延迟状态，给出要仿真预测的输入 X2，

用闭环网络仿真预测输出值 y2，这就是 NARX 实现多步预测的第三个核心步骤：y2＝netc（X2，x2i，a2i）。

为方便记忆，上述 4 个步骤可简化为：创建准备数据训练网络→开环自我反演求最终状态→闭环求初始状态→用闭环初始预测。下面通过实例说明如何进行多步预测。

【例 6-8】 正弦函数是一个典型的具有明显周期的非线性函数，sin（取值为弧度）和 sind（取值为角度）是 Matlab 提供的正弦函数，在此基础上对标准正弦值进行非线性变换，为便于观察将振幅扩大 100 倍：叠加非线性干扰 a= 100* (x./4680).^2，使得标准正弦振幅发生非线性变化；创建 10 个周期的 x（0° ~ 3600°）、t（－1~1）* 100* (x./4680).^2 作为已知样本，创建 narxnet，使用一步预测求 x= 3610° 的输出值、多步预测求解 11~13 周期（3610° ~4680°）的输出值，并将两种方法的预测值与理论真值做比较，使用相对误差与平均方差 mse 评价网络性能，在 x-t 曲线图上画出多步预测结果。

解题思路：技术路线为以下几个步骤。

① 构造样本数据。为避免消耗算力资源，x 的取值采样没有必要到 1°，按每 10° 采一次样，则 1~10 周期（0:10:3600）的角度作为已知输入样本，其相应的正弦值叠加非线性变换后的振幅作为已知输出目标；11~13 周期（3610° ~4680°）的角度作为待预测未知输入样本，叠加非线性变换的振幅作为待预测未知输出目标，用于检验网络预测输出 Y2。

② 创建和训练网络。定义网络参数、用 preparets 准备数据；由神经网络基本原理和以往经验可知：网络性能的重要影响因素为已知样本质量和数量，本例按每 10° 采集正弦值并进行非线性变换，10 个周期即有 3600/10= 360 个已知独立样本，为提高网络性能，尽可能输入更丰富、更久远、具有更长期记忆的延迟关系，使用 1~7 周期来反馈输出第 8 周期的第 1 个 Y 值，即 X(1:252)&Y(1:252)→Y(253)、…、X(108:359)&Y(108:359)→Y(360)，或：

Y(253)= f(X(1:252),Y(1:252))，即 Y(2520°)= f(X(0° :2510°),Y(0° :2510°));

Y(254)= f(X(2:253),Y(2:253))，即 Y(2530°)= f(X(10° :2520°),Y(10° :2520°));

Y(255)= f(X(3:254),Y(3:254))，即 Y(2540°)= f(X(20° :2530°),Y(20° :2530°));

… … …… …

Y(361)= f(X(109:360),Y(109:360))，即 Y(3600°)= f(X(1080° :3590°),Y(1080° :3590°))。

以上共形成 109 组已知关系样本。定义网络参数 hiddenLayerSize= 10、trainFcn=' trainlm ';用 preparets 准备数据；设置训练、验证、测试样本比例。

③ NARX 多步预测的第一个重要核心步骤：用开环网络自我预测反演一次，以求得开环网的最终状态 x1f、a1f。

④ NARX 实现多步预测的第二个核心步骤：闭环，对开环网络及其最终状态 x1f、a1f 闭环，得到闭环网络及其初始状态 x2i、a2i。

⑤ NARX 实现多步预测的第三个核心步骤，也是整个预测中最关键的一步：预测。用闭环网络对新的输入 x2，闭环初始状态 x2i、a2i 仿真预测新输入 x2 对应的 y2；y2= netc(X2,x2i,a2i);即用闭环网仿真：使用：未来输入、上次求得的闭环的初始输入、初始层延迟，求取未来的输出。

⑥ 将元胞数据转矩阵，求预测数据与理论真值间的相对误差。

⑦ 开环一步预测。开环一步预测的结果的最后一个数据就是未来第一个数据，用于与闭环网络预测结果的第一个数据、x= 3610 的理论真值进行比较。

⑧ 绘图：在 3610:10:4680 为横轴、振幅值为纵轴的平面坐标上，绘画理论真值 t2m、闭环多步预测结果 y2m，并比较。

根据以上思路，编程代码如下：

```
clear all;clc;

%%(1)构造样本数据；
```

```
x1=0:10:3600;% 实物已知样本输入数据;
a1=100*(x1./4680).^2;% 待叠加的非线性因素
t1=a1.*sind(x1);% 实物样本目标数据;

x2=3610:10:4680;% 实物预测样本输入数据;
a2=100*(x2./4680).^2;% 待叠加的非线性因素
t2=a2.*sind(x2);% 实物预测样本目标数据;

% 格式化实物样本数据为网络样本数据;
X1=tonndata(x1,true,false);
T1=tonndata(t1,true,false);

X2=tonndata(x2,true,false);
T2=tonndata(t2,true,false);

%%(2)创建和训练网络:定义网络参数、用 preparets 准备数据;

% 'trainlm' is usually fastest.
% 'trainbr' takes longer but may be better for challenging problems.
% 'trainscg' uses less memory. Suitable in low memory situations.
trainFcn='trainlm';% Levenberg-Marquardt backpropagation.

% Create a Nonlinear Autoregressive Network with External Input
% 创建 NARX 网络;
inputDelays=1:252;
feedbackDelays=1:252;
hiddenLayerSize=10;
net=narxnet(inputDelays,feedbackDelays,hiddenLayerSize,'open',trainFcn);

% Prepare the Data for Training and Simulation
% The function PREPARETS prepares timeseries data for a particular network,
% shifting time by the minimum amount to fill input states and layer
% states. Using PREPARETS allows you to keep your original time series data
% unchanged,while easily customizing it for networks with differing
% numbers of delays,with open loop or closed loop feedback modes.
% 为开环 NARX 网络准备数据
[X1s,X1i,A1i,T1s]=preparets(net,X1,{},T1);

% Setup Division of Data for Training,Validation,Testing
% 分配训练、验证、测试样本子集;
net.divideParam.trainRatio=70/100;
net.divideParam.valRatio=15/100;
net.divideParam.testRatio=15/100;
```

```
% Train the Network
%训练开环 NARX 网络;
[net,tr]=train(net,X1s,T1s,X1i,A1i);


%%(3)用开环网络自我模拟仿真反演一次,以求得开环网络的最终状态 X1f、A1f;
% Test the Network
[Y1,X1f,A1f]=net(X1s,X1i,A1i);%训练完毕,开环模拟仿真自己一次,目的是
%得到开环网的最终状态 Xf、Af,作为闭环网的初始输入、初始层延迟

% View the Network 查看网络结构
view(net)

% Plots
% Uncomment these lines to enable various plots. 画出网络性能评价七图;
%figure,plotperform(tr)
%figure,plottrainstate(tr)
%figure,ploterrhist(e)
%figure,plotregression(T1,Y1)
%figure,plotresponse((T1,Y1)
%figure,ploterrcorr(e)
%figure,plotinerrcorr(X1,e)

%% (4)闭环:对开环网及其最终状态 X1f、A1f 进行闭环,得到闭环网及其初始状态 X2i、A2i;
% Closed Loop Network
% Use this network to do multi-step prediction.
% The function CLOSELOOP replaces the feedback input with a direct
% connection from the outout layer.
[netc,X2i,A2i]=closeloop(net,X1f,A1f);%用开环网自我模拟仿真时求得的最终输入延迟、
%最终层延迟作为初始输入延迟、初始层延迟,关闭它,产生闭环网络、闭环的
%初始输入、初始层延迟
netc.name=[net.name' -Closed Loop(闭环网络结构图)'];
view(netc)%查看闭环网络结构;

%% (5)预测:用闭环网络对新的输入 X2、闭环初始状态 X2i、A2i 仿真预测新输入 X2 对应的输出 Y2;
Y2=netc(X2,X2i,A2i);%最核心的一步:用闭环网络仿真:使用:未来输入、上次求得的
%闭环的初始输入、初始层延迟,求取未来的输出
closedLoopPerformance=perform(netc,T2,Y2);%闭环网络的性能指标:缺省为平均方差 MSE
disp(strcat('闭环多步预测网络性能 MSE=',num2str(closedLoopPerformance)))

%%(6)将元胞数据转矩阵,求预测数据与理论真值间的相对误差
t2m=cell2mat(T2);
y2m=cell2mat(Y2);
```

```
re=100 * (y2m-t2m)./t2m; % 无法求平均绝对值相对误差,因理论真值为 0 部分相对误差
% 为±inf(无穷大、无穷小)

%% (7)开环一步预测;开环一步预测的结果的最后一个数据就是未来第一个数据,
% 用于与闭环网络预测结果的第一个数据、x=3610 的理论真值进行比较;
% Step-Ahead Prediction Network
% For some applications it helps to get the prediction a timestep early.
% The original network returns predicted y(t+1) at the same time it is
% given y(t+1). For some applications such as decision making, it would
% help to have predicted y(t+1) once y(t) is available, but before the
% actual y(t+1) occurs. The network can be made to return its output a
% timestep early by removing one delay so that its minimal tap delay is now
% 0 instead of 1. The new network returns the same outputs as the original
% network, but outputs are shifted left one timestep.
nets=removedelay(net,1); % 移走 1 步延迟;
nets.name=[net.name'-Predict 1 Step Ahead(移走 1 步延迟的开环一步预测)'];
view(nets) % 查看一步预测开环网络结构;
[xones,xoneis,aoneis,tones]=preparets(nets,X1,{},T1); % 为移走 1 步延迟的开环网络准备数据;
yones=nets(xones,xoneis,aoneis); % 开环网络接受移走 1 步延迟准备的数据进行仿真预测;
yonesm=cell2mat(yones); % 一步预测结果转换为矩阵
stepAheadPerformance=perform(nets,tones,yones); % 开环一步预测网络的性能指标:缺省为平均方
差 MSE;
disp(strcat('开环一步预测网络性能 MSE=',num2str(stepAheadPerformance)))

%%(8)Y(3610°理论真值)、Y(3610°开环一步预测值)、Y(3610°闭环多步预测值)之间的比较;
disp(strcat('Y(3610°理论真值)=',num2str(double(t2(1)),16)));
disp(strcat('Y(3610°开环一步预测值)=',num2str(double(yonesm(end)),16)));
disp(strcat('Y(3610°开环一步预测值与理论真值的相对误差)=',num2str(100 * (yonesm(end)-t2(1))./t2
(1)),'%'));
disp(strcat('Y(3610°闭环多步预测值)=',num2str(double(y2m(1)),16)));
disp(strcat('Y(3610°闭环多步预测值与理论真值的相对误差)=',num2str(100 * (y2m(1)-t2(1))./t2
(1)),'%'));

%%(9)绘图:在 0:10:4680 为横轴、振幅值为纵轴的平面坐标上,绘画理论真值 t2m、闭环多步预测结果
y2m,并比较;
p1=plot(0:10:3600,t1,'b:o');
hold on;
p2=plot(3610:10:4680,t2m,'g:o');
hold on;
p3=plot(3610:10:4680,y2m,'r-+');
hold on;
line([2520,2520],[-100,100],'Color','black','LineStyle','--'); % 在 X=2520 处画一垂直线,以显示
延迟分界;
text(2540,-93,'\fontsize{12}X=2520'); % 在(2540,-93)坐标处做文字注释;
```

```
hold on;
line([3600,3600],[-100,100],'Color','black','LineStyle','--') % 在 X=3600 处画一垂直线,以显示已知-预测的分界;
text(3620,-93,'\fontsize{12}X=3600'); % 在(3620,-93)坐标处做文字注释;

set(gca,'fontsize',12); % 定义整个图形的字号大小;
legend([p1,p2,p3],'0-4680 目标理论真值','3610-4680 闭环多步预测结果','location','northwest') % 在'northwest'(西北)的'location'(位置)处放上图例;
```

运行结果:

```
闭环多步预测网络性能 MSE=421.0364
开环一步预测网络性能 MSE=3.1016e-05
Y(3610°理论真值)=10.33220293745527
Y(3610°开环一步预测值)=10.34287774943455
Y(3610°开环一步预测值与理论真值的相对误差)=0.10332%
Y(3610°闭环多步预测值)=10.34287774943455
Y(3610°闭环多步预测值与理论真值的相对误差)=0.10332%
```

三个网络结构图和多步预测结果图详见图 6-8~图 6-11。

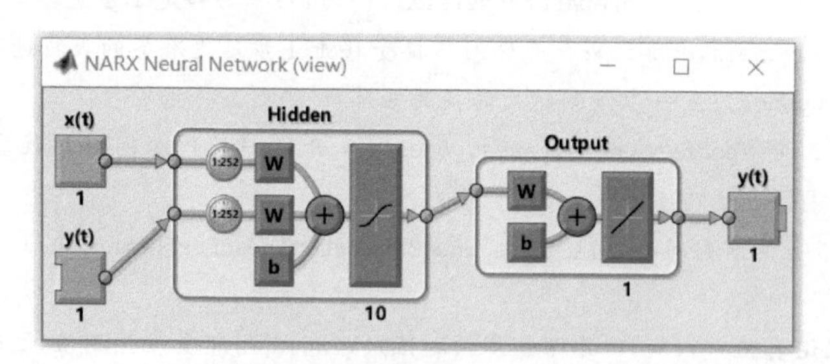

图 6-8 开环网络结构图

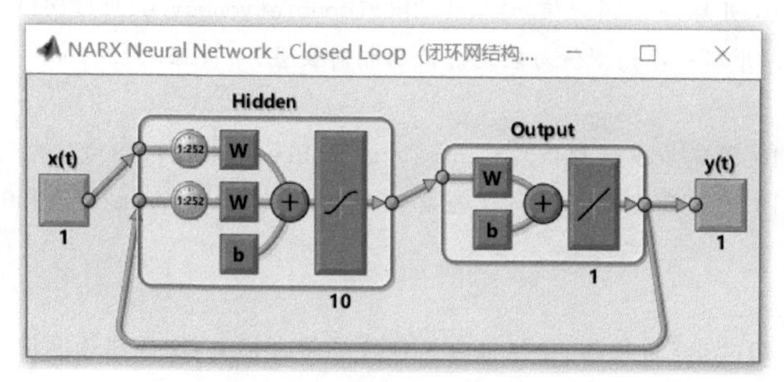

图 6-9 闭环网络结构图

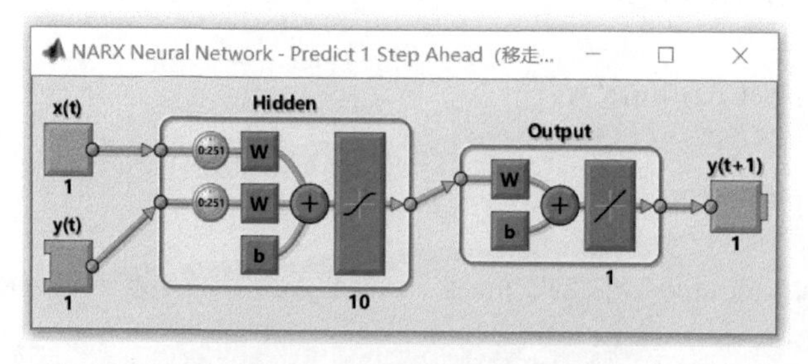

图 6-10 一步预测开环网络结构图

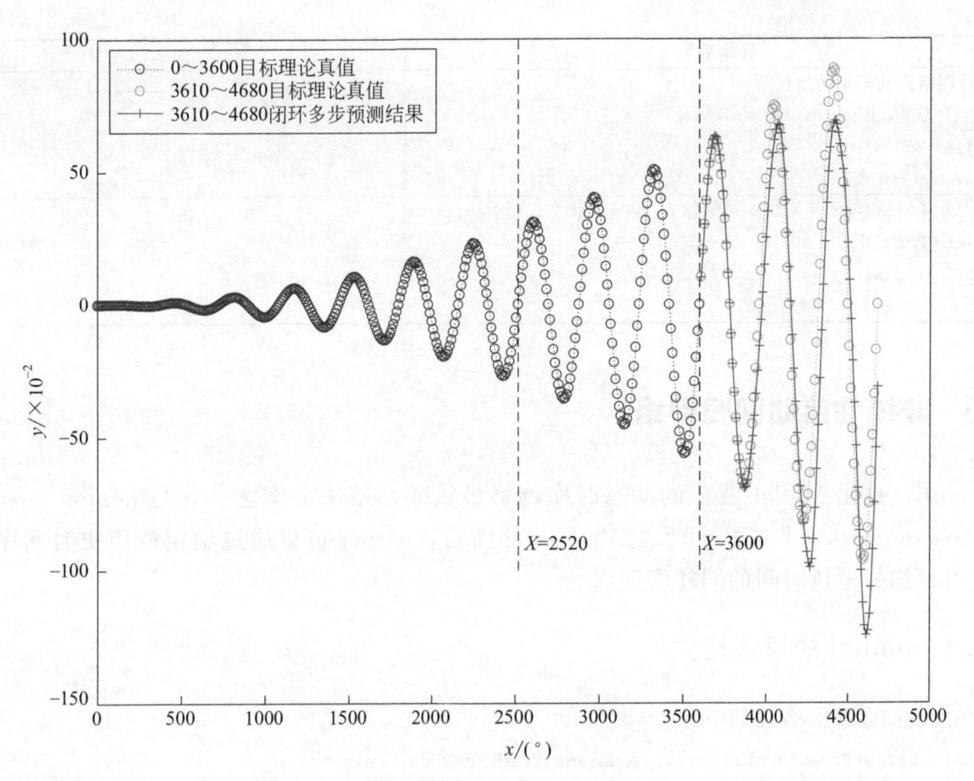

图 6-11　理论真值与闭环多步预测结果图

应用总结：

经过充分的迭代，在本例中的闭环多步预测结果与开环一步预测结果相同，非常理想，二者与目标值之间的相对误差仅为 0.10332%。

闭环多步预测结果中，与前面时间结果相比，后面结果的误差逐渐增大，这是因为网络每次以上一个预测时间的输出结果为输入因子之一，用于预测下一个输出，每往下走一步，误差就被放大一次，所以越往后误差越大。

观察 Matlab 界面的工作区窗口（Workspace），里边各变量的数量与内容关系与开环一步预测里的关系（详见 6.4.3 节）是相同的，总结详见表 6-6。

表 6-6　闭环多步预测 NARX 网络中样本数据、延迟长度的数量级内容关系

样本数据	关系
准备好的样本数据： X1、T1：1 * 361 cell(已格式化好的已知实体样本) X2、T2：1 * 108 cell(已格式化好的未知待预测实体样本)	
训练开环网络： X1s：2 * 109 cell(元胞数组第 1 行为 361 个实体样本输入减去 1：252 延迟后的剩余数据，第 2 行为 361 个实体样本目标减去 1：252 延迟后的剩余数据)； T1s：1 * 109 cell(为 361 个实体样本目标减去 1：252 延迟后的剩余数据)； X1i：2 * 252 cell(元胞数组第 1 行为 361 个实体样本输入中 1：252 延迟数据，第 2 行为 361 个实体样本目标中 1：252 延迟数据)； A1i：2 * 0 cell；	为便于记忆，简单表述为： 内容(X1s)＝　内容(X1－X1i)； 数量(X1s)＝　数量(X1－X1i)； 数量(X1s)＝　数量(X1－Inputdelay)； 数量(T1s)＝　数量(T1－Outputdelay)； 在本例中的数量关系即为： 109　＝　361－252

续表

样本数据	关系
开环网络自我模拟仿真反演： Y1:1 * 109 cell X1f:2 * 252 cell A1f:2 * 0 cell	
关闭开环网络，得闭环网络即初始输入、层延迟状态： X2i:1 * 252 cell A2i:2 * 252 cell Y2:1 * 108 cell	

6.5 非线性自动回归网络

narnet 也是 Matlab 提供的动态时序网络最重要的解决方案之一，是 nonlinear autoregressive network（非线性自动回归网络）的缩写，narnet 可以通过给定的历史时间序列 Y 来学习预测另一段时间的同样序列 Y。

6.5.1 narnet 的语法格式

narnet 的语法格式如下：

```
net=narnet(feedbackDelays,hiddenSizes,feedbackMode,trainFcn)
```

其中：

feedbackDelays：反馈延迟，输出反馈延迟构成的行向量，可以是 0（无延迟）或正整数（缺省=1：2）；

hiddenSizes：含 N 层的各隐层神经元节点数量构成的行向量（缺省=10）；

feedbackMode：反馈模式，'open'为开环，'closed'为闭环，（缺省='open'）；

trainFcn：前馈型训练函数（缺省='trainlm'）；

net：返回的 NAR 神经网络。

narnet 的网络数据准备过程，开环、闭环原理及过程，一步预测、多步预测的技术路线和 narxnet 相同，不同的是：narnet 没有外部输入，即没有 X 输入，用历史输出 Y 本身来预测将来的输出 Y。

6.5.2 一步预测

开环神经网络是缺省的网络模式，它随着系统同时产生输出。在输入输出之间的最小延迟是 1，如果希望往下一步预测，则可通过 removedelay 函数消除这个延迟，就返回得到下一步时间序列的预测。即对开环网络移走延迟可以实现向后一步时间序列的预测。

【例 6-9】"安装目录\ MATLAB\ R2017a\ toolbox\ nnet\ nndemos\ nndatasets"下存放了 simpleseries_dataset 神经网络练习用的数据集，创建 NAR 网络，按有反馈输出、5 个输出延迟，使用该 simpleseries_dataset 数据集目标 T 的 1:90 元素训练网络后，查看缺省的开环网络结构，用 preparets 准备网络用的输入、目标、输出延迟、层延迟状态作为输入，仿真求解输出，并求出网络性能；使用 removedelay 移走一步延迟，查看移走一步延迟的开环网络结构，仿真求解下一步时间（即第 91）序列输出，并求出输出性能，并与第 91 序列 T 值做比较。

解题思路： Matlab 里“主界面→Home→按钮栏→Open”下打开 simpleseries_dataset 数据文件，为带有 2 个元胞数组变量的 mat 文件，这两个元胞数组变量分别为 simpleseriesInputs 和 simpleseriesTargets，分别是 1×100 cell 的元胞数组，这是符合 preparets 函数要求的元胞数组，不需要使用 tonndata 函数转换，针对只有 Y 系列的 NAR 网络，只取 simpleseriesTargets 变量；题中要求按照有反馈输出，就要使用 preparets 函数的格式 2 来为即将训练的 NAR 网络准备数据集；题中要求按照 5 个输出延迟，即原始输入 T 的 1:5 对应原始输出 T 的第 6 个时间序列值、原始输入 T 的 2:6 对应原始输出 T 的第 7 个时间序列值……原始输入 T 的 85:89 对应原始输出 T 的第 90 个时间序列值。 根据函数，编程代码如下：

```
clear all;clc;

[x,t]=simplenarx_dataset; %从 simplenarx_dataset.mat 文件中元胞变量中赋值给 x、t 元胞；
T=t(1:90); %取 t 的前 90 个元素作为目标；

%%创建并训练 nar 开环网络；
neto=narnet(1:5,25); %创建开环的 nar 网络 neto；
[Xs,Xi,Ai,Ts]=preparets(neto,{},{},T); %准备 nar 网络 neto 使用的提取的输入、
%输入延迟、层延迟、提取的目标;NAR 网络没有实体样本的输入，所以按 preparets(neto,{},{},T)准备网络样本。
neto=train(neto,Xs,Ts,Xi,Ai); %使用上述 Xs,Xi,Ai,Ts 训练 nar 网络 neto；
view(neto) %查看网络结构图；
Y=neto(Xs,Xi,Ai); %用训练好的网络仿真反演自己；
perf_Y=perform(neto,Y,T(6:90)) %求仿真值和真值之间的 MSE 来表示的网络性能；

%开环一步预测:移走开环网络的 1 步延迟后，不用另行训练，但要再准备输入输出延迟数据；
neto_1s=removedelay(neto); %移走开环网络的 1 步延迟；
view(neto_1s) %查看移走 1 步延迟后的开环网络结构图；
[Xs_ols,Xi_ols,Ai_ols,Ts_ols]=preparets(neto_1s,{},{},T); %为移走一步延迟的开环 NAR 网络 neto_1s 准备 Xs,Xi,Ai,Ts 数据；
Y_ols=neto_1s(Xs_ols,Xi_ols,Ai_ols); %用训练好的移走 1 步延迟的开环网络、准备好的数据仿真预测；将得到 86 个元素，其中第 86 元素即为下一步的预测值，即原始的第 91 元素 t(91)的预测值；
disp(strcat('t(91)=',num2str(fromnndata(t{91})))) %显示原 t(91)的值，因变量 t 为元胞，为方便显示须转换为矩阵；
disp(strcat('t(91)的预测值 Y_ols{86}=',num2str(fromnndata(Y_ols{86})))) %显示原 t(91)的预测值，因变量 Y_ols(86)为元胞，为方便显示须转换为矩阵；
re_ols=(fromnndata(Y_ols{86})-fromnndata(t{91}))/fromnndata(t{91})*100 %求预测值与真值之间的相对误差；
perf_Y_ols=perform(neto_1s,Y_ols{86},t{91}) %%求仿真值和真值之间的 MSE 来表示的网络性能；
```

运行结果：

```
perf_Y=     0.0768

t(91)=1.4513
t(91)的预测值 Y_ols{86}=1.3605

re_ols=   -6.2552
perf_Y_ols=0.0082
```

网络结构详见图 6-12 和图 6-13。

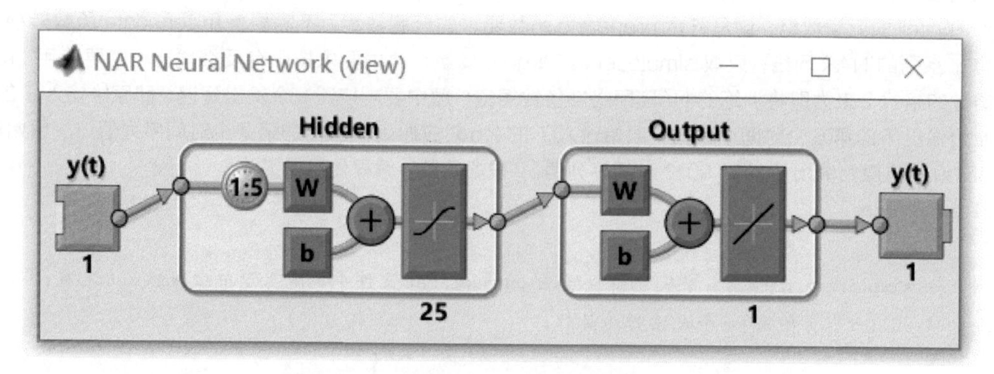

图 6-12 创建的 narnet 开环网络结构图

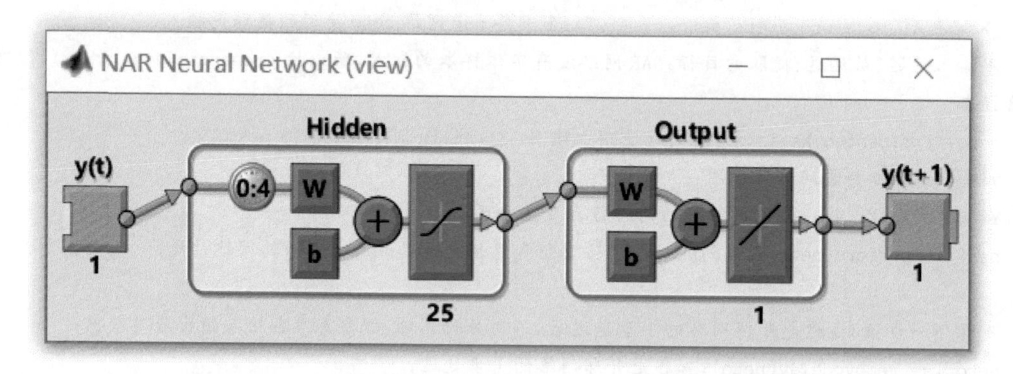

图 6-13 创建的移走 1 步延迟后的 narnet 开环网络结构图

应用总结：在理解了 narxnet 后，narnet 变得很容易理解和掌握，重点在于网络数据准备中 preparets 的应用，这也是在应用中 narnet 和 narxnet 的最大区别：由于是实体样本没有输入，narnet 按[Xs,Xi,Ai,Ts]= preparets(neto,{},{},T)准备网络数据。

与 narxnet 相比，narnet 少了外部输入，看上去似乎少了必要的影响因素或必要的自变量发生缺失，但由于很大程度上自变量对因变量的影响贡献反映到了因变量 Y 上，对于动态神经网络而言，因变量 Y 就不再是单纯的输出，而是可以将历史 Y 视为输入，这是通过实体样本要先转换为网络样本实现的，只有网络样本才能供网络训练、预测模拟仿真计算直接用，在通过 preparets 准备好的网络样本数据里，Xs、Xi、Ai、Ts 均出现了，这也再次体现出了实体样本和网络样本的区别：实体样本是直接观测样本，也可称为“物理样本”，而网络样本是供网络训练、模拟仿真直接读取的样本。

6.5.3 多步预测

与 narxnet 相似，narnet 多步预测的技术路线总结为如下 4 个步骤：

① 取得并格式化符合动态网络要求的数据；创建 NAR 网络，用 preparets 准备网络数据，使用 preparets 时应注意：因为没有历史输入，在为网络准备样本数据时，无论开环还是闭环均应按照 preparets（net，{}，{}，T1）格式；使用已知样本数据训练、验证、测试网络。

② 使用上述已训练好的开环网络自我仿真预测一次，用开环网的已知样本的初始 xli、

a1i 求出了开环网的最终 x1f、a1f，这就是 narnet 实现多步预测的第一个重要核心步骤：[y1，x1f，a1f]＝net（x1s，x1i，a1i）。

③ 闭环动作：以开环网络及其最终 x1f、a1f 作为闭环函数 closeloop 的输入，求取闭环网的初始 x2i，a2i，这就是 narnet 实现多步预测的第二个核心步骤：[netc，x2i，a2i]＝closeloop（net，x1f，a1f）。

④ 以求出的闭环网络的初始 x2i、a2i 作为初始延迟状态，narxnet 是给出要仿真预测的输入 X2，但 narnet 与 narxnet 不同，没有预测输入，解决方法是：创建一个空元胞数组 cell（0，NP）作为预测输入，其中，NP 为要预测的步数，可小于或大于 Size（Xs）-1；用闭环网络仿真预测输出值 Y2，这就是 narnet 实现多步预测的第三个核心步骤 y2＝netc(cell（0，NP)，x2i，a2i)。

为方便记忆，上述 4 个步骤可简化为：创建准备数据训练网络→开环自我反演求最终状态→闭环求初始状态→用闭环初始预测。下面通过实例说明如何进行多步预测。

【例 6-10】 同例 6-8，对标准正弦值进行非线性变换，为便于观察将振幅扩大 100 倍：叠加非线性干扰 a= 100* (x. /4680). ^2，使得标准正弦振幅发生非线性变换；创建 10 个周期的 x (0～3600°)、t (- 1～1) * 100* (x. /4680). ^2)，但仅将 t 作为已知实体样本，创建 narnet，使用一步预测求 x= 3610° 的输出值、多步预测求解 11～13 周期 (3610° ～4680°) 的输出值，并将两种方法的预测值与理论真值做比较，使用相对误差与平均方差 mse 评价网络性能，在 x-t 曲线图上画出多步预测结果。

解题思路：类似于 narxnet，narnet 技术路线为以下几个步骤。

① 构造样本数据。为避免消耗算力资源，x 的取值采样没有必要到 1°，按每 10° 采一次样，则 1～10 周期 (0:10:3600) 的角度的正弦值叠加非线性变换后的振幅作为已知实体样本；11～13 周期 (3610° ～4680°) 的角度对应的正弦值叠加非线性变换的振幅作为待预测未知输出目标，用于检验网络预测输出 Y2。

② 创建和训练网络。定义网络参数、用 preparets 准备数据；由神经网络基本原理和以往经验可知：网络性能的重要影响因素为已知样本质量和数量，本例按每 10° 采集正弦值并进行非线性变换，10 个周期即有 3600/10= 360 个已知独立样本，为提高网络性能，尽可能输入更丰富、更久远、具有更长期记忆的延迟关系，使用 1-7 周期来反馈输出第 8 周期的第 1 个 Y 值，即 Y(1:252)→Y(253)、…、Y(108:359)→Y(360)，或：

```
Y(253)= f(Y(1:252));
Y(254)= f(Y(2:253));
Y(255)= f(Y(3:254));
…      …      …
Y(361)= f(Y(109:360))。
```

以上共形成 109 组已知关系样本。定义网络参数 hiddenLayerSize= 10、trainFcn=' trainlm ';用 preparets 准备数据，准备时应注意与 narxnet 的区别，即没有输入，格式为 preparets(net,{},{},T1)；设置训练、验证、测试样本比例。

③ NAR 多步预测的第一个重要核心步骤：用开环网络自我预测反演一次，以求得开环网络的最终状态 x1f、a1f。

④ NAR 实现多步预测的第二个核心步骤：闭环，对开环网络及其最终状态 x1f、a1f 闭环，得到闭环网络及其初始状态 x2i、a2i。

⑤ NAR 实现多步预测的第三个核心步骤，也是整个预测中最关键的一步：预测。narxnet 是给出要仿真预测的输入 X2，但 narnet 与 narxnet 不同，没有预测输入，解决方法是：创建一个空元胞数组 cell(0,NP) 作为预测输入代替 narxnet 的预测输入 X2，NP 为要预测的步数，可小于或大于 Size(Xs)-1；用闭环网络仿真预测输出值 Y2，这个核心步骤是通过 y2= netc(cell(0,NP),x2i,a2i)语句实现的，即闭环使用 cell(0,NP)，初

始状态 x2i、a2i 仿真预测项后 NP 步的 y2；在本例里，取 NP= 108。

⑥ 将元胞数据转矩阵，求预测数据与理论真值间的相对误差。

⑦ 开环一步预测。开环一步预测的结果的最后一个数据就是未来第一个数据，用于与闭环网络预测结果的第一个数据、x= 3610 的理论真值进行比较。

⑧ 绘图。在 3610:10:4680 为横轴、振幅值为纵轴的平面坐标上，绘画理论真值 t2m、闭环多步预测结果 y2m，并比较。

根据以上思路，编程代码如下：

```
clear all;clc;

%%(1)构造样本数据;
x1=0:10:3600;%实物已知样本输入数据;
a1=100*(x1./4680).^2;%待叠加的非线性因素
t1=a1.*sind(x1);%实物样本目标数据;

x2=3610:10:4680;%实物预测样本输入数据;
a2=100*(x2./4680).^2;%待叠加的非线性因素
t2=a2.*sind(x2);%实物预测样本目标数据;

% 格式化实物样本数据为网络样本数据;

T1=tonndata(t1,true,false);
T2=tonndata(t2,true,false);

%%(2)创建和训练网络:定义网络参数、用 preparets 准备数据;
% 'trainlm' is usually fastest.
% 'trainbr' takes longer but may be better for challenging problems.
% 'trainscg' uses less memory. Suitable in low memory situations.
trainFcn='trainlm';  % Levenberg-Marquardt backpropagation.

% Create a Nonlinear Autoregressive Network
%创建 NAR 网络;
feedbackDelays=1:252;
hiddenLayerSize=10;
net=narnet(feedbackDelays,hiddenLayerSize,'open',trainFcn);% 注意与 NARXNET 的区别,没有输入
延迟;

% Prepare the Data for Training and Simulation
% The function PREPARETS prepares timeseries data for a particular network,
% shifting time by the minimum amount to fill input states and layer
% states. Using PREPARETS allows you to keep your original time series data
% unchanged,while easily customizing it for networks with differing
% numbers of delays,with open loop or closed loop feedback modes.
%为开环 NAR 网络准备数据
```

```
[Xls,Xli,Ali,Tls]=preparets(net,{},{},Tl); % 注意与 NARXNET 的区别,没有输入;

% Setup Division of Data for Training,Validation,Testing
% 分配训练、验证、测试样本子集;
net.divideParam.trainRatio=70/100;
net.divideParam.valRatio=15/100;
net.divideParam.testRatio=15/100;

% Train the Network
% 训练开环 NAR 网络;
[net,tr]=train(net,Xls,Tls,Xli,Ali);


%% (3)用开环网络自我模拟仿真反演一次,以求得开环网络的最终状态 Xlf、Alf;
% Test the Network
[Yl,Xlf,Alf]=net(Xls,Xli,Ali); % 训练完毕,开环模拟仿真自己一次,目的是
% 得到开环网络的最终状态 Xf、Af,作为闭环网络的初始输入、初始层延迟

% View the Network 查看网络结构
view(net)

% Plots
% Uncomment these lines to enable various plots. 画出网络性能评价七图;
% figure,plotperform(tr)
% figure,plottrainstate(tr)
% figure,ploterrhist(e)
% figure,plotregression(Tl,Yl)
% figure,plotresponse((Tl,Yl)
% figure,ploterrcorr(e)
% figure,plotinerrcorr(Xl,e)

%% (4)闭环:对开环网络及其最终状态 Xlf、Alf 进行闭环,得到闭环网络及其初始状态 X2i、A2i;
% Closed Loop Network
% Use this network to do multi-step prediction.
% The function CLOSELOOP replaces the feedback input with a direct
% connection from the outout layer.
[netc,X2i,A2i]=closeloop(net,Xlf,Alf); % 用开环网络自我模拟仿真时求得的最终输入延迟、
% 最终层延迟作为初始输入延迟、初始层延迟,关闭它,产生闭环网络、闭环的
% 初始输入、初始层延迟
netc.name=[net.name ' - Closed Loop(闭环网结构图)'];
view(netc) % 查看闭环网络结构;

%% (5)预测:用闭环网络对新构造的空元胞 cell(0,108)作为输入,闭环初始状态 X2i、A2i 仿真预测输
出 Y2;
```

```
Y2=netc(cell(0,108),X2i,A2i); % 最核心的一步:用闭环网仿真:使用:未来输入:cell(0,108)、上次求得的
% 闭环的初始输入、初始层延迟,求取未来的输出
closedLoopPerformance=perform(netc,T2,Y2); % 闭环网络的性能指标:缺省为平均方差 MSE
disp(strcat('闭环多步预测网络性能 MSE=',num2str(closedLoopPerformance)))

%% (6)将元胞数据转矩阵,求预测数据与理论真值间的相对误差
t2m=cell2mat(T2);
y2m=cell2mat(Y2);

re=100*(y2m-t2m)./t2m; % 无法求平均绝对值相对误差,因部分理论真值为 0 部分相对误差
% 为±inf(无穷大、无穷小)

%% (7)开环一步预测;开环一步预测的结果的最后一个数据就是未来第一个数据,
% 用于与闭环网络预测结果的第一个数据、x=3610 的理论真值进行比较;
% Step-Ahead Prediction Network
% For some applications it helps to get the prediction a timestep early.
% The original network returns predicted y(t+1) at the same time it is
% given y(t+1). For some applications such as decision making,it would
% help to have predicted y(t+1) once y(t) is available,but before the
% actual y(t+1) occurs. The network can be made to return its output a
% timestep early by removing one delay so that its minimal tap delay is now
% 0 instead of 1. The new network returns the same outputs as the original
% network,but outputs are shifted left one timestep.
nets=removedelay(net,1); % 移走 1 步延迟 ;
nets.name=[net.name ' - Predict 1 Step Ahead(移走 1 步延迟的开环一步预测)'];
view(nets) % 查看一步预测开环网络结构;
[xones,xoneis,aoneis,tones]=preparets(nets,{},{},T1); % 为移走 1 步延迟的开环网络准备数据;
yones=nets(xones,xoneis,aoneis); % 开环网络接受移走 1 步延迟准备的数据进行仿真预测;
yonesm=cell2mat(yones); % 一步预测结果转换为矩阵
stepAheadPerformance=perform(nets,tones,yones); % 开环一步预测网络的性能指标:缺省为平均方差 MSE;
disp(strcat('开环一步预测网络性能 MSE=',num2str(stepAheadPerformance)))

%% (8)Y(3610°理论真值)、Y(3610°开环一步预测值)、Y(3610°闭环多步预测值) 之间的比较;
disp(strcat('Y(3610°理论真值)=',num2str(double(t2(1)),16)));
disp(strcat('Y(3610°开环一步预测值)=',num2str(double(yonesm(end)),16)));
disp(strcat('Y(3610°开环一步预测值与理论真值的相对误差)=',num2str(100*(yonesm(end)-t2(1))./t2(1)),'%'));
disp(strcat('Y(3610°闭环多步预测值)=',num2str(double(y2m(1)),16)));
disp(strcat('Y(3610°闭环多步预测值与理论真值的相对误差)=',num2str(100*(y2m(1)-t2(1))./t2(1)),'%'));

%% (9)绘图:在 0:10:4680 为横轴、振幅值为纵轴的平面坐标上,绘画理论真值 t2m、闭环多步预测结果
```

```
y2m,并比较;
    p1=plot(0:10:3600,t1,'b:o');
    hold on;
    p2=plot(3610:10:4680,t2m,'g:o');
    hold on;
    p3=plot(3610:10:4680,y2m,'r-+');
    hold on;
    line([2520,2520],[-100,100],'Color','black','LineStyle','--'); %在X=2520处画一垂直线,以显示
延迟分界;
    text(2540,-93,'\fontsize{12}X=2520'); %在(2540,-93)坐标处做文字注释;
    hold on;
    line([3600,3600],[-100,100],'Color','black','LineStyle','--') %在X=3600处画一垂直线,以显示已
知-预测的分界;
    text(3620,-93,'\fontsize{12}X=3600'); %在(3620,-93)坐标处做文字注释;

    set(gca,'fontsize',12); %定义整个图形的字号大小;
    legend( [p1,p2,p3],'0-3600目标理论真值','3610-4680目标理论真值','3610-4680闭环多步预测结
果','location','northwest');
    %在'northwest'(西北)的'location'(位置)处放上图例;
```

运行结果：

```
闭环多步预测网络性能MSE=0.015471
开环一步预测网络性能MSE=2.3229e-06
Y(3610°理论真值)=10.33220293745527
Y(3610°开环一步预测值)=10.33208069210274
Y(3610°开环一步预测值与理论真值的相对误差)=-0.0011831%
Y(3610°闭环多步预测值)=10.33208069210272
Y(3610°闭环多步预测值与理论真值的相对误差)=-0.0011831%
```

三个网络结构图和多步预测结果图详见图6-14～图6-17。

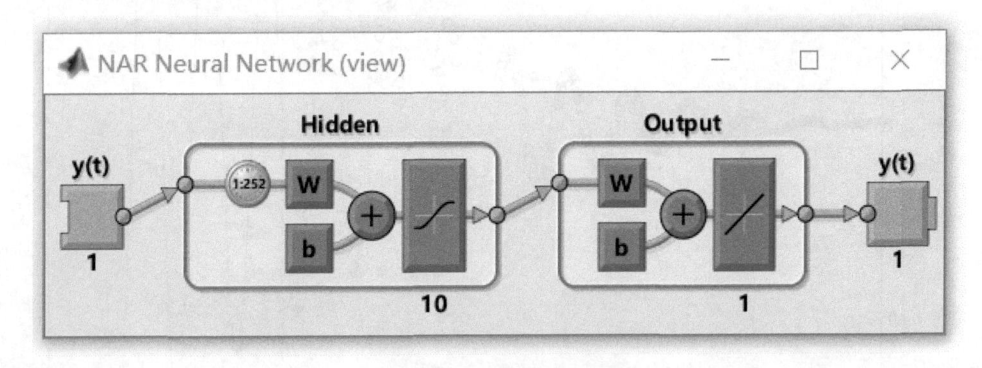

图6-14　开环网络结构图

应用总结：经过较少的迭代次数（epoch= 10左右时提前结束训练），在本例中的闭环多步预测结果与开环一步预测结果相同，非常理想，二者与目标值之间的相对误差仅为-0.0011831%，远好于narxnet的0.10332%；

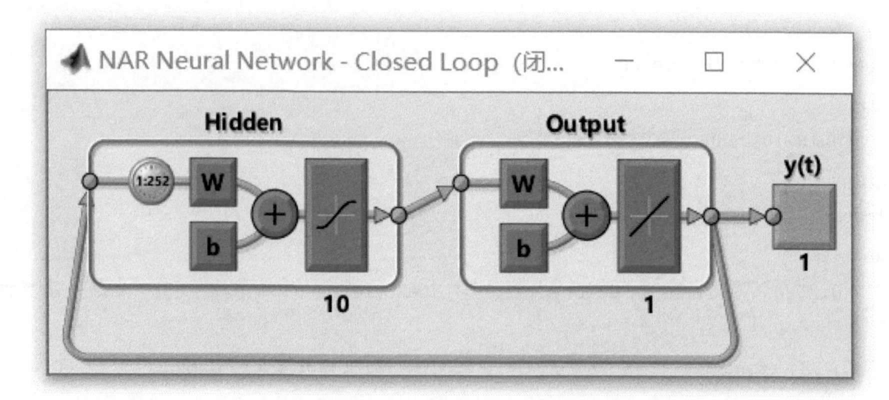

图 6-15 闭环网络结构图

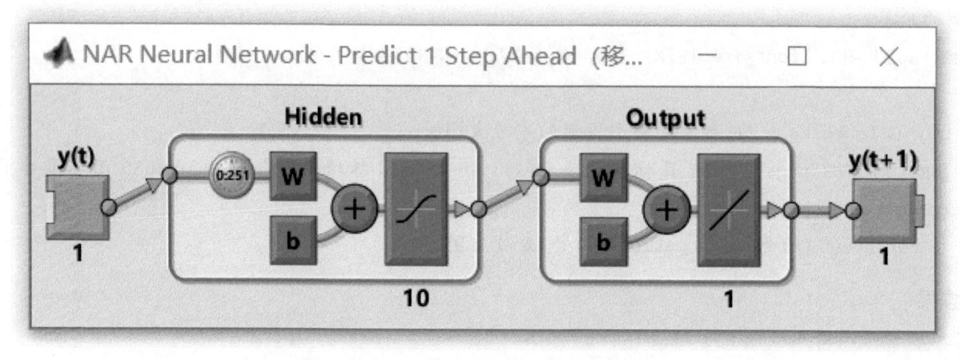

图 6-16 一步预测开环网络结构图

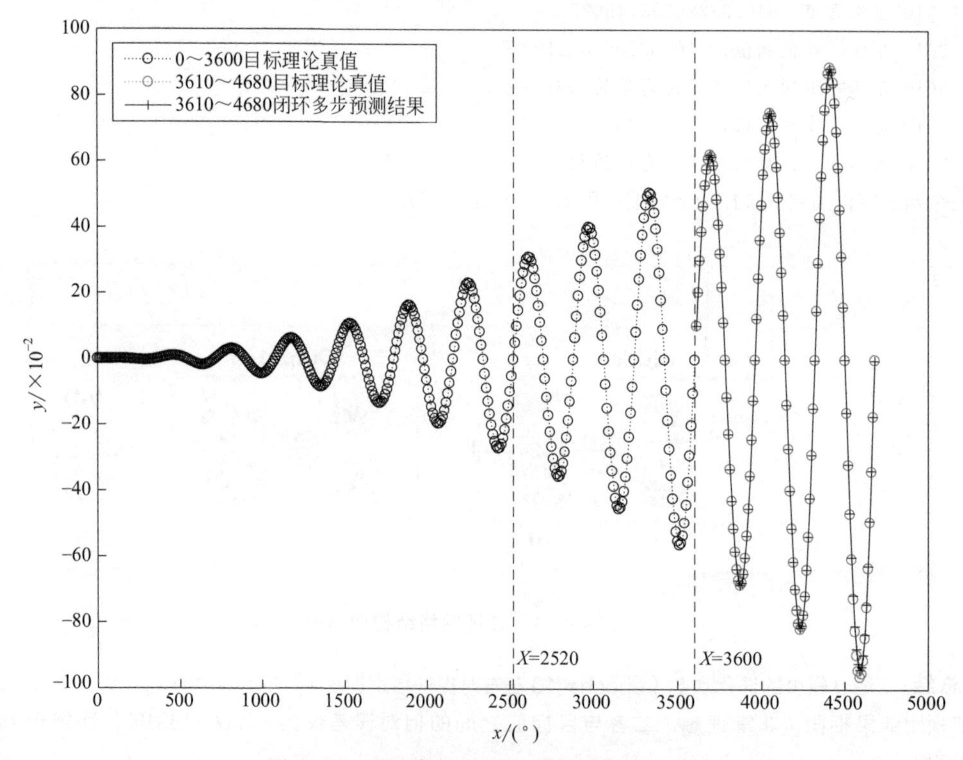

图 6-17 理论真值与闭环多步预测结果图

闭环多步预测结果中，与前面时间结果相比，后面结果的误差略有增大，这是因为网络每次以上一个预测时间的输出结果为输入因子之一，用于预测下一个输出，每往下走一步，误差就被放大一次，所以越往后误差越大。但与 narxnet 相比，误差增大很小，所有 108 个时间序列的预测结果非常理想。

与 narxnet 不同，因为没有历史输入，在为网络准备样本数据时，无论开环还是闭环均应按照 preparets(net,{},{},T1)格式；同样，因为没有预测输入，应创建一个空元胞数组 cell(0,NP)作为预测输入，其中，NP 为要预测的步数，可小于或大于 108（即 Size(Xs)-1）。

观察 Matlab 界面的工作区窗口（Workspace）,里边的各变量的数量与内容关系与开环一步预测里的关系（详见 6.4.3 节）是相同的，总结详见表 6-7。

表 6-7　闭环多步预测 narnet 网络中样本数据、延迟长度的数量级内容关系

样本数据	关系
准备好的样本数据： T1:1 * 361 cell(已格式化好的已知实体样本) T2:1 * 108 cell(已格式化好的未知待预测实体样本)	
训练开环网络： X1s:1 * 109 cell(元胞数组为 361 个实体样本目标 T 输入减去 1:252 延迟后的剩余数据，而 narxnet 的 X1s 为 2 * 109 cell)； T1s:1 * 109 cell(为 361 个实体样本目标 T 减去 1:252 延迟后的剩余数据)； X1i:1 * 252 cell(元胞数组为 361 个实体样本输入中 1:252 延迟数据)； A1i:2 * 0 cell；	为便于记忆，简单表述为： 内容(X1s)＝　内容(T1－X1i)； 数量(X1s)＝　数量(T1－X1i)； 数量(T1s)＝　数量(T1－Outputdelay)； 在本例中的数量关系即为： 109　＝　361　－　252
开环网络自我模拟仿真反演： Y1:1 * 109 cell X1f:1 * 252 cell(而 narxnet 的 X1f 为 2 * 252 cell) A1f:2 * 0 cell	
关闭开环网络，得闭环网即初始输入、层延迟状态： X2i:0 * 0 cell(而 narxnet 的 X2i 为 1 * 252 cell) A2i:2 * 252 cell	

narnet 似乎少了必要的自变量因素，但在某些因果关系直接明确的系统中，自变量对因变量的影响贡献反映到了因变量 Y 上，尤其是规则等距变化自变量，如时间、本例中的等距角度、等差数列，自变量的变化即对因变量的贡献可以被因变量直接反映，对于动态神经网络而言，因变量 Y 就不再是单纯的输出，而是可以将历史 Y 视为输入，这是通过实体样本转换为网络样本实现的。在某些现实系统中， narnet 并不比 narxnet 的性能差。

6.6　动态神经网络性能评价

前文介绍过静态网络性能评价的 7 个函数：plotperform（不同迭代上的均方差）、plottrainstate（训练状态图）、ploterrhist（误差柱状图）、plotregression（网络目标值 t 和输出值 y 之间的线性回归图）、ploterrcorr（误差时间序列上的自相关性）、plotinerrcorr（输入与误差的互相关性）、plotresponse（不同时间系列的输出 y 在同一坐标上的误差图）。

除了使用 mse、sse、mae、sae、相对误差、最小最大相对误差、相对误差绝对值均值等性能函数评价网络性能外，还可以使用上述 7 个函数绘制图形来查看动态神经网络性能，也可以通过点击训练窗口下半部分的按钮来显示部分函数的图形。

第 5 章 5.6 节中的 plotresponse 函数部分，介绍了在静态网络中的用法，这里举例介绍 plotresponse 函数在动态神经网络中的用法。

plotresponse 函数采用目标时间系列 t 和输出时间系列（预测结果）y，给出它们在同一坐标上的误差。通常用于时间序列神经网络如 narxnet 等动态神经网络，但也可用于 BP 等静态网络。

用于动态神经网络时，该函数运行结果的图形可以评价时间序列网络的性能。语法为：

```
plotresponse(t,y)
```

括号里的 t，y 要用胞元数组格式，而不是矩阵向量。

运行例 6-10 中的代码后，通过点击训练窗口“Neural Network Training（nntraintool）”里的“Time-Series Response（plotresponse）”按钮，可以呈现该函数的默认使用结果，给出的图分为上下两个，详见图 6-18。

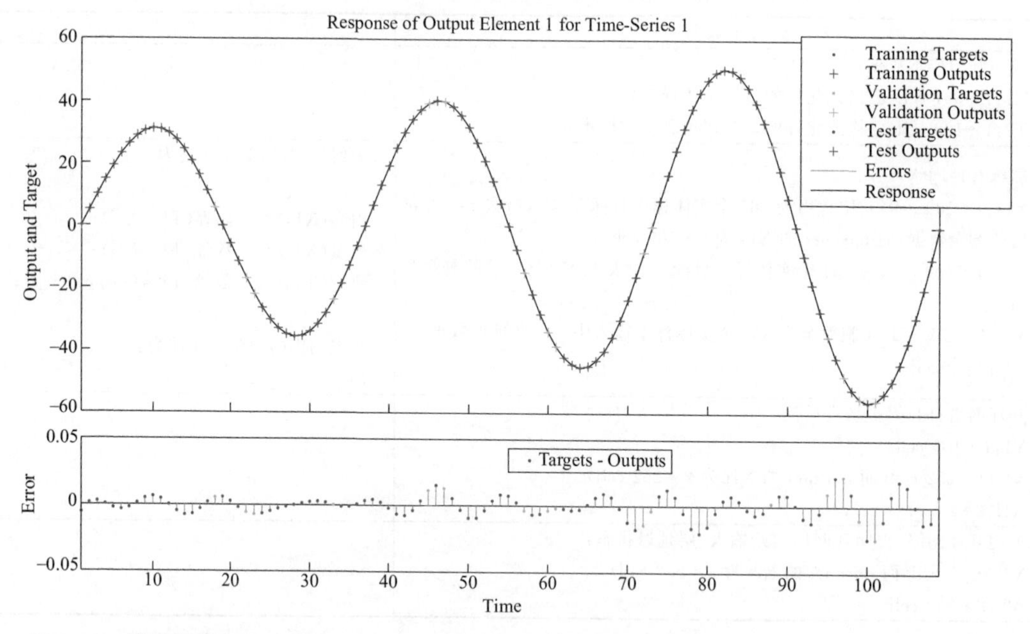

图 6-18　使用训练窗口“plotresponse”按钮后绘出的全部已知训练数据集的目标-输出值响应图

上半部分横坐标为输入的时间序列，纵坐标为目标值、输出值（再次将输入带入模型算出的预测结果）。如果在训练前使用 net. divideParam. trainRatio、net. divideParam. valRatio、net. divideParam. testRatio 划分了训练、验证、测试数据集比例，则在训练数据输入时间序列的横坐标上，分别给出训练、验证、测试的目标和输出值。

下半部分将上半部分 3 类数据集的误差（目标-数据）作为纵坐标值，将输入时间序列作为横坐标值，给出柱状图。

也就是说，通过点击训练窗口上的“Time-Series Response（plotresponse）”按钮，给出的是已知数据集内部的网络性能反映，外部的一步和多步预测的性能并没有表现出来。如果要看一步和多步预测的 response 性能，可以在代码窗口手工输入如下代码：

```
%% %画出全部已知训练数据集的目标-输出值的 response 图,
% 注意 plotresponse(t,y),括号里的 t,y 要用胞元数组格式,而不是
%矩阵向量
figure(2)
plotresponse(tls,yl)

%% %画出多步预测段的 response,注意 plotresponse(t,y),括号
```

```
% 里的 t,y 要用胞元数组格式,而不是矩阵向量
figure(3)
plotresponse(T2,y2)
```

运行结果如图 6-19 和图 6-20。

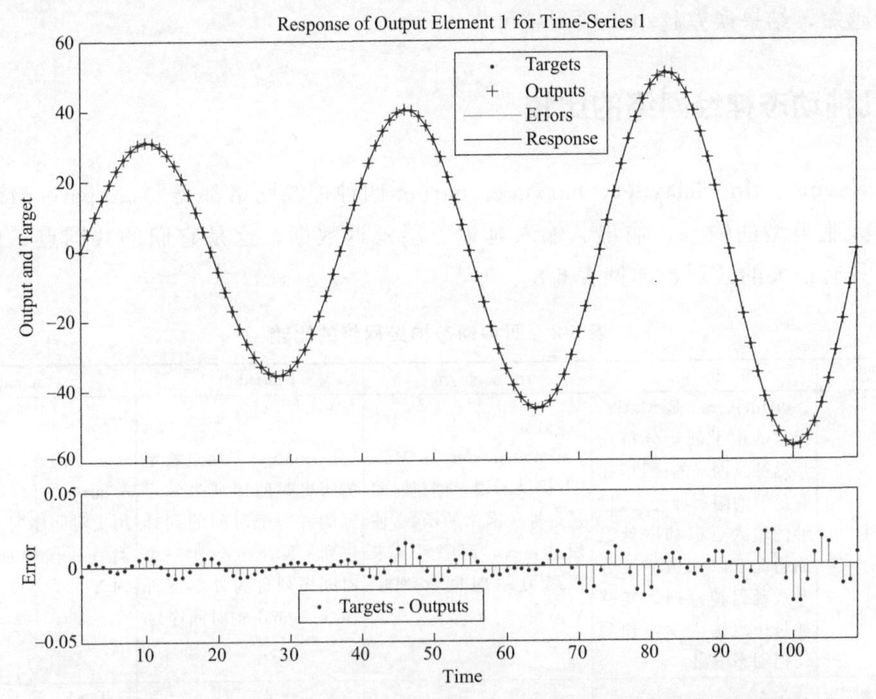

图 6-19　使用 plotresponse（tls，yl）函数绘出的多步预测段的目标-输出值响应图

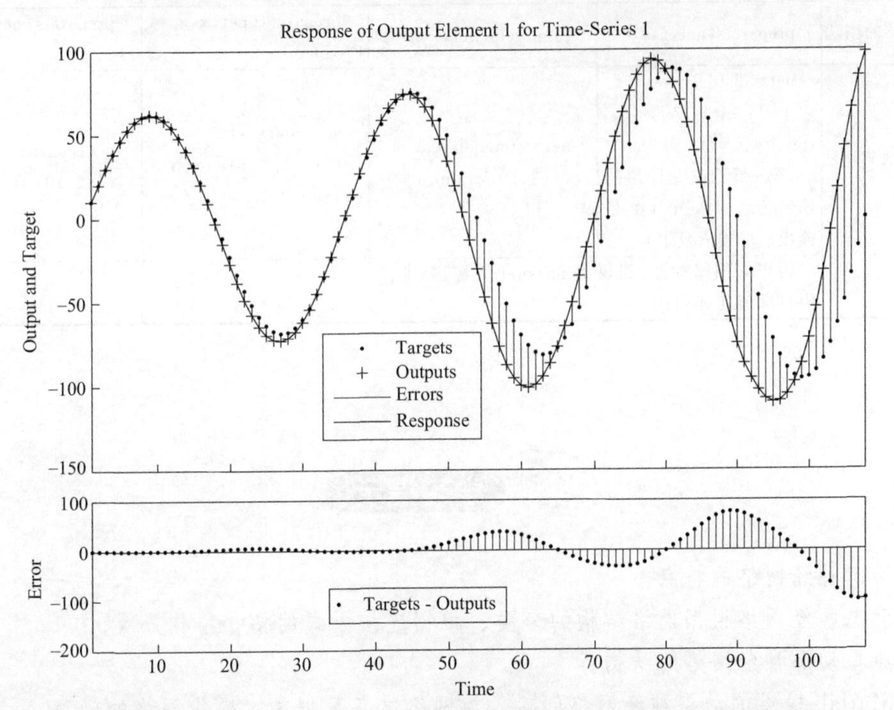

图 6-20　使用 plotresponse（T2，y2）函数绘出的多步预测段的目标-输出值响应图

由图 6-19 及图 6-20 可看出：预测段的误差显著大于已知数据集内部的训练误差，在多步预测段，后部周期的误差显著大于前部误差。这是由于以前步预测输出作为每后步预测的输入之一，每往后预测一步，上步的误差就会被放大，即“失之毫厘，谬以千里”，所以，在使用动态神经网络进行实际建模预测时，应尽量避免向后预测较长的时间序列，向后预测时间序列越短，结果误差越小，预测越可靠。

6.7 几种动态神经网络的比较

distdelaynet、timedelaynet、narxnet、narnet 四种神经网络都需要 preparets 或 tonndata 来准备元胞类型的输入、输出、输入延迟、层延迟数据，这是它们的共同点，但在使用上，它们具有很大的区别，详见表 6-8。

表 6-8 四种动态神经网络的比较

网络类型	distdelaynet	timedelaynet	narxnet	narnet
网络概述	distdelaynet 是 Matlab 提供的用于创建分布式延迟神经网络的函数，在有足够的隐层神经元、足够的输入延迟和层延迟的情况下，2 层或多层分布式延迟神经网络能够通过历史输入学习预测任何动态输出	timedelaynet 是 Matlab 提供的用于创建时间延迟神经网络的函数，使用过去的时间序列 X 来预测另一时间序列的 Y 值	narxnet 可以通过给定的历史时间序列来学习预测另一个时间的同样序列。反馈输入、另一个时间序列称为外部或外生(exogenous)时间序列	narnet 可以通过给定的历史时间序列 Y 来学习预测另一段时间的同样序列 Y
适用范围	X→Y	X→Y	X,T→Y	T→Y
输出是否有反馈	无	无	有	有
“preparets”的用法	preparets(net,x,t)	preparets(net,x,t)	preparets(net,x,{ },t)	preparets(net,{ },{ },t)
“net=”的缺省用法	net=distdelaynet({1:2,1:2},10,'trainlm')（第一个 1:2 是隐层的输入延迟，第二个 1:2 是输出层的输入延迟）	net=timedelay(1:2,10,'trainlm')	net=narxnet(1:2,1:2,10,'open','trainlm')	net=narnet(1:2,10,'trainlm')
MathWorks 建议	为更好网络性能，建议由 narxnet 代替，除非历史目标值 T 不可用			

① 动态神经网络的特点。

② 动态神经网络根据网络结构的分类、根据连接方式的拓扑结构分类。

③ 典型动态神经网络的结构。

④ Matlab 提供的动态神经网络创建、为网络准备数据集、操作网络的函数。

⑤ narxnet 网络的适用范围，创建、开闭环、移走延迟、训练及仿真函数语法格式。

⑥ narnet 网络的适用范围，创建、开闭环、移走延迟、训练及仿真函数语法格式。

⑦ 影响动态神经网络的因素。

⑧ distdelaynet、timedelaynet、narxnet、narnet 4 种动态神经神经网络的比较。

习题

1. 简述动态神经网络的特点。
2. 请简述动态神经网络根据网络结构的分类、根据连接方式的拓扑结构分类、适用场景。
3. 请通过结构图来说明典型动态神经网络的结构和功能。
4. Matlab 提供的动态神经网络创建、为网络准备数据集、操作网络的函数及其语法格式。
5. 请简述 narxnet 网络的适用范围，创建、开闭环、移走延迟、训练及仿真函数语法格式。
6. 请简述 narnet 网络的适用范围，创建、开闭环、移走延迟、训练及仿真函数语法格式。
7. 简述影响动态神经网络的因素。
8. 列表比较 distdelaynet、timedelaynet、narxnet、narnet 4 种动态神经网络。
9. Matlab 在“安装目录\matlab2021a\Polyspace\R2021a\toolbox\nnet\nndemos\nndatasets\”下存放了一系列神经网络练习用的数据，其中 simpleseries _ dataset 是用于简单时间序列的数据集，请用 Matlab 编写代码：创建 NARX 网络，按有反馈输出、5 个输入延迟、5 个输出延迟，使用该数据集训练网络后，查看缺省的开环网络结构，以原延迟输入作为输入，仿真求解输出，并求出输出性能；然后将网络闭合，查看闭环网络结构，以原延迟输入作为输入，仿真求解输出，并求出输出性能；比较开环与闭环的结构、网络性能。

参 考 文 献

[1] 赵琦琳，施择，铁程．人工神经网络在环境科学与工程中的设计应用［M］．北京：中国环境出版集团，2019.

[2] 宋新山，邓伟，张琳．Matlab在环境科学中的应用［M］．北京：化学工业出版社，2008.

[3] 宋新山，邓伟．环境数学模型［M］．北京：科学出版社，2004.

[4] 吴方良，石仲堃，杨向晖，等．基于L-M贝叶斯正则化方法的BP神经网络在潜艇声呐部位自噪声预报中的应用［J］．船舶力学，2007，11（1）：136-142.

[5] 赵彬，罗英涛，苏自伟，等．石油焦脱硫技术研究进展［J］．炭素技术，2011，30（2）：30-32.

[6] 丁红蕾，苏秋凤，张涌新，等．湿式氨法烟气脱硫工艺影响因素的试验研究［J］．热力发电，2014，1：96-98，136.

[7] 王占山，李晓倩，王宗爽，等．空气质量模型CMAQ的国内外研究现状［J］．环境科学与技术，2013：36（6），386-391.

[8] 薛文博，王金南，杨金田，等．国内外空气质量模型研究进展［J］．环境与可持续发展，2013：38（3）：1420.

[9] 宿伯杰，曹阳．缺少太阳紫外辐射和 O_2 是臭氧层空洞的成因——氧气（O_2）是真正的生物卫士［J］．国土与自然资源研究，2008（1）.

[10] 中国大百科全书出版社《简明不列颠百科全书》编辑部．简明不列颠百科全书（第二卷）［Z］．北京：中国大百科全书出版社，1985：394.

[11] 么枕生．气候学原理［M］．北京：科学出版社，1959：103.

[12] 无机化学编写组．无机化学（下册）［M］．北京：人民教育出版社，1978：78.

[13] 杜荣骞．生物统计学［M］．2版．北京：高等教育出版社，2003.

[14] 李春喜，王文林．生物统计学［M］．北京：科学出版社，1998.

[15] 张双明．从二项式分布推出高斯分布［J］．物理实验，1991，12（5）：226-227.

[16] 陈存根．概率论中χ2、t和F分布密度函数的推证［J］．扬州师学院学报（自然科学版），1989，9（2）：21-24.

[17] 冉靓，赵春生，耿福海，等．上海市区非甲烷有机化合物（NMOCs）的观测峰分析［J］．北京大学学报（自然科学版），2010，46（2）：199-206.

[18] 杨俊益，辛金元，吉东升，等．2008—2011年夏季京津冀区域背景大气污染变化分析［J］．环境科学，2012，33（11）：3693-3704.

[19] 潘本峰，陈麟钧，王建国，等．京津冀地区臭氧污染特征与来源分析［J］．中国环境监测，2016，32（5）：17-23.

[20] 关于春，肖致美，陈魁，等．天津市臭氧污染特征与影响因素分析［J］．中国环境监测，2017，33（4）：40-49.

[21] Jiang F，Guo H，Wang T J，et al. An ozone episode in the Pearl River Delta：Field observation and model simulation［J］．Journal of Geophysical Research，2010，115：1-18.

[22] 刘建，吴兑，范邵佳，等．前体物与气象因子对珠江三角洲臭氧污染的影响［J］．中国环境科学，2017，37（3）：813-820.

[23] 刘琼，耿福海，陈勇航，等．上海城区典型臭氧浓度偏低年的成因分析［J］．长江流域资源与环境，2013，22（7）：900-907.

[24] Guenther A，Hewitt C，Erickson D. A global model of nature volatile organic compound emissions［J］．Journal of Geophysical Reararch，1995，100：8873-8892.

[25] 何念鹏，韩兴国，潘庆民，等．植物源VOCs及其对陆地生态系统碳循环的贡献［J］．生态学报，2005，25（8）：2041-2048.

[26] 王志辉，张树宇，陆思华，等．北京地区植物VOCs排放速率的测定［J］．环境科学，2003，24（2）：7-12.

[27] 杨伟伟，李振基，安钰，等．植物挥发性气体（VOCs）研究进展［J］．生态学杂志，2008，27（8）：1386-1392.

[28] 王自发，吴其重．北京空气质量多模式集成预报系统的建立及初步应用［J］．南京信息工程大学学报，2009，1（1）：19-26.

[29] 王自发，付晴艳．集合数值预报系统在上海市空气质量预测预报中的应用研究［J］．环境监控与预警，2008，2（4）：1-11.

[30] 陈彬彬，林长城．基于CMAQ模式产品的福州市空气质量预报系统［J］．中国环境科学，2012，32（10）：

174-175.

［31］ 邓伟，陈怀亮．Models-3-CMAQ 模式对郑州市大气污染物的预报分析研究［J］．气象与环境科学，2007，30（1）：54-57.

［32］ 沈劲，王雪松．Models-3-CMAQ 和 CAMx 对珠江三角洲臭氧污染模拟的比较分析［J］．中国科学，2011，41（11）：1750-1762.

［33］ 朱凯，王正林．精通 Matlab 神经网络［M］．北京：电子工业出版社，2010.

［34］ 樊乙澄，蒋元涛．基于 NARX 神经网络模型的船舶市场预测研究［J］．物流科技，2012，7（15）：15-18.

［35］ 林明，杨林楠，彭琳，等．基于 BFGS-NARX 神经网络的农产品价格预测方法［J］．统计与决策，2013（16）：18-20.

［36］ 郑伟，熊小伏．光伏并网逆变器 NARX 模型的系统辨识［J］．电网技术，2013，37（9）：2440-2445.

［37］ 禹建丽，黄鸿琦，秒满香．基于主成分分析与神经网络的多响应参数优化［J］．系统仿真学报，2018，30（1）：176-190.

［38］ 赵静，白郁华，王志辉，等．我国植物 VOCs 排放速率的研究［J］．中国环境科学，2004：24（6）：654-657.